攀西地区
优良牧草的生产利用

PANXI DIQU YOULIANG MUCAO DE SHENGCHAN LIYONG

≫ 陈永霞　　主编

四川大学出版社

项目策划：梁　平
责任编辑：梁　平
责任校对：傅　奕
封面设计：璞信文化
责任印制：王　炜

图书在版编目（CIP）数据

攀西地区优良牧草的生产利用 / 陈永霞主编．— 2
版．— 成都：四川大学出版社，2021.1
ISBN 978-7-5690-4267-2

Ⅰ．①攀… Ⅱ．①陈… Ⅲ．①牧草－栽培技术－攀枝
花市②牧草－综合利用－攀枝花市 Ⅳ．① S54

中国版本图书馆 CIP 数据核字（2021）第 012573 号

书　名	攀西地区优良牧草的生产利用
主　编	陈永霞
出　版	四川大学出版社
地　址	成都市一环路南一段 24 号（610065）
发　行	四川大学出版社
书　号	ISBN 978-7-5690-4267-2
印前制作	四川胜翔数码印务设计有限公司
印　刷	郫县犀浦印刷厂
成品尺寸	170mm×240mm
印　张	14.5
字　数	298 千字
版　次	2021 年 3 月第 2 版
印　次	2021 年 3 月第 1 次印刷
定　价	65.00 元

四川大学出版社
微信公众号

总　　序

为深入贯彻落实党中央和国务院关于高等教育要全面坚持科学发展观，切实把重点放在提高质量上的战略部署，经国务院批准，教育部和财政部于2007年1月正式启动"高等学校本科教学质量与教学改革工程"（简称"质量工程"）。2007年2月，教育部又出台了《关于进一步深化本科教学改革　全面提高教学质量的若干意见》。自此，中国高等教育拉开了"提高质量，办出特色"的序幕，从扩大规模正式向"适当控制招生增长的幅度，切实提高教学质量"的方向转变。这是继"211工程"和"985工程"之后，高等教育领域实施的又一重大工程。

在党的十八大精神的指引下，西昌学院在"质量工程"建设过程中，全面落实科学发展观，全面贯彻党的教育方针，全面推进素质教育；坚持"巩固、深化、提高、发展"的方针，遵循高等教育的基本规律，牢固树立人才培养是学校的根本任务，质量是学校的生命线，教学是学校的中心工作的理念；按照分类指导、注重特色的原则，推行"本科学历（学位）＋职业技能素养"的人才培养模式，加大教学投入，强化教学管理，深化教学改革，把提高应用型人才培养质量视为学校的永恒主题。学校先后实施了提高人才培养质量的"十四大举措"和"应用型人才培养质量提升计划20条"，确保本科人才培养质量。

通过7年的努力，学校"质量工程"建设取得了丰硕成果，已建成1个国家级特色专业，6个省级特色专业，2个省级教学示范中心，2个卓越工程师人才培养专业，3个省级高等教育"质量工程"专业综合改革建设项目，16门省级精品课程，2门省级精品资源共享课程，2个省级重点实验室，1个省级人文社会科学重点研究基地，2个省级实践教学建设项目，1个省级大学生校外农科教合作人才培养实践基地，4个省级优秀教学团队，等等。

为搭建"质量工程"建设项目交流和展示的良好平台，使之在更大范围内发挥作用，取得明显实效，促进青年教师尽快健康成长，建立一支高素质的教学科研队伍，提升学校教学科研整体水平，学校决定借建院十周年之机，利用

2013 年的"质量工程建设资金"资助实施"百书工程",即出版优秀教材 80 本,优秀专著 40 本。"百书工程"原则上支持和鼓励学校具有副高职称的在职教学和科研人员,以及成果极为突出的具有中级职称和获得博士学位的教师出版具有本土化、特色化、实用性、创新性的专著,结合"本科学历(学位)+职业技能素养人才培养模式"的实践成果,编写实验、实习、实训等实践类的教材。

在"百书工程"实施过程中,教师们积极响应,热情参与,踊跃申报:一大批青年教师更希望借此机会促进和提升自身的教学科研能力;一批教授甘于奉献,淡泊名利,精心指导青年教师;各二级学院、教务处、科技处、院学术委员会等部门的同志在选题、审稿、修改等方面做了大量的工作。北京理工大学出版社和四川大学出版社给予了大力支持。借此机会,向为实施"百书工程"付出艰辛劳动的广大教师、相关职能部门和出版社的同志等表示衷心的感谢!

我们衷心祝愿此次出版的教材和专著能为提升西昌学院整体办学实力增光添彩,更期待今后有更多、更好的代表学校教学科研实力和水平的佳作源源不断地问世,殷切希望同行专家提出宝贵的意见和建议,以利于西昌学院在新的起点上继续前进,为实现第三步发展战略目标而努力!

西昌学院校长　夏明忠

2013 年 6 月

前　言

　　攀西地区位于四川省西南部，全区辖区辽阔，土地总面积 6.77 万 km^2，占全省面积的 14%。日照充足、气候温和、年温差小、日温差大、热量充沛，适合饲料作物的生长。特别是凉山地区，是四川省的三大牧区之一，拥有天然草地约 $3.41×10^6$ hm^2，占全州土地面积的 40.1%；适宜种草的耕地、冬闲田、轮歇地约 $5.1×10^5$ hm^2，占耕地面积的 62.8%。全州以山原地貌为主，丰富的光、热、水、土地资源，特别适于发展草地畜牧业。

　　但是长期以来，攀西地区平坝河谷区的种植业主要以粮食作物和经济作物为主，畜牧业以耗粮型的养猪业为主，山区的草地畜牧业则是粗放型散养。天然草山草坡的野生牧草产量低、营养价值低、季节供应不均衡，限制了本区草地畜牧业的发展和农民收入的提高。另外，过牧超载导致攀西地区草地退化严重。

　　本书就是在这一背景下编写的，旨在为攀西地区的草地畜牧业的发展提供牧草生产利用的理论参考和技术指导。全书共分十二章，主要介绍了攀西地区环境气候条件、草地概况、适宜的牧草种类、草地建植管理、加工调制等方面的内容。第一、二章主要介绍了攀西地区环境气候条件、草地概况；根据环境气候条件，将攀西地区分为攀枝花市、会理—雷波金沙江干热河谷区、西昌—冕宁安宁河谷区、普格—甘洛二半山区和木里—盐源高半山区五个区；根据各区的生产现状提出畜牧业发展思路，并提出相应的饲草生产措施。第三章至第七章，主要介绍适宜攀西地区栽培的优质牧草及其建植方法。第八章介绍草地有毒有害植物的防除。第九章和第十章介绍牧草的加工调制方法。第十一章和第十二章介绍人工草地和天然草地的建植管理措施。

　　本书由陈永霞、蒋召雪编写，全书由陈永霞统稿。

　　由于时间仓促，加上编者水平有限，书中难免有许多不足甚至错误之处，敬请同行专家和读者批评指正。

　　在本书编写的过程中，得到西昌学院动物科学学院李小艳的帮助，在此表示感谢。

　　本书的出版得到西昌学院"百书工程"项目的资助。

编　者

目　　录

第一章　攀西地区概况

攀西地区位于四川省西南部，地处 $100°15'\sim103°53'$E，$26°03'\sim29°27'$N，行政上包括攀枝花市和凉山彝族自治州（以下简称凉山州），共计 20 个县市。其中攀枝花市辖市区、米易县和延边县，凉山州辖西昌市、德昌县、会理县、会东县、冕宁县、宁南县、盐源县、木里县、昭觉县、美姑县、雷波县、甘洛县、越西县、喜德县、普格县、布拖县和金阳县 17 个县市。

全区幅员辽阔，土地总面积 6.77 万 km^2，占全省面积的 14%。南北长 370 km，东西宽 360 km。地貌以山地为主，占区域总面积的 70%，其次为山原和高原，约占 20%，平原、台地、盆地及丘陵约占 10%，为典型的高原型内陆山地。区内地势北高南低，沿南北走向的横断山脉倾斜。攀西地区南部属于典型"岛状"南亚热带高原季风气候，干湿季分明，雨热同季。具有日照充足、气候温和、年温差小、日温差大、热量充沛的特点，是我国 30°N 以南少有的光资源丰富区之一。金沙江、雅砻江流域因受构造上的影响，形成罕见的高山峡谷，岭谷高差达 $1000\sim2000$ m，垂直地带性造成攀西地区特有的垂直气候分布。由于地形破碎，地貌复杂多样，该区土地类型多样，林地和草地比重大。

一、凉山州概况

（一）地貌特征

1. 概述

凉山州面积 6.01 万 km^2，整个地势西北高，东南低，北部高，南部低。地表起伏大，地形崎岖，高差极为悬殊：最高峰为西南部木里县境内的夏俄多季峰，海拔高度 5958 m；最低点为东南部雷波县境内金沙江河谷底，海拔高度 305 m。凉山地貌类型以山地为主，约占全州总面积的 80% 以上，山原次之，丘陵、冲积平原、宽谷和断陷盆地共约占全州总面积的 10%。山地多为海拔高于 1500 m 以上的高中山和中山，相对高差常达 $1000\sim2500$ m，山势高峻，顶峰

平缓。

山原主要分布在西部木里县海拔 4000 m 以上地区和东部的甘洛、越西、昭觉、美姑、雷波、金阳、布拖等七县。安宁河谷平原是本区山地中唯一的大宽谷地，呈南北展布，河谷呈"V"字形，东西两侧有 2～3 台河谷阶地，全流域呈串珠状河谷盆地地貌，景观极其独特。加之光热充足，土壤肥沃，灌溉方便，有四川的"西南粮仓"之美誉。其次为盐源盆地，为州内较大的高山盆地，盆地内地势平缓，岗丘起伏，北部为南北向排列的垄岗与宽谷。此外，还有会理、会东、昭觉、布拖、越西等山地中的盆地，以及许多支流源头较小的汇水盆地，但其规模都很小。丘陵主要分布在会理、会东、普格、德昌、西昌等地的低山河谷两侧。浅丘主要分布在越西坝、昭觉坝、布拖坝、甘洛新市坝的缓坡坡麓地带。

2. 地貌类型分布

根据有关文献，结合凉山区域地貌极为复杂的实际情况，将全州地貌分为平原、丘陵、山地、山原、河谷及古冰川遗迹等主要地貌类型。

1）平原

（1）扇状洪冲积平原

西昌平原：分布在西昌安宁河断裂谷中。北起冕宁县，南抵德昌南面的芭洞，长 140～150 km，平均宽 4～4.5 km，最宽的礼州南部可达 12.3 km。西昌平原面积约 650 km²，占全省平原面积的 4.5%，平原主体在松林—黄水塘一带。

（2）湖积冲积平原

盐源平原：盐源平原位于西昌—盐源一带，主要在盐源县，面积为 825 km²，为州内最大平原。

2）丘陵

丘陵在全州面积不大，共约 3026 km²，占全州土地面积约 5%，但分布较广，主要分布在会理、会东、普格、德昌、西昌、越西、昭觉、布拖、甘洛等地（低山的河流两侧亦有分布）。

3）山地

全州共有山地约 43365 km²，约占州土地总面积的 71.7%。按地面高程的不同，又可将山地分为低山、中山、高山和极高山四个亚类型。

（1）低山

低山指绝对高度 500～1000 m，相对高度大于 200 m 的地区。主要分布在会理、会东、德昌、普格、宁南等县，面积约 6511 km²，约占全州土地面积的 10.76%。

（2）中山

中山指绝对高度 1000～3500 m，相对高度大于 500 m 的山地，是凉山州主要地貌类型，州内各县均有分布，主要集中分布在冕宁、西昌、盐源、会理、会东、金阳、喜德、甘洛、雷波等县、市境内。面积共约 23833 km²，约占全州土地总面积的 39.4%。

（3）高山

高山指海拔 3500～5000 m，相对高度大于 1000 m 的山地，即称为高山。主要分布在冕宁一线以西，西昌、盐源以北的山原外围，美姑至甘洛，越西至昭觉及美姑县境内，面积共约 10851 km²，约占全州土地总面积的 18%。

（4）极高山

极高山指绝对高度在 5000 m 以上，相对高度大于 1000 m 的山地，主要分布在木里等县境内，全州共约 2170 km²，约占全州土地面积的 3.6%。极高山分布区内，河谷深切，相对高差达 2000～3000 m 以上，谷坡陡峻，悬崖绝壁。山岭多为终年积雪，冬季严寒而漫长，每年地面积雪期长达 9～10 个月，仅 7—8 月份气温回升，地面积雪消融，昼夜温差可达 40℃ 以上。

4）高原

高原主要分布在西部和东部地区，海拔高度在 3500～4500 m，总面积为 12094 km²，约占全州土地总面积的 20%，包括丘状高原和山原。丘状高原分布在木里县的沙鲁里山一带，海拔高度 4000～4500 m，相对高差 1000～2000 m，面积约为 7251 km²，约占全州土地总面积的 12%，其上广布坡度平缓、顶部浑圆的丘陵。山原是丘状高原向山地的过渡地带。山原主要分布在州内东部的甘洛、越西、昭觉、美姑、雷波、金阳等县，山脊舒缓，相对高差在 100～200 m，如黄茅埂—捎瑙门车合、盐源北部，山原面积共约 4843 km²，约占全州土地总面积的 8%。高原上草甸植被十分发育，为凉山州良好的天然夏季牧场。

5）河谷

全州是许多大河流经之地，加之地貌类型复杂多样，河谷地貌十分发育。根据形态，河谷可以分为隘谷、峰谷、峡谷和宽谷。隘谷、峰谷、峡谷主要分布在山区，宽谷主要分布在丘陵区和山间盆地及山原区。

3. 地貌区

凉山州为川西南山地区，可划分为两个以上三级地貌区。

1）凉山山原区

本区位于大渡河以南小相岭、螺髻山、黑水河以东，峨边、雷波以西，大致以原凉山彝族自治州行政范围一致。本区中部为山原、山地围绕四周，各河流于中部向四周辐散，分别注入东北面的岷江，南侧的金沙江，西边的安宁河，北部的大渡河。中部山原海拔 2000～3500 m，分布在黄茅埂、美姑、昭觉、布拖一带。其上残山绵延、丘陵起伏，顶部浑圆平坦、水草丰盛、林木苍笼，是林牧业

3

发展的主要地区之一。南北向的小相岭，北东向的大小凉山及其支脉构成了山地区的主要地貌骨架和轮廓。山岭海拔一般 1000～3500 m，小相岭最高峰为越西境内的华头尖，海拔 4791 m。雷波、金阳一带河谷深切，地面破碎，山谷高差常达 2000 m 以上，形成高中山区。小凉山的最高峰，龙头山狮子峰，海拔约 4000 m。

2）西昌、盐源盆地宽谷中山区

本区东北面邻接凉山山原区，西北界自冕宁北部的菩萨岗起，向西南沿锦屏山西麓的雅砻江河谷，经木里折西抵省界。本区处于我国横断山系东缘，地势起伏大，大致为西高东低、北高南低，山岭海拔多在 3000 m 左右。最高为白林山主峰，海拔高度为 4111 m；最低处于宁南黑水河入金沙江河口，海拔为 500 m 左右。山地高度一般在 1000～2000 m 以上。沿安宁河断裂带发育的安宁河全长 326 km，流域面积为 11146 km²，河谷宽阔，在西昌礼州附近最宽可达 8～12 km。东岸山前洪积扇与安宁河第一级阶地叠复，形成辽阔的平原，土壤肥沃，灌溉便利，人口稠密，交通便利，是本区重要的农业区。区内断陷盆地及断陷湖也很令人瞩目，前者如盐源盆地等，后者如邛海、泸沽湖等。

（二）气候

凉山州位于北纬 26°03′～29°18′，气候应该是干热少雨，但由于大气环流和复杂地貌形态的影响，境内气候复杂多样。复杂的气候不仅表现在水平上南北、东西间的地域差异，还表现在垂直变化上，有"一山分四季，十里不同天"之说，具有南亚热带、中亚热带、北亚热带、暖温带、中温带、寒温带的气候特征。

1. 温度

凉山州海拔高低悬殊达 5600 m，加上境内地貌复杂而独特多样，全州各地气温差异极大。气温分布由南向北、向西北、向东北逐渐降低，且这种南北温差很大，同时年均气温在州内西部大致自东向西北递减，等温线呈北东—南西向分布。最南的金沙江河谷一带因纬度偏南，地势低陷，年平均气温超过 20℃，为州内年均气温最高地区。从全州各县年平均气温来看，以宁南为最高，可达 19.3℃，以布拖为最低，为 10.1℃。

20℃等温线：包括宁南金沙江河谷、雅砻江河谷和会理、会东海拔在 1200 m 以下的地带，15℃、10℃、5℃等温线依次向高海拔地带移动。

15℃的等温线：包括会理、会东海拔 1900 m 地段；黑水河流域 1700～1800 m；大凉山南部 1700 m，北部 1400 m；尼日河流域 1400 m 左右；雅砻江河谷南部 2000 m，北部 1700 m；安宁河流域南部 1700 m，北部 1650 m；雷波县金沙江河谷 1200 m；木里地区 2000～2100 m。

10℃等温线：包括会理、会东地区海拔 2800～3000 m 地带；黑水河流域 2500～2600 m；大凉山地区南部 2500 m，北部 2300 m；尼日河流域 2300～2400 m；雅砻江河谷西部 2600～3000 m；安宁河流域北部 2400 m；中部 2600 m，南部 2800 m；盐源盆地 2800 m 左右；黄茅埂东麓 2000 m 左右。

5℃等温线：包括黄茅埂东麓海拔 3200 m 左右，大凉山地区 3400 m；螺髻山、牦牛山 3500 m，盐源县锦屏山 3600 m，木里县境内约 4000 m。

由上述年均温分布可以看出，等温线的分布深受地形因素的影响，随着海拔高度的变化，气温变化十分突出。

除高山地区外，凉山大部分地区没有死冬，即 1 月平均气温在 0℃以上，金沙江干热河谷 1 月平均气温达 12～16℃，接近我国海南岛的 1 月平均气温水平。冬季 1 月平均气温低于 0℃的地区主要有：盐源盆地海拔 3300 m 以上，盐源盆地西部 3400 m 以上地区；安宁河 2900 m 以上；大凉山地区 2500 m 以上；会理、会东 3100 m 以上。0℃等温线的上限高度海拔大约与云南松林上限的分布相一致。冬季 1 月平均气温大于 5℃区域：会理、会东地区海拔 2300 m 以下；安宁河流域南部 2180 m，中部 2000 m，南部 1850 m 以下；州境内北部、东北部地区 1700 m 以下；雅砻江西部 2600 m 以下。

全州四月平均气温均在 10℃以上（高山除外）；最低气温为布拖（11.9℃），其次为昭觉（12.5℃）；此间最热均温为宁南（22.7℃），其次为德昌（20.3℃），再次为普格（19.9℃）和西昌（19.5℃）。总之，全州绝大多数地方春温较高，基本上在 15℃左右，其分布规律有从金沙江、安宁河干热河谷向西北、西部及东北高原高山地区递减的趋势。由于凉山州春温高，春天来得早，十分有利于水稻的播种和小春生长。但也因气温回升太快，雨水不足，地面蒸发量增大，且多风，水热不平衡，导致春旱的出现。

金沙江干热河谷于雨季开始之前的 5 月份为最热月，平均气温最高。除金沙江干热河谷外，凉山州绝大多数地方最热月都出现在 7 月。凉山州夏温普遍不高，多数地区在 21℃左右；全州 7 月高温区为宁南、甘洛、金阳等地，分别为 25.2℃、24.5℃和 23.9℃；最低温为木里、布拖等地，分别为 17℃和 17.3℃。凉山州最热月（7 月）平均气温 ≥20℃ 的区域有：州南部地区海拔不超过 2100 m，安宁河中部 2000 m 左右，州东北部地区 1900～2000 m，雅砻江西部 2100 m 左右。最热月 7 月平均气温 10℃等温线分布的海拔高度为：黄茅埂以东地段 3600 m，小相岭、马古梁子、乌科梁子 3900 m 左右，螺髻山、鲁南山 4000 m 左右，雅砻江西部 4000～4100 m。

10 月份气温可为凉山州秋季气温代表月份，由于凉山州夏温普遍不高，在入秋以后气温不会急剧变化。凉山州绝大部分地区 10 月份均温在 10℃以上。其

中以宁南为最高，是18.8℃；德昌和甘洛次之，分别为17.4℃和16.8℃。最低气温分布区以布拖最突出，为10.4℃；其次为昭觉、木里、美姑，分别为11℃、11.8℃、11.8℃。

可见，凉山州绝大部分地区基本无冬天，夏季不长，春秋相连，四季不分明。如，西昌—会理一带基本无冬天，夏季很短，约两个月，春秋相连，长达290天近10个月，非常适合农作物的生长。而西部、北部、东北部的高山高原地区则基本无夏天，冬季相对较长，可达4~5个月，如雷波、昭觉、布拖、美姑、木里、盐源等县。

全州温度年均差多在12~18℃之间，由州南部向北、西北、东北地区增大，安宁河谷地区是全省年均差最小的地区，均在14℃以下，如西昌为13℃，盐源为13℃，德昌为12.9℃。但凉山州气温日较差较大，且凉山州气温的日较差年变化较大，如1月日较差多达12℃以上，而7月多在5℃左右。

安宁河谷地区日均温≥10℃的天数为270天左右，最高为宁南、德昌等县，前者为299.7天，后者为300.4天；而昭觉附近因地势较高，大多小于220天或200天，布拖县最少为153.6天，昭觉为179天。≥10℃积温最高的是宁南县，为6352.0℃·d，在安宁河、金沙江等河谷地区多数都在5500℃·d以上，而在北部、西北部、东北部的高山、高原地区则大大降低，如昭觉为2947.8℃·d，布拖仅有2380℃·d，木里为3096.7℃·d，可见垂直变化较大。日均温≥10℃且积温小于4000℃·d的地区：黄茅埂东麓海拔1200 m；大凉山北部1700 m，南部1850 m；会理、会东地区2170 m，安宁河流域北部1800~1900 m，中部2000 m，南部2100 m；盐源地区2200 m；木里西部2400 m；尼日河流域1640 m以上地区。从积温的分布情况来看，≥10℃积温大于4000℃·d的区域主要限于河谷地区，属中亚热带，金沙江等干热河谷热量最好，大于6000℃·d，属南亚热带，作物可年内二三熟。但凉山州的大多数地区≥10℃积温小于4000℃·d，属温带、暖温带，只有满足一年一熟的热量条件。

2. 霜日与无霜期

凉山州由于冬季晴天多，昼夜温差大，出现霜冻机会较多，一般有25~50天。盐源县、会理县出现霜日较长，分别为79天和78.3天；霜日次数最少的为宁南、雷波、甘洛、金阳、德昌、普格等县，均在17天以下，其中宁南县仅有10天左右。本州绝大多数地区无霜期均在300天以上，这对农作物生长非常有利。

3. 降水

1）年降水量的空间分布

凉山州年降水量一般都在1000 mm左右，但由于受典型的东亚季风影响，加之本州山脉、河流多呈南北向，降水大致有如下特点：

第一，呈自东南向西北递减的趋势，东南年降水量超过 1200 mm，但到西北仅有 700 mm 左右；盆地地区降水较丰沛，多在 1100～1200 mm，如越西坝为 1113 mm，会理县城为 1131 mm，西部、西北部较少，越向西越少。

第二，降水分布山地多于低地，迎风坡多于背风坡，地形降水十分明显：冕宁北部、普格荞窝、拖木沟地区、雷波西宁地区及会理、会东的北部山地都是州境内地形降水明显增多的区域，年降水量在 1400～2000 mm 之间；与此相反，在气流越山下沉的河谷地区，年降水量多在 1000 mm 以下，形成相对的少雨区。从上可以看出，由于山地利用暖湿气流抬升凝结致雨，年降水量一般多于盆地 400 mm 左右，而背风坡由于气流下沉增温产生"焚风"效应，故多干暖少雨。

第三，较封闭的河谷地区降水减少。深切的金沙江河谷年降水量甚至只有 600 mm 左右，形成凉山州特殊的干热河谷气候。

2）降水量的季节分配

冬半年凉山州内多数地区的降水量小于 100 mm，雅砻江西部，会理、会东南部及金沙江河谷地区降水量甚至小于 50 mm。因此，凉山冬春季节（11 月至次年 4 月）为干旱少雨气候，干旱程度表现得十分突出，给农业生产带来极大的影响。凉山的雨季，集中在夏秋两季（5 月末至 10 月中旬）。在州境内，东北部雨季开始略早于西南部，结束期略晚于西南部，南部金沙江河谷雨季开始比大多数地区晚，而结束早。夏半年集中了全年降水的 90％以上，大多数地区降水量都在 800～1100 mm 左右，此间，雅砻江西部、金沙江河谷降水量可达到 700～800 mm。总之，凉山降水量高度集中于夏秋两季，年内有明显的干季和雨季之分，一般 5—10 月为雨季，11 月—次年 4 月为旱季。

3）气候干燥指数

雅砻江东部、金沙江北部的凉山州大部分地区干燥度指数均小于 1，属湿润气候。小相岭、乌科梁子一线以西（包括金阳县金沙江河谷），全年农田蒸发量在 700 mm 以上；安宁河中下游、宁南县金沙江河谷、会理、会东南部的农田全年水分的蒸发量在 900 mm 以上，盐源盆地在 1000 mm 左右；越西、昭觉、布拖、金阳、雷波等大凉山地区蒸发量在 500～700 mm，是凉山州气候湿润的地区。

4）降水日数和夜雨

雷波西宁一带以东地区年平均降水日数最多，在 180 天以上。州内其他地区降雨日数由南向北递增，南部的金沙江沿岸最少，不足 120 天，中部多在 120～140 天之间，东北、西北部可增加到 140～160 天。夜雨是凉山州气候的另一重要特色。凉山州多数地区夜雨量达 70％～80％，如甘洛、越西、冕宁、西昌、

德昌、普格、宁南、美姑、昭觉、布拖、金阳等地区，都是凉山州夜雨集中的地区，只有黄茅埂东麓、雅砻江西部、会理南部地区夜雨少一些，因为这些地区都是盛夏下午多雷雨地区，尤以盐源盆地为甚，极富山原山地气候特色。同时本州盛夏还具有十分突出的夜雨昼晴特点，为州内农业得天独厚之处。

5）降雪与积雪

东南部河谷盆地与西北部、东北部高原山地明显不同，年降雪日数总的趋势是由东南向西北递增。冕宁、西昌以南地区冬季温暖，降雪极少，年降雪量在5日以下；南部河谷盆地降雪日数不足1日，甚至几年才降一次雪。降雪日数最多的昭觉及其附近地区也仅为20天左右，而积雪日数在州内多数地区则少于降雪日数，尤以南部河谷盆地明显，仅在昭觉地区积雪日数略超过降雪日数，那里海拔较高，气温低，雪量多，天寒地冻，积雪不易融化，加长了积雪日数。

4. 湿度和日照

1）湿度

一般年平均相对湿度在50％～70％之间，且东部较大，越向西湿度越小，金沙江河谷为全州最小。凉山州相对湿度年内变化较大，干季的11月份至次年的4月份，多在40％～60％之间；1月最小，州内多数地区小于50％，雅砻江以西均小于40％。5—10月为雨季期，相对湿度多在60％～75％之间；7、8、9三个月最大，普遍超过70％，少数地区如越西附近一带，可达80％。

2）日照与太阳辐射

州内各区域的日照时数呈明显非地带性分布，马鞍山、大风顶、黄茅埂东麓，全年日照时数只有920 h，日照最少。州内其他地区年日照时数急剧增加，大部分地区全年日照时数在1800～2600 h之间，其分布特点是由东向西递增，由北向南递增。地域差别大，如盐源盆地日照时数为雷波西宁的3倍，而会理南部是越西北部的两倍。小相岭东部的尼日河流域、越西、甘洛一带，全年日照时数在1600～1800 h之间；小相岭、黄茅埂地区以西，全年日照时数在1800 h以上；安宁河中部、鲁南山南部、宁南县的金沙江河谷、雅砻江西部，均在2200 h以上，其中盐源盆地和会理南部全年日照时数在2400～2600 h以上。凉山日照时数与我国同纬度及相邻地区相比较，小相岭、乌科梁子一线以西区域，全年日照时数是湘、赣及浙南、闽北地区的1.2～1.5倍，是黔西地区的1.6～2.1倍，是四川盆地的1.6～2.8倍。从年内季节变化看，凉山州西南部地区干季日照时数比雨季多，干雨季的比例大致为7∶5；但黄茅埂东麓地区则与此相反，其干季日照稀少，各月日照时数不足50 h，全年除7、8月份在150 h外，其余都在100 h以下。州内西南部春季日照是全年各月最丰富的时期。

凉山州大部分年总辐射量可达 120～150 kcal/cm²，比四川盆地高出 30％以上。具体分布为：小相岭、黄茅埂一线以东，全年总辐射量在 110 km/cm² 以下，其中尼日河流域 100～110 kcal/cm²，黄茅埂以东的雷波西宁只有 79.2 kcal/cm²，为全州最少地区；小相岭、黄茅埂以西地区全年辐射总量在 110 kcal/cm² 以上，其中大凉山地区为 110～125 kcal/cm²；宁南金沙江河谷 120～130 kcal/cm²；安宁河中部、会理和会东南部、雅砻江西部地区全年总辐射量在 130 kcal/cm² 以上，其中会理南部、盐源盆地大于 140 kcal/cm²，为全州之最。凉山西南部地区的太阳辐射仅次于号称"世界屋脊"的青藏高原，远远超过省内各地及同纬度的我国东部地区。总体来看，凉山州辐射总量夏半年多于冬半年。

5. 风

凉山地面盛行风向的主要特点是小相岭、黄茅埂以东冬半年多偏北风，夏半年多偏南风。小相岭、乌科梁子以西及金沙江河谷的地面一般吹偏南风。冕宁、喜德、布拖一线地面基本上是南北风向对峙的地带，其风向的频率大体相当。西昌、德昌等地位处近南北向的安宁河谷，有风日数以南风较多，北风次之。由于盛行风在地形上的显著差异，凉山州西部地区盛行偏南风多晴天，东北部地区盛行偏北风多阴凉天气；位于二者之间的广大地区，南北风对峙，是阴雨、低温、暴雨、冰雹、大风等自然灾害频发的地带，尤以季风气候在州内更迭消长的过渡季节为甚。

干季风速要比雨季大得多，全年以 2—4 月份风速最大，河谷区表现最突出。以甘洛、德昌的峡谷为州内风速最大区，德昌年平均风速在 3.3 m/s；其次是盐源、喜德、冕宁、普格荞窝等地，全年平均风速大多在 1.0 m/s 以上。全年大风日数最多出现在甘洛，年均 75 天，春季各月平均都在 10 天以上；其次是美姑、冕宁、喜德、会东、盐源、木里等地区。甘洛、德昌、美姑、冕宁、喜德、会东、盐源、木里等地区大风日数较多，其中甘洛、美姑、冕宁一带的大风日数超过 40 天。

（三）主要灾害性天气

1. 干旱

凉山州由于处于季风气候区，年内明显分为干湿两季，降水不均，且年际变化较大，故干旱现象十分严重。根据凉山州气候特点，一般将出现在 12 月至次年 2 月的干旱称为冬旱，4 月至 5 月的干旱称为春旱，6 月出现的干旱称为夏旱，7 月至 8 月出现的干旱称为伏旱。

全年冬季（12 月至次年 4 月）的降水量，平均占年降水总量的 1％～5％，一些县有的年份甚至滴雨不下。从全州范围看，冬旱普遍存在。但由于此时雨季

刚刚结束不久，蒸发量不太大，风日也不是很多，土壤墒情尚好，同时尚未处于小春作物需水的敏感期，故冬旱灾害不十分突出。

春季凉山州降水稀少，此时，春温回升快，多风，蒸发量加强，降水量不能满足植物生长的需要，因而在4—5月份全州春旱现象十分严重。春旱主要分布在西部的木里、盐源和南部的宁南、会理、会东，通常年年都有。随着向东北推移，春旱频率逐渐下降，甘洛县是全州春旱最少的县，其出现频率达36%。凉山州春旱的总趋势是西南部比东北部严重，加上年前的冬旱，是影响凉山农业生产的主要气象灾害之一。

夏旱一般出现在6月，由于此间州内各地雨季先后开始，因此干旱现象不严重，出现频率一般都在30%以下，仅雷波县达40%。

伏旱常出现于7—8月份，此时为全州大多数大春作物需水的敏感期，假如出现干旱，会造成大春严重减产。全州此段时间大旱年份一般在20%以下，仅宁南可达31.8%。这时干旱最严重的地区是沿金沙江河谷地带，即干热河谷地带，由于这些地区水热不平衡，使丰富的热量资源难以充分利用。

2. 低温冷害

凉山州属季风区，冬温虽然较高，冬季受寒潮影响不强烈，但仍可出现不同程度的低温。由于地形作用，州南部干热河谷地带出现的情况不多，而州境内的东北部、西北部、北部地区，地势急剧增高，低温情况较严重。全年日最低气温≤0℃天数，全州多在1~25天，州南部河谷盆地多在10天以上，往北则天数逐渐增多。同时州内北部高山高原地区的低温伴随有大风和降雪，导致牲畜冻死、饿死，是凉山发展畜牧业的主要灾害性天气。各县早霜冻、晚霜冻出现的频率以木里、盐源、布拖三县最多，早霜冻频率在75%以上，晚霜冻在64%以上；普格、宁南、德昌、西昌、金阳、甘洛、喜德、雷波为最少；昭觉、美姑、越西、冕宁、会理、会东居于其中，早霜冻频率在31%~54%之间，晚霜冻频率在18%~58%之间。

3. 冰雹

冰雹是凉山州重要的灾害性天气之一。出现的范围较小，时间也比较短促，但来势猛、强度大，且一般降冰雹时伴随有大风、大雨天气。冰雹路径也多由西向东或由西北（北）向东南（南）方向移动。加之凉山州地形复杂，有些地区冰雹路径又与山脉、河流走向相一致。所以冰雹的分布有地区性，一般情况下，高原多于盆地，山地多于平坝。西昌、冕宁、越西一带降雹次数最多。全州一年四季均可降冰雹，但多发生在4—9月，且各地稍有不同，一般情况下始于3月，终于11月，最多降雹出现是在4—5月或10—11月。

（四）气候区划

根据热量条件垂直递减和水平分布规律，采取立体划带水平分区的原则，可将凉山州气候划分为两个主要区及三个亚热带垂直气候区和一个温带气候区和一个寒带气候区。

1. 水平划分

1）金沙江—安宁河谷区

本区范围大致包括雅砻江下游、安宁河谷、会理城河下游等流域，金沙江自北东而南西流过，行政区划上大致包括冕宁、西昌、德昌、会理、会东、宁南、普格、甘洛等县，气候的总特点是冬暖、夏短、气温年较差小、月较差大、雨量集中、干湿季节分明，年平均气温多在 15～17℃。冬天很温暖，安宁河谷及金沙江河谷，全年无冬，海拔 1800 m 以上的地区冬长也不过 75 天左右。1 月均温多在 7℃ 以上，西昌、德昌、宁南等地在 9.5℃ 以上。夏短而不热，最热月均温为 22℃ 左右，极端最高温不超过 37℃。这里冬夏短，春秋长，如会理春长达 100 天，夏短为 5 天，秋更长为 185 天，冬为 70 天，春秋相连可达 9 个多月，与云南高原的气候类似。气温另一特点是年较差小、日较差大。年较差 14℃ 左右，为全川最小的地区；而日较差较大，达 10～14℃，较之四川盆地高出 4～6℃。本区降水量多在 1000 mm 以上，比较封闭的地区，如金沙江河谷等地降水量较少，不足 800 mm。降水量的季节分配不均，干湿季节变化极为明显，5—10 月为雨季，降水量占年降水量的 90％ 以上，且多雷雨，雷暴日数全年在 70 日以上。雷雨 80％ 以上集中于雨季，西昌为 82％，会理为 87％。1 月至次年 4 月为干季，降水量不到全年降水的 10％。干季晴朗，干燥多风，日照强烈。本区日照时数从全年和各月看均较多，年日照时数超过 2000 h。在干季日照特别强，西昌、会理 11 月至次年 4 月各月日照时数均在 200 h 以上，也同样以 3、4 份为最多，每月超过 250 h，平均每天日照时数在 8 h 以上。雨季日照除 5 月份在 220 h 左右以外，其余月份均在 130～200 h，较干季少得多。本区干湿季节分明，5 月中下旬，来自印度洋的西南季风带来了丰沛的降水，一直持续到 10 月份，西南季风撤出，雨季也随之结束。

2）东北山原—西北中高山区

本区范围较大，大致包括越西、美姑、雷波、喜德、木里、昭觉、布拖、金阳、盐源等县。地貌属山原及山区，海拔较高，山谷多南北并列，部分南向气流可溯河谷而上，故本区较为温湿；气候垂直变化明显，气温随海拔增加而降低。积雪、冰雹、低温为本区气候的主要特点。本区年平均气温在 10.1～14.1℃，冬季较长，且寒冷，冬长大致在 4～5 个月，最冷月均温在 1.4～5.5℃。大部分

地区无夏,最热月均温在 17~22.6℃。≥10℃积温为 2380~4180℃·d,属温带,小部分为寒温带气候。本区年降水量平均在 600~1100 mm,虽无金沙江—安宁河谷区多,但因气温低、蒸发弱,故本区成为凉山州较温湿的地区。降水量明显地由东南向西北逐渐减少,如越西年降水量为 1113 mm,而西北边的盐源仅有776 mm。本区大多数地方干湿季节也比较明显,6—9 月为雨季,雨季降水占全年降水总量的 80％左右。雨季中雷暴和雹日数也较多,如越西雷暴日数全年为 73.4 日,雨季占 72％;年平均雹日 1.5 次。本区因海拔较高,霜雪较多,全年霜日在 50 天以上,霜期一般始于 9 月下旬或 10 月初,终于 4 月上旬至下旬。积雪日数也较多,2~15 日不等。总的来看,本区气候较冷而湿润,东部的山原又是重要的草场地,为重要畜牧业基地,且本区由于气候温凉、小气候多样,故有“四季牧场”之称,为凉山州畜牧业的发展提供了良好场所。

2. 垂直划分

1) 南亚热带气候区

本区包括安宁河谷、金沙江河谷和雅砻江河谷。区内年平均气温≥18℃,最热月平均气温在 24~27℃,最冷月平均气温 8~15℃;≥10℃积温大于 6000℃·d(如宁南县为 6352℃·d),全年太阳辐射总量在 120~130 kcal/cm²(如西昌为134.1 kcal/cm²,会理为 135.6 kcal/cm²)。年降水量在 600~1000 mm。本区热量丰富,光照充足,水热条件配合较好。由于蒸发量大,今后应植树造林,保持水土,另外,应将提、蓄、灌相结合,解决农业发展用水问题。

2) 中亚热带气候区

本区范围包括雷波县西宁海拔 760 m 以下地区,锦城一带 800 m 以下地区,溜筒河 1200 m 以下地区;宁南县金沙江河谷 1200~1500 m 以下地区;会理、会东 1300~1650 m 以下地区;安宁河谷 1200~1500 m 以下的地区;德昌以南1700 m 以下的地区;金阳境内金沙江河谷 900~1400 m 地区,黑水河流域1100~1500 m 地区,尼日河下游 1150 m 以下河谷,以及雅砻江河谷 1300~1700 m 的地区。本区年平均气温 16~18℃,≥10℃积温 5000~6000℃·d,最热月平均气温在 20~25℃,最冷月平均气温在 5~10℃。区内年降水量较南亚热带气候区多,空气较为湿润,水热条件配合较上区好,是凉山州粮油的主产区。区内灾害性天气较多,如干旱、低温冷害、冰雹等,尤以低温冷害严重。

3) 北亚热带气候区

本区包括雷波西宁、马湖、汶水、锦城一带海拔 800~1200 m 的地区,溜筒河谷 1200~1600 m 的地区;金阳县境内 1400~1800 m 的地区,西溪河谷 1450~1840 m 的地区;宁南县金沙江河谷、黑水河流域 1530~2040 m 的地区;会理、会东 1650~2170 m 的地区;安宁河流域南部 1700~2100 m、中部 1500~

1900 m、北部 1550～1870 m 的范围；尼日河流域 1150～1640 m 以及雅砻江河谷1700～2200 m 的范围内。本区年平均气温为 13.5～16℃，最热月平均气温在19～24℃，最冷月平均气温在 1～8℃，≥10℃积温为 4000～5000℃·d，年降水量一般在 1000～1200 mm。区内热量条件能满足喜温、喜凉作物一年二熟的需要，是本区粮、烟、油、肉、果的主要产区之一。

4）温带气候区

本区范围包括小凉山海拔 1200 m 以上，大凉山 1600 m 或 1900 m 以上，尼日河流域 1640 m 以上，安宁河流域 1870 m 以上，会理、会东地区 2170 m 以上，雅砻江西部 2000 m 或 2300 m 以上的地区。区内年平均气温低于 13.4～14℃，≥10℃积温小于 4000℃·d，最热月平均气温低于 22℃，最冷月平均气温也在 5.5℃以下。此区面积较大，为州内的林业、牧业、中药材的集中产区，主要农作物有高山粳稻、土豆、玉米、荞麦、大豆、四季豆、圆根等。但由于热量条件较差，农作物大多只能一年一熟，且灾害性天气多，产量低而不稳，生产力水平低。今后可致力于林业、畜牧业及温带作物的发展，建设成为省内的林畜业基地。

5）寒带气候区

本区主要包括大凉山 3000 m 以上的高山区，主要分布在木里和盐源。

（五）土壤

凉山土壤呈水平地带性分布，由于地貌和母质等的影响而发生了偏离，破坏了它的完整性。但在一定程度上，土壤的水平分布又有明显的区域性。

1）安宁河上中游中山宽谷新积土、水稻土区

本区包括西昌、德昌、冕宁县的大部分地区，南至德昌乐跃，西至磨盘山、牦牛山，东经黑水河至宁南的幸福乡，东北包括喜德、甘洛、美姑县的河谷地带。本区水稻土多分布在气候温暖具有水源的地方。具有母质来源复杂、土层深厚、质地黏沙适中、养分含量丰富、熟化度高、生产性能好的特点，为凉山的稻麦高产土壤。一般具有土层深厚、地势平、灌排方便、集约化经营程度较高的特点，安宁河谷尤为突出。本区耕地约占全州土地的 25%，土壤肥力高，农业生产性能良好，为凉山州主要的粮、经基地。

2）安宁河下游、雅砻江、金沙江中山中、窄谷燥红土区

本区燥红土主要分布在海拔 1300 m 以下地区，包括宁南县大部，德昌乐跃以南，会理的云甸乡，会理、会东、金阳、雷波等县的金沙江河谷，冕宁、西昌、德昌等县的雅砻江河谷地区。这类地区因海拔低，谷底宽窄不一，阶地狭窄，耕地零星分布，具有南亚热带的气候特点，被称为我国内陆仅有的准热带

"飞地"。年均温在 19.3~22 ℃，霜期短，光热资源十分丰富。≥10 ℃的积温为 7500~8000 ℃·d，为全省之冠，年降水量在 700~800 mm，干燥度大于 1.5，加之焚风效应强烈，蒸发量大于降水量的 3 倍以上，灌溉条件差，植被为稀树灌丛草被。土壤盐分表聚，复盐基化过程明显，主要土壤类型有燥红土、红壤、褐土，低山河谷有赤红壤以及红色石灰土、黄色石灰土。由于燥红土盐基饱和度高，自然肥力好，垦殖后是发展甘蔗、香蕉、脐橙、柑橘、花生、芒果、桂圆等热带、亚热带经济作物、经济林木的理想土壤。

3）会理、会东低山丘陵紫色土、红壤区

本区海拔 1400~2500 m 之间，区内气候温暖，冬暖夏凉，年平均气温在 15.1~16.1 ℃，地表出露巨厚的白垩系、佛罗系紫色砂页岩，分别发育为酸性、中性、石灰性紫色土。土壤含有丰富的磷、钾、钙、镁等矿物质营养元素，自然肥力较高，但有机质缺乏，由于紫色砂页岩岩性疏松，易于风化，冲刷严重，易造成水土流失。这类土壤适宜发展黄豆、土豆等喜钙作物，但由于灌溉条件差，未能充分发挥紫色土壤的潜在肥力。

本区红壤分布于海拔 2500 m 以下的中山、丘陵、盆地和坝地边缘缓坡。由于红壤受古气候、古土壤的影响，富铝化过程明显，土层深厚，质地黏重，结构不良，易受冲刷，黏、板、干，缺磷，黏粒的硅铝铁率为 2.0%~2.4%，pH 值在 4.5~6 之间，铁基饱和度在 20% 左右。由于红壤分布区光热资源丰富，适宜发展烤烟、蚕桑、甘蔗、石榴、油茶等亚热带经济作物以及玉米、红薯等粮食作物，产量很高。红土经改良培肥，增产潜力很大。

4）盐源盆地红壤、棕红壤区

本区范围大致包括盐源盆地，牦牛山以西、雅砻江流域的谷间盆地，海拔 1600~2800 m 的地带。区内气候温凉，年平均气温 12.5 ℃，年降水量 780 mm。植被为暖温、中温带偏干性常绿落叶阔叶林、针阔混交林和大面积的云南松林。旱地和山地土壤为棕红壤、红壤。在海拔 2400 m 地区，分布有水稻土；在石灰岩地区，分布有红色石灰岩土。

5）西部木里高、中山森林土区

本区森林土分布于海拔 1800~5000 m 的木里大部及盐源、冕宁、西昌等县的一部分。区内由于受高山峡谷的影响，水热条件的变化明显，土壤呈现垂直—水平复合分布。从低到高依次分布有红壤—褐壤—棕壤—暗棕壤—棕色针叶林土—亚高山草甸土，其中以棕壤、褐土面积较大。本区土壤肥沃，腐殖质较厚，有机质含量高，宜林优势显著，是凉山州原始森林区的用材林区、林间草场的集中分布区，适宜发展草食性牲畜。

6）雷波高山深谷黄壤区

此类土壤大致分布海拔为 3600～3916 m，包括雷波县大部、金阳县一部分。本区受东南季风影响，形成了多雨、温暖湿润的季风气候，成土母质多为石灰岩、砂页岩、变质岩、玄武岩等。黄壤具有明显的黏化、富铝化和黄化特征，在森林植被下表土有机质含量可达 5%～8%，甚至更高。山体呈蜡黄色，淋溶层为浅黄色，淀积层明显，地势平缓处伴有表潜作用。土壤质地黏重，呈酸性，盐基饱和度低，缺磷。由于本区成土母质及地貌条件复杂，除上述母质外，还有白云岩、板岩、石英岩等残、坡积物。植被种类繁多，土壤特性差异很大。在湿润气候区，从低到高，依次分布有黄壤—黄棕壤—棕壤—暗棕壤—棕色针叶林土—亚高山草甸土。在半干旱半湿润气候区则分布有黄红壤—褐土或黄壤—黄棕壤—棕壤—暗棕壤—亚高山草甸土。在紫色页岩、石灰岩分布地区，则有紫色土、石灰土等非地带性土类的分布。总的来说，本区土壤瘠薄、板结、夹石多，缺磷。本区适宜发展茶叶、女贞、漆树等经济林木。

7）越西中山宽谷紫色土、黄红壤区

本区范围大致包括越西县大部，甘洛、喜德等县的一部分。区内气候温和湿润，年平均气温为 13.3 ℃，年降水量为 1100 mm。河谷、低山分布有水稻土、紫色土、新积土、黄红土、黄壤，适宜于发展玉米、土豆、花椒等。在中山或高山，则分布有黄棕壤、棕壤、暗棕壤、棕色针叶林土、亚高山草甸土等土壤类型。

木里、盐源、美姑、雷波、喜德、昭觉、越西、德昌等县有大面积的亚高山草甸土，此类土壤分布的海拔高度大致为 2900～4500 m。由于海拔较高，故土壤具有冻融风化的特点，植被有蒿草、羊茅、苔草、披碱草、狼毒、委陵菜、杜鹃、绣线菊、高山柳、沙棘、金蜡梅等。土被草根密集，盘结成层，土壤有机质含量可达 15% 左右，pH 值为 5.5～6.5，土层较厚，一般厚 50～60 cm，因此，牧草长势良好，是凉山州优良的夏季牧场。

8）昭觉中山山原盆地紫色土、黄棕壤区

本区此类土壤分布海拔大致为 2000～3500 m，包括昭觉、布拖全部，美姑、普格等县的一部分。区内成土母质大部分为紫色砂页岩、石灰岩、玄武岩的残、坡积物，山原盆地为黄棕壤、新积土、黄红壤、水稻土等，中山为紫色土、棕壤，山原为暗棕壤、亚高山灌丛草甸土，部分地区有红色石灰土、沼泽土。土壤瘠薄，粗性强，盆地、河谷地区排水不畅，多冷湿土类，是凉山州玉米、黄豆、土豆、荞麦等旱粮的集中产区。

二、攀枝花概况

攀枝花位于西南川滇交界部，地处 26°05′~27°21′N，101°08′~102°15′E，东北面与凉山州会理、德昌、盐源 3 县接壤；辖仁和区、东区、西区、盐边县、米易县，共 3 区 2 县，全市总面积 7440 km²，其中，米易县 2153 km²，盐边县 3269 km²。攀枝花海拔 937~4195 m，最低为盐边县百灵山穿洞子，最高为仁和区平地镇思庄，海拔相差 3367 m，一般海拔 1500~2500 m，市区海拔 1000~1300 m。

（一）地形地貌

攀枝花位于横断山东侧，金沙江、雅砻江汇合处，地处攀西裂谷中南段，金沙江、雅砻江、安宁河、大河、三源河及其支流镶嵌在山地之间，形成雄伟的川西南峡谷区。地势由西北向东南倾斜，山脉走向近于南北，是大雪山的南延部分。地貌类型复杂多样，可分为平坝、台地、高丘陵、低中山、中山和山原 6 类，以低中山和中山为主，占全市面积的 88.38%。

（二）气候

在纬度、地势、地貌、大气环流等因素的共同作用下，形成了同纬度地带别具一格的、以南亚热带为基带的复式岛状立体气候，垂直气候带谱极为明显，自金沙江河谷到高山顶部依次为南亚热带、中亚热带、北亚热带和暖温带四个气候类型带，总的特点是干热同季，旱、雨季分明，雨量不足，光热充足，日照丰富，光照强度大，年较差小，日较差大。

1. 温度

攀枝花全年气温较高，日照充足，太阳辐射强，平坝河谷地区基本无冬。攀枝花市海拔 1500 m 以下的平坝、河谷地区年平均气温 19.7~20.9℃，年日照 2352~2737 h，年总太阳辐射 5600~6300 MJ/m²，≥10℃积温比四川各地多 1979~5479℃·d。攀枝花市是四川省年平均气温最高、年日照时数最多、年总热量最丰富的地区。攀枝花日均温≥0℃日数有 365 天，≥10℃积温 5686~7479℃·d，≥10℃日数 325~353 天。攀枝花市 1 月平均气温 11~14℃，7 月平均气温 24~26℃，年极端最低温度−2~2℃。攀枝花冬暖突出，且春热明显。据统计，绝大多数年份 2 月上旬以后全市日平均气温已稳定在 12℃以上，3 月上旬后稳定在 16℃以上，4 月上旬后稳定在 20℃以上。据比较，攀枝花 2~4 月月平均气温要比全国同纬度地区高 4~12℃。

2. 降水

攀枝花全年干、雨季分明，年降雨量高度集中。雨季，气候湿润凉爽；干季，气候干暖或干热。通常 5—10 月为攀枝花市的雨季，11 月至次年 4 月为干季。5 月是干季到雨季的过渡期，降雨量变化很大，可在 0.1～208 mm 间变动。攀枝花降雨集中在雨季，雨季降雨量占全年降雨量的 95％左右；干季总降雨量占年雨量的 5％左右。10 月是雨季到干季的过渡期，降雨量变化虽大，但不及 5 月。据统计，在干季中，月平均降雨量 2～23 mm，月平均温度 11～24℃，月平均最高温度 20～33 ℃，月平均相对湿度 33％～78％，其中 1—4 月最干燥，日最小相对湿度常达 15％左右，干季中晴日占 92％，因而在干季中，攀枝花市气候表现为干暖或干热。

按年降雨量的明显差异，把攀枝花市分为南、中、北三片区。南部片区年雨量 750～900 mm，中部片区年雨量 900～1050 mm，北部片区年雨量 1050～1718 mm。

3. 干燥度

在干季中，全市气候干旱或极干旱，特别是 1—4 月，且干旱程度由北向南迅速增大。1—4 月正是攀枝花市的大春栽插季节和果木抽枝、发芽、开花、坐果时期，需要大量雨水，而此时月平均降雨量仅 2～17 mm，远远不能满足灌溉用水需要。在气温逐渐攀升的条件下，地表蒸发量迅速增大，全市气候由干暖迅速转变为干热，气候变为极干旱状态，因而大大增加了攀枝花市农、林、牧、渔、蔬菜、水果业的生产成本，这种水、热失调的气候现象是攀枝花市农业产业化发展的瓶颈。

5—10 月为雨季。5 月是干季向雨季的过渡时期，处于干旱/亚干旱气候。6—9 月主汛期属湿润气候。10 月是雨季到干季的过渡期，属亚湿润或亚干旱气候。在 6—9 月的主汛期中，攀枝花市降雨量与蒸发量接近平衡甚至多于蒸发量，此时田地无须灌溉，且在暴雨集中的时段，沿江低洼地区还要防御洪涝灾害。

4. 温差

攀枝花温度全年日较差大，年较差小，小气候复杂多样，立体气候显著。全市气温年较差≤14℃，而日较差达 15～25℃。据统计，攀枝花最冷的 12 月至次年 1 月，日最高气温常在 20～26℃ 间变化，日最低气温常在 4～8℃ 间变化，日较差达 17℃ 左右。最热的 5—6 月，日最高气温常在 33～38℃ 间变化，日最低气温常在 18～23℃ 间变化，日较差达 15℃ 左右。在春、秋季强降温时，日较差常大于 20℃。全市海拔悬殊，地形复杂，市区北部的雅砻江河谷和西部的金沙江河谷的相对高度差达 1000～2500 m，其他地区的相对高度差也有 500～1000 m，造成小区域内空气垂直运动剧烈，使降雨的空间分布极不均匀。在雨季中，常有"十里不同天"的气象景观。

据统计，攀枝花市海拔 1500 m 以下的平坝、河谷地区，≥10℃积温 5600～

7500 ℃·d，其日数这 325～353 天，最冷月月平均气温 10～13 ℃，最热月月平均气温 25～27 ℃，年极端最低气温≥−2 ℃；海拔 1500～2500 m 地区，≥10 ℃积温 4500～5800 ℃·d，其日数为 260～303 天，最冷月月平均气温 4～10 ℃，最热月月平均气温 19～24℃，年极端最低气温−5～−10℃；海拔 2500 m 以上地区，≥10℃ 积温 3500～4800 ℃·d，其日数为 230～250 天，最冷月月平均气温 2～4 ℃，最热月月平均气温 15～19 ℃，年极端最低气温−10～−20 ℃。

（三）气候带划分

根据日均温、≥10 ℃积温及天数、最冷月和最热月月平均温度、年极端最低温度划分气候带的标准，攀枝花市气候带可划分为南亚热带气候区、中亚热带气候区、北亚热带气候区。

南亚热带气候区：海拔 1500 m 以下的河谷平坝，日照充足，年降雨量约 800～1100 mm，年平均气温约 20～21 ℃，年日照时数约 2400～2700 h。南亚热带总面积 1983.0 km²，占全市面积 26.7%。

中亚热带气候区：海拔 1500～2500 m 的山地，冬暖夏凉，四季如春。中亚热带总面积 4280.2 km²，占全市面积的 57.6 %。

北亚热带气候区：海拔 2500～3000 m 山地，夏季凉爽，冬季寒冷，冰雪少见。

暖温带：海拔 3000～4200 m 山地，夏短冬长，冬季寒冷，常有冰雪覆盖。

第二章　攀西地区牧草及草地分区

一、牧草的基础知识

（一）牧草及其相关概念

牧草广义上泛指可用于饲喂家畜的草类植物，包括草本、藤本、小灌木、半灌木和灌木等各类栽培或野生植物；狭义上仅指可供栽培的饲用草本植物，尤指豆科牧草和禾本科牧草，这两科几乎囊括了所有的栽培牧草。此外，藜科、菊科及其他科草类也有可利用的，但种类极少。

饲料作物指用于栽培作为家畜饲料用的作物，如玉米、高粱、大麦、燕麦、黑麦、大豆、甜菜、胡萝卜、马铃薯、南瓜等各类作物。

我国习惯将牧草和饲料作物分开，实际上两者很难分清。欧美、日本等国将两者统称为饲用作物（forage crops）。在本书中，饲料作物也归并到牧草中。

（二）牧草的分类

牧草的种类很多。根据对气候环境的适应性，牧草被划分为暖季型草和冷季型草；根据其来源不同又可分为禾本科牧草、豆科牧草、叶菜类等；根据其生长年限不同可分为一年生牧草和多年生牧草等。

1. 暖季型草与冷季型草

暖季型草起源于世界的热带，如非洲和南美洲。一般春季和夏初开始生长或播种，生长量集中在全年最热的几个月，最适合生长的温度为 20～30℃，在 −5～42℃范围内能安全存活。这类草在夏季或温暖地区生长旺盛，在我国主要分布于长江以南以及以北部分地区，例如广东、福建、江西、浙江、湖南、重庆、四川、云南、贵州等地。一些不耐寒的暖季型草在南方冬季寒冷地区难以越冬。

冷季型草起源于温带地区，目前栽培的冷季型草大多起源于欧洲、地中海地区及东亚地区。开始生长或种植的时间一般在秋季，有时在早春。生长量大部分是在一年中最凉的几个月形成的，但最冷的季节除外。适宜的生长温度在 15～

25℃之间，气温高于 30℃，生长缓慢，在炎热的夏季，冷季型草会休眠。跟暖季型草相比，冷季型草通常具有较高的营养价值和更长的生长季。一些不耐热的冷季型草在南方炎热干旱的环境下难以越夏。

2. 禾本科牧草与豆科牧草

禾本科牧草，也称禾草，为单子叶植物，大多是草本植物，具有平行叶脉，须根系，种子着生在伸长的穗轴上。禾本科是种子植物中最有经济价值的大科，是人类粮食和牲畜饲料的主要来源，除了荞麦以外，几乎所有的粮食都是禾本科植物，如小麦、稻米、玉米、大麦、高粱等。

豆科牧草，也称豆草，为双子叶植物，种子着生在豆荚之中，具网状脉，一般为直根系，大多数豆草具有根瘤，根瘤菌能够固氮。该科具有重要的经济意义，是人类食品中淀粉、蛋白质、油和蔬菜的重要来源之一。

3. 一年生牧草与多年生牧草

一年生牧草，指在一个生长季内完成生活史的牧草，寿命只有 1 年。一年生牧草只能通过种子繁殖。

多年生牧草，即在适宜的条件下能生活多年的牧草。多年生牧草在一年的某个特定时期会枯萎或休眠，但在适宜的条件下会恢复生长。多年生牧草既可种子繁殖，也可营养繁殖。

一般来说，暖季型多年生草的消化率低于冷季型多年生草。

不同的多年生草的发育速度和寿命是不同的。根据发育速度和寿命长短，多年生牧草分为 4 个类型：

① 二年生（越年生）草类：如草木樨、多花黑麦草，此类草播种当年产量高，生长第二年死亡；一般秋播，第二年开花结实。

②少年生草类：如红三叶、杂三叶，寿命 3~4 年。单播时，第二年产量最高，第三年显著下降。

③中年生草类：如紫花苜蓿、猫尾草、百脉根、鸭茅、无芒雀麦等，寿命 5~8 年，管理得好的话，寿命可达 8~10 年。生长的第 3~5 年产量最高。

④多年生草类：如草地早熟禾、小糠草、冰草、白三叶等，寿命 10 年以上。生长的第 5~8 年产量最高。

根据牧草的这种属性，短期利用（2~4 年）的混播牧草，必须包括第二和第三种类型的草类，在长期利用的牧草中，除了第二、三类外，还应包括第四类草。

4. 上繁草与下繁草

根据叶的分布和植株的高矮可分为上繁草、下繁草和半上繁草。

1）上繁草

上繁草植株高大，高 50～170 cm 或更高，株丛多半是生殖枝和长营养枝，茎上的叶片分布比较均匀。这类牧草常用作建立刈割型人工草地，割草后留茬的产量不超过总产量的 5%～10%。草木樨、猫尾草、紫花苜蓿、象草、苏丹草、多花黑麦草、无芒雀麦、鸭茅、披碱草、红豆草等属于上繁草。

2）下繁草

下繁草植株矮小，高度一般不超过 50 cm，株丛多半是短营养枝，大量叶片集中于株丛基部，刈割后的留茬数量大，约占总产量的 20%～60%，因此这类牧草适合于放牧利用。草地早熟禾、小糠草、冰草、白三叶、羊茅、扁蓿豆等属于下繁草。

3）半上繁草

半上繁草长营养枝与短营养枝约各占一半，介于上繁草与下繁草之间，植株高度约 50～70 cm，刈割或放牧后产生稠密而多叶的再生草，适合刈牧兼用。多年生黑麦草、草地羊茅、杂三叶、红三叶、黄花苜蓿等属于半上繁草。

5. 分蘖类型

根据地上枝条（分蘖或分枝）形成的特点，牧草可分为以下几种类型。

1）疏丛型

疏丛型牧草的茎基部为若干缩短的茎节，节上具分蘖芽。分蘖节位于地表以下 1～5 cm 处，分蘖芽形成的侧枝与主枝以锐角方向向上生长，能产生多级分蘖。疏丛型牧草适宜在土壤肥沃和通气良好的地块上生长。这类牧草主要有披碱草、老芒麦、鸭茅、鹅观草、猫尾草等。

2）密丛型

密丛型牧草的分蘖节位于地表以上，形成的侧枝彼此紧贴，并和主枝平行向上生长，形成密集的丘状株丛，如羊茅、针茅等。这类牧草能够在贫瘠、紧实的土壤上生长，耐牧性强，但生长较慢，饲用价值较低。

3）根茎型

根茎型牧草除地上茎外，在地表以下 5～20 cm 处还有与主枝垂直、平行于地面的地下横走茎，称为根茎。在根茎的节上可以长出垂直的枝条，并在长出地面后形成新的植株。这类牧草具有很强的无性繁殖能力，适合在土壤通气良好的地块上生长，如羊草、拂子茅、䅟草、鹰嘴紫云英等。

4）根茎－疏丛型

该类型牧草茎基部的分蘖节位于地表以下 2～3 cm 处，分蘖节可以形成疏丛

型草丛，同时产生横走根茎，根茎节上的腋芽可向上生长，钻出地面形成株丛，如草地早熟禾、小糠草等。

5）轴根型

轴根型牧草具垂直而粗壮的主根。在茎的下部（土表以下 1～3 cm）与根融合处有一膨大部分，称为根茎，根茎上的更新芽向上生长，形成多枝的稀疏的株丛。属于这一类型的牧草主要是豆科牧草，如红三叶、紫花苜蓿、草木樨等。

6）根蘖型

根蘖型牧草具垂直根且在地面以下 5～30 cm 处生出水平根，在其上形成更新芽，向上生长到地面形成枝条，如甘草、刺儿菜、细叶骆驼蓬、多变小冠花等。这类牧草繁殖能力极强，在疏松和通气良好的土壤上生长极为茂盛。

7）匍匐型

匍匐型牧草由母株根茎、分蘖节或枝条的叶腋处向周围生出匍匐茎，匍匐茎的节可向下长出不定根，腋芽向上产生枝条或叶簇，从而形成新的植株，如白三叶、狗牙根、结缕草等。

（三）南方常见牧草

1．禾本科牧草

暖季型多年生禾草：巴哈雀稗、狗牙根、大须芒草、地毯草、欧亚孔颖草、毛哈雀稗、鸭毛状摩擦禾、拟高粱、柳枝稷、墨西哥玉米、牛鞭草、皇竹草、象草等。

冷季型多年生禾草：草地早熟禾、鸭茅、无芒雀麦、䅟草、高羊茅、猫尾草、多年生黑麦草等。

暖季型一年生禾草：玉米、高粱、苏丹草、高丹草、墨西哥玉米等。

冷季型一年生禾草：大麦、燕麦、扁穗雀麦、黑麦、一年生黑麦草、小黑麦、小麦等。

在良好施肥条件下，一些暖季型禾草具有高产潜力，不过暖季型禾草的饲用品质，特别是多年生的禾草，通常远远低于冷季型禾草。

2．豆科牧草

暖季型多年生豆草：葛藤、多年生花生、截叶胡枝子等。

冷季型多年生豆草：紫花苜蓿、杂三叶、百脉根、红三叶、白三叶等。

暖季型一年生豆草：链荚豆、豇豆、长萼鸡眼草、大豆、鸡眼草、拉巴豆等。

冷季型一年生豆草：箭三叶、球三叶、埃及三叶、天蓝苜蓿、南苜蓿、绛三叶、地三叶、草木樨、饲用豌豆等。

3. 其他科牧草

除了禾本科、豆科牧草外，还有很多其他科的植物也是优质牧草，如菊科、蓼科、莎草科、苋科、紫草科等。在攀西地区可以种植的有红薯、木薯、胡萝卜、饲用甜菜、芜菁、南瓜、苦荬菜、串叶松香草、菊苣、籽粒苋、叶用甜菜、聚合草等。

（四）不同牧草的特点

1. 禾本科

禾本科草是组成我国天然草地植被的主要草类，分布范围极广，从热带到寒带，从海岸到高山顶部，都能生长，对土壤的适应范围广，酸性土、碱性土、盐渍土都能适应。禾本科草在提供家畜饲草上有特别重要的意义。与其他科草类相比，禾本科草富含无氮浸出物，粗纤维含量高，约占干物质的30％。另外，禾本科草的适口性好，大部分可用于放牧或调制干草。禾本科草调制干草和运输时叶子不容易脱落，能长期贮藏，冬季在草地上保存性能好。此外，禾本科草耐牧性强。

2. 豆科

豆科草在我国的天然草地上分布广泛，但所占比重不大，次于禾本科、菊科和莎草科。但与其他植物比较，豆科草蛋白质含量丰富，占干物质的18％～24％，含钙丰富。大多豆科草花期长，在夏秋季节能不断开花结实，生长期内营养物质的降低不如禾本科草明显。与禾本科草相同，豆科草适口性也很好。但是，豆科草叶片容易脱落，调制干草时营养成分易损失。另外，豆科草碳水化合物含量低，常规青贮不易成功。

（五）牧草的品质

牧草品质的优劣不仅影响家畜的生长和发育，也影响畜产品的产量和质量。牧草的品质一般包括营养价值、消化率、适口性及有毒有害物质几个方面。提高粗蛋白含量、降低粗纤维含量是提高牧草营养价值、改善营养品质的重要内容。

1. 营养价值

牧草的营养价值取决于所含营养成分的种类和数量。营养成分指牧草饲用部分营养物质的组合，包括粗蛋白、粗纤维、粗脂肪、无氮浸出物和钙、磷及其他微量元素，其中，蛋白质和粗纤维是最重要的两项指标。

2. 消化率

牧草的消化率用可消化营养物质总量和可消化蛋白质含量表示。同样质量的

不同干草，营养物质含量相近，但由于消化率不同，对家畜的营养价值有很大的不同。消化率越高，营养价值越大。

3. 适口性

适口性是指家畜采食牧草的喜好程度。适口性的好坏往往与牧草品种特性有关，如牧草中粗纤维、可溶性碳水化合物及芳香烃等物质的含量以及牧草质地、颜色和气味等，也与调制技术有关。如青贮玉米，由于其颜色鲜绿、细碎多汁、气味醇香，适口性比玉米秸秆好，家畜喜食，饲用价值大。

牧草中的单宁含量与其适口性、家畜采食量、消化率和畜体氮沉积率等负相关。缩合单宁是一种多聚黄酮类化合物，其含量的高低对草食动物影响极大。当其含量占牧草干物质的 1%～3%时，可防止动物臌胀病的发生，减少动物瘤胃微生物对蛋白的降解速度。百脉根含单宁，不会导致动物的臌胀病的发生，而苜蓿、三叶草等因不含单宁，动物大量采食会导致鼓胀病的发生。当缩合单宁占干物质的 4%～5%时，就会大大降低牧草的营养价值及适口性。

4. 有毒有害成分

牧草的有毒有害成分指动物采食后造成健康损害的所有物质，如采食苜蓿后引起急性臌胀病的皂素、导致牛羊不愿采食草木樨的香豆素、羊茅属中导致牛羊跛足病和脱毛的吡咯灵、红三叶中的雌激素、蕨草中的多种生物碱、银合欢中含有的硝基丙酸类等。含有这些有毒有害物质的牧草被家畜采食后会出现不同程度的中毒反应。

反刍动物最理想的牧草应该具备以下特征：较高的蛋白质含量，特别是富含含硫氨基酸；丰富的碳水化合物；含一定量的单宁，能缓解可溶性蛋白的降解速度；易撕裂的表皮；足以维持动物所需的矿物质。目前，最理想的牧草是不存在的，但随着各种技术手段对牧草的品质进行改良，理想牧草离我们越来越近了。

二、攀西地区草地

攀西地区地形复杂，气候条件多样，水热资源丰富，为攀西的草类植物的多种分布提供了条件，既有自南而北、从东向西的水平分布，又有从低山到高山的垂直分布。由于区内地表起伏大、高低悬殊，所以草类植物的垂直地带性分布强于水平地带性。

攀西地区由西北到东南，植物由适应寒冷湿润气候过渡到适应干热气候。在西部和西北部的木里、盐源两县是凉山州内的高山草甸、亚高山疏林的集中分布区，代表性草类有蒿草、羊茅等；而以昭觉为代表的凉山腹心地区主要分布着高寒灌丛和亚高山草甸，代表草类有羊茅、珠芽蓼、早熟禾、密序野古草等；西昌、德昌、普格为过渡区，既分布有高寒灌丛、亚高山草甸类，又分布着中低山带的山地灌丛、山地疏林和山地草丛类，草本类有云南裂稃草、隐序野古草、扭黄茅、糙野青茅等。而南部和东南部的会理、会东等县，是区内山地稀树草丛类的仅有分布区，代表草类为扭黄茅、云香草等。但是在东北部最低海拔的雷波县金沙江边，却无此类型分布。

区内的相对高差可达 5633 m（一般为 2000 m 左右），垂直温差可达约 36.6℃。由于本区属横断山脉的中段东缘，加之山脉河流走向均近南北向相间排列，河流深切，形成高山峡谷地貌。另外，东坡和西坡一山两坡干湿、冷热条件有明显差异。进入本区的湿热西南季风，沿河谷由南往北长驱直入，使北部高海拔的基准面增温，打破了东南与西北海拔之差应有的一般性垂直地带差异的规律性而趋向复杂化。

按中国草地分类原则，攀西地区的草地有以下几类。

（一）干热稀树草丛类

干热稀树草丛分布区年降雨量 600～1500 mm，大多在 1000 mm 以下，多集中于雨季，年蒸发量大，是降雨量的 1～4 倍，旱季长。土壤为红壤、红棕色沙质土壤等，多含碎石，土壤侵蚀严重，土层瘠薄，群落内的植物为热带植物，具有耐旱、耐贫瘠等特点。干热稀树草丛多是森林破坏后形成的次生植被。干热稀树草丛是热带家畜的放牧草场，但生境干热，土层浅薄，保水性差，旱季持续时间长，干旱、缺水，如能解决灌溉问题，草场有望获得改良。攀西地区的金沙江、安宁河干热河谷区的草地属于此类。

1. 亚热带干热河谷稀树灌木草地

本类型分布在凉山州的雅砻江上半段（盐源金河乡竹子坝以上）及其支流，海拔 2000 m 以下地段，由于气温高、湿度小、土壤干燥，群落结构十分简单，有的地段全是草坡，有的伴有零星的乔木和灌木。草本主要是禾草类，如扭黄茅、黄背营草、须芒草、荩草、羊茅、密序野古草、刺芒野古草、云南裂稃草、粗糙青茅、香茅、芨芨草、异燕麦、白茅、画眉草、川西剪股颖等。

2. 南亚热带稀树灌木草地

本类型主要分布在凉山的金沙江河谷两岸，盐源金河乡以下的雅砻江下游，会理县的普隆、新安一带，宁南黑水河，会东鲹鱼河谷两岸，海拔 1200 m 以下地段及攀枝花市、延边县、米易县，年降水量 600 mm 左右，年平均温度在 20℃ 以上，≥10℃ 的年积温为 6000 ℃·d 以上。本层的主要草类为禾草中的扭黄茅、芳香草、龙须草等，在阴湿地还有苦英、蓟等菊科植物，茄科青茄子、野苋菜在农地旁也有生长，紫薇科毛子草多有分布。群落中的灌木分布较稀疏，主要有余甘子、车桑子、羊蹄甲、小桐子等。乔木树更稀疏，主要有木棉、酸角、

番石榴、香椿、红椿、滇合欢等。

（二）暖性灌草丛类

暖性灌草丛广泛分布于攀西地区的低山、丘陵区。该区气候温热湿润，年降雨量 800～1200 mm。暖性灌草丛产草量高，牧草生长前期草质好，是畜牧业发展的重要基地，应合理开发利用。

（三）草甸

草甸在凉山州分布范围较广，包括海拔高度一般在 2800～4500 m 的地段，在山地垂直带谱中，相当于亚高山针叶林和高山灌丛草甸带的范围。草甸植被的群落类型比较复杂，种类组成也比较丰富。经调查采集鉴定的共有 155 科 782 属 2106 种。其中禾本科植物约占草类植物总数的 11.55％，豆科占 5.9％，莎草科占 3.6％，菊科则占 12.1％。根据优势种的生活型及生境特征，凉山的草甸植被包括有高寒草甸、典型草甸和沼泽化草甸三个植被亚型。

1. 高寒草甸

本类型主要分布在凉山州海拔高度 3800～4500 m 的地段，在山地垂直带谱中属于高山灌丛草甸带，位于亚高山针叶林带以上，流石滩植被以下。这里气候寒冷，日照强，风力大，全年无绝对无霜期。组成植被群落的种类多系寒冷中生草本植物。群落的特点是草层低矮，层次分化不清，草群生长密集，盖度大，多呈密丛状、莲座状和垫状。牧草生长的季节短，产草量低。主要种类有高山蒿草、羊茅、珠芽蓼等。

2. 典型草甸

本类型主要分布在凉山州海拔为 2800～3800 m 的地区，在植物垂直带谱上相当于亚高山针叶林带的位置。本带内气候条件略优于高寒草甸气候，特点为寒温湿润，适宜针叶林的生长，但由于地貌的影响，发育了适应中温、中湿环境的草甸植被。典型草甸的种类组成比较复杂，特别是森林区。群落特点是以疏丛禾草、根茎莎草层片为主，草层分化明显。典型草甸的建群植物有羊茅、珠芽蓼、西南委陵菜、穗序野古草、链野青茅、龙胆、钻叶火绒草、银莲花、团穗苈等。

3. 沼泽化草甸

沼泽化草甸是由湿中生多年草本植物为主组成的群落类型，是典型草甸向沼泽过渡类型。其分布不限于某一垂直带，而是与特定地貌引起的土壤水分状况密切相关，是在地表低洼、排水不畅、土壤过分潮湿、通透性不良等环境条件上发育起来的。在地理分布上，除木里县西北区比较集中外，在州内均有零星分布。沼泽化草甸群落特点：一是组成群落的植物种类，少于典型草甸而多于沼泽植被成分。在建群种及基本层片中，莎草科占有特别重要的地位，毛茛科的湿中生种类也较常见。二是群落外貌表现为有斑点状草丛，色彩较为单调，季相变化不甚明显。主要植物种类有矮生蒿草、木里苔草、线叶蒿草、丛毛羊胡子草、川滇苔草、小苔草、珠芽蓼等。

三、攀西地区牧草生产区域划分

由于攀西地形地貌复杂多样，农业资源也呈现出不同的特点，为了因地制宜地调整农业生产结构、发挥比较优势，根据区分差异性、归纳相似性的原则，把全区划分为 5 个农业区域：攀枝花地区、会理—雷波金沙江干热河谷区、西昌—冕宁安宁河谷区、普格—甘洛二半山区、木里—盐源高半山区。

（一）攀枝花市

1. 农业资源特点与农业生产结构现状

攀枝花市位于攀西南部，在西昌市和昆明市之间，地处金沙江、安宁河干热河谷，属南亚热带气候区，热量非常丰富，气温日较差很大，可高达 18.7 ℃。农产品品质优良，其中，亚热带水果、甘蔗、蚕茧和蔬菜是该市最有优势的农产品。

仁和区耕地面积 8383 km²，其中，水田 4687 km²，占耕地总面积的 55.9%，占全市水田总面积的 30%。米易县地处安宁河谷下游，耕地面积为 11656 km²，其中，水田 6917 km²，占耕地总面积的 59.3%，占全市水田总面积的 44.3%。盐边县是以旱地为主的山区县，旱地面积 7393 km²，占全市旱地总面积的 45.7%。攀枝花市除了粮食作物、蔬菜，主要种植热带水果，如芒果、枇杷、板栗、脐橙等。

2. 牧草生产思路

可利用果树、林间空地，种植热带牧草，发展草地畜牧业。

（二）会理—雷波金沙江干热河谷区

1. 农业资源特点与农业生产结构现状

该区地处金沙江沿岸，包括会理、会东、宁南、金阳和雷波 5 县，面积 13940 km²，占攀西地区的 20.5%。金沙江河谷海拔多在 325～1500 m，光热资源非常丰富，粮食可以一年三熟，是甘蔗等热带亚热带经济作物和粮食作物的生产基地。降水较少且蒸发强烈，干旱缺水是本区农业生产最大的限制因素。由于自然和人为的因素，导致本区植被稀少，水土流失严重，泥石流泛滥，土坡有机质含量低，制约了农业生产潜力的发挥。海拔 1500～2500 m 的低中山区是本区

的主要地形，光热资源丰富，粮食作物一年两熟或两年五熟，土壤比较肥沃，以旱粮和林牧业为主。区内田少土多，水田仅为耕地面积的 22.4%，有效灌溉率为 41.9%，次于攀枝花市和西昌片区。大于 25°的陡坡耕地占耕地面积的 26.4%。

2001 年的现代农业产值结构为：种植业 59.8%，牧业 32.1%，林业 7.2%，渔业 0.9%。林牧业发展滞后，区内林地和草地面积占了土地总面积的 72.6%，林产品资源和畜禽资源丰富，但林牧业产值只占 39.3%，粮食作物与经济作物及其他作物播种面积之比为 66∶34，其中蔬菜、糖料和烟叶三大特色经济作物种植面积占 19%。

2. 牧草生产思路

1）甘蔗榨糖后副产品利用

本区海拔 1400 m 以下以宁南为主的干热河谷地区，早春气温回升早，有利于甘蔗早出苗，基本无冻害，气温年较差小、日较差大，有利于糖分的积累，甘蔗产量和含糖量均高于内江蔗区，单产在全省仅略次于米易县，是攀西及全省的甘蔗主产区之一。在该地区，甘蔗嫩梢和榨糖之后的甘蔗渣可进行青贮，饲喂牛羊。

2）与林果间作，种植牧草

区内光照充足、热量丰富，桑叶肥大，硬化迟，粗纤维少，蛋白质含量高于全国重点蚕区，同时气候干燥、湿度低，适宜蚕茧生长，病虫害少，集南北蚕区的优势于一身，一年四季都能养蚕。

该区光热资源非常丰富，适合发展优质亚热带水果生产，2000 年水果产量占攀西总产量的 25%，具有举足轻重的地位，应大力发展。宜在会理、会东海拔 1400~1600 m 的地区建设石榴生产基地。沿金沙江河谷的高热量地区很适合脐橙、锦橙等水果的生长，宜在这里建立锦橙等橙汁原料生产基地。

本区应因地制宜，发展蚕桑、果树，可在桑树、果树下种植耐荫的一年生或多年生牧草，以增加单位面积的产出，防止水土流失。

3）与烤烟轮作，种植牧草

区内海拔 2000 m 以下的河谷和平坝地区，夏无酷暑，冬无严寒，降水充沛，日照充足，是发展优质烤烟的最适宜区。该区的烤烟产量占攀西总产量的 75.4%，生产的烤烟质量上乘，有云烟风味，是全省最重要的烤烟生产基地。烤烟不适宜连作，可在烤烟收获后，种植冷季型一年生草，如黑麦草、光叶紫花苕等。

4）建立人工草地

该区内有大量的草场，占全州的 9.7%，适合发展建昌黑山羊和优质半细毛羊，而羊肉是我国当前需求增长很快的农产品，优质细羊毛也供不应求。应积极建设人工草地，改良天然草地，在会理、会东发展建昌黑山羊，在金阳、宁南和雷波发展半细毛羊，实行舍圈饲养。

（三）西昌—冕宁安宁河谷区

1. 农业资源特点与农业生产结构现状

该区地处安宁河中上游宽谷盆地，包括西昌市、德昌县和冕宁县，土地总面积 9362 km²，占攀西土地总面积的 13.8％。社会经济条件优越，仅次于攀枝花市，是凉山州经济最发达的区域。耕地以水田为主，占 58.7％；水利灌溉设施发达，有效灌溉率为 76.6％；陡坡耕地比重小，仅占耕地的 9.4％。区内地形以河谷平原为主，海拔多在 1150～1800 m 之间，地势平坦宽阔，耕地资源丰富，土地肥沃，灌溉条件优越，光热资源丰富，粮食作物一年两熟有余，产多种农作物，素有"川西南粮仓"之称。

2001 年农业总产值中，种植业占 52.3％，牧业占 39.1％，林业占 5.5％，渔业占 3.1％，种植业仍然占了较大比例，林牧渔业需要加快发展。粮食作物与经济作物及其他作物的种植面积之比为 79：21，粮食作物占绝对优势，不适应特色经济发展和牧业发展的需要。

2. 牧草生产思路

1）利用草山草坡建立人工草地

目前，区内猪肉产量占肉类总产量的 90.5％，畜产品结构过于单一，现阶段猪肉市场已经饱和，而对牛羊肉需求迅速增加。本区是凉山州的经济中心，人口密集，交通便利，适合发展城郊型畜牧业，可在平坝区种植优质牧草，发展奶牛养殖。同时，在低中山区充分利用草山草坡建立人工草地，发展牛羊养殖。

2）利用中低产田、冬闲田种植饲料作物

随着畜牧业的迅速发展，饲料的供求缺口加大，价格持续上涨，增加了养殖业的生产成本。为了缓解饲料供应不足的矛盾，种植业发展应统筹兼顾，合理安排粮食生产与饲料生产和经济作物生产的比例，改变传统的旱地农业和冬季农业的粗放经营方式，充分利用中低产田、旱地和冬闲田，实行粮食作物、经济作物与饲料作物轮作，种植高产优质的优质饲草，如青贮玉米和饲用薯类等，或建立永久人工草地，为草食家畜提供充足饲草。

3）林下种草

安宁河流域宜林荒地多，海拔 2100 m 以下的地区，光热水资源丰富，尤其适合桉树等速生树种生长，且运输较方便，可以因地制宜地发展以直干桉、蓝

桉、赤桉为主的桉树优质造纸原料林，满足市场对木材的需求。在本区应充分利用丰富的光热资源，因地制宜地发展林下种草，发展草食畜牧业。

（四）普格—甘洛二半山区

1. 农业资源特点与农业生产结构现状

本区地处大凉山区，海拔多在 1800～2500 m 之间，地形以中山丘陵和中山山原为主，包括普格、布拖、昭觉、美姑、喜德、越西和甘洛 7 县，土地总面积 15481 km²，占全区的 22.8%。区内耕地多，占全区的 30.9%，其中旱地占耕地的 91.4%。25°以上的陡坡耕地占耕地的 19%。坡缓土厚，光热条件较好，农作物可一年两熟或一熟。但本区灌溉条件很差，有效灌溉率只有 17.9%。农牧业生产都很粗放，土地生产率低。耕地、林地和草地分别占土地面积的 8.6%、44.6% 和 29.0%，是农林牧综合利用区。

2001 年农业总产值中，种植业占 48.9%，牧业占 42.2%，林业占 8.6%，渔业占 0.3%，牧业比重低于种植业，没有突出区内牧业资源丰富的优势。

2. 牧草生产思路

1）充分利用玉米秸秆进行青贮

本区是攀西旱粮的主产地，主要种植玉米和土豆，2000 年玉米和土豆产量分别占全区的 32.5% 和 53%。昭觉、美姑和布拖的粮食生产以苦荞麦为主，尤其是海拔 2500～2800 m 的地带，苦荞麦的播种面积占了一半。本区应充分利用玉米秸秆、土豆蔓进行青贮，饲喂牛羊，提高秸秆的利用率。

2）对天然草场进行改良

本区草场十分宽广，适宜优质半细毛羊的生长，2000 年绵羊毛产量占攀西总产量的 62% 和全省总产量的 41%，羊肉产量占攀西总产量的 37%。但草场基本条件差，因长期的超载过牧导致沙化、退化，特别是紫茎泽兰等有毒杂草蔓延严重，单位面积产草量很低；加之灌溉设施落后，冬春缺水严重，造成植物干枯、饲草严重不足，导致牲畜掉膘甚至死亡，严重地制约了草地畜牧业的发展。因此，目前迫切的问题是划清草场的权属界限，实行草地承包制，修建草地灌溉设施，对天然草地进行改良，推广舍圈饲养，由传统的粗放经营向集约经营转变，把本区建设成以半细毛羊为主的畜牧业商品基地。

3）林下种草

区内林业资源丰富，适宜多种林木和林副产品的生产，如白蜡、核桃、板栗（区内海拔 3000 m 以下地区）、花椒（金阳）等，区内 25°以上的陡坡耕地面积有 1.9 万 km²。据此，可结合退耕还林工程的实施，大力发展林下种草，种植耐荫、耐寒的牧草，以补充冬春饲料的不足，提高生产效益。

（五）木里—盐源高半山区

1. 农业资源特点和农业生产结构现状

该区地处凉山州西部及西北部，地形以高山山原、盆地和高寒山区为主，包括木里、盐源 2 县，土地总面积 21640 km²，占全区的 31.9%，人口密度为攀西地区最小，经济非常落后。境内有盆地约 25 万 km²，为海拔 2300~2900 m 的中山区，地处雅砻江河谷地带，光照强、降雨少而蒸发强烈，粮食作物多一年一熟，也有部分地区两熟或三熟；植被破坏严重，干旱突出，尤其是"喀斯特"地区因地面水分渗漏，干旱更为严重。海拔 3000~5000 m 的高山地区是本区的主要地形，气温低，粮食作物一年一熟。区内耕地少，只占土地总面积的 2.2%，而且中低产田土多、轮歇地多，单产水平极低。林地和牧草地资源很丰富，达 194 万 km²，占土地总面积的 89.5%，占攀西林、草地总面积的 36%，是攀西及四川省重要的林牧业生产基地。

2. 牧草生产思路

1）大力发展苹果林下种草

区内盐源县海拔 1800~2500 m 的地区，气候冷凉干燥，园地面积大，土层深厚，质地疏松，有机质含量高，是苹果生长的最适宜区。该区适合发展苹果林下种草，种植耐荫的冷季型牧草，发展草食家畜（禽），从而增加农民的收入来源。

2）大力发展林下种草，改良天然草地

区内林地和牧草地不仅面积很大，且质量比较好，适宜发展优质木材、食用菌、药材和牦牛等林牧业生产。据此，可在松脂、核桃、油桐等林地发展林下种草。实行草地承包，改良天然草地，在条件好的地方建设人工草场，大力发展以木里牦牛为主的畜牧业生产。

3）加强农业综合开发，建立人工草地

区内干旱缺水，生态脆弱，土黏瘦板结，低产田土占了耕地面积的 61.6%，且耕作方式粗放，因而耕地的产出率很低，粮食单产只相当于攀西平均水平的 70% 和全省平均水平的 59%。在该区可改善农田水利灌溉条件，改造低产土，减少粮食播种面积，增加饲料作物的种植面积，发展草地畜牧业。

第三章　冷季型禾草

冷季型多年生禾草是放牧利用和调制干草的主要草种。比起暖季型禾草，它们通常具有更高的营养价值和更长的生长季，在暖季型禾草处于休眠状态时，冷季型一年生禾草可提供优质的牧草。

第一节　黑麦草属牧草

黑麦草是重要的栽培牧草和绿肥作物。本属约有 10 种，我国有 7 种，其中，多年生黑麦草和一年生黑麦草是具有经济价值的栽培牧草。在新西兰、澳大利亚、美国和英国广泛栽培，作为牛羊的饲草。

一、多年生黑麦草

学名：*Lolium perenne* L.

别名：英国黑麦草、宿根黑麦草、黑麦草

（一）起源与分布

多年生黑麦草原产于南欧、北非和亚洲西南部。1677 年英国首先栽培多年生黑麦草，现在英国、西欧各国、新西兰、澳大利亚、美国及日本等国广泛栽培。我国南方、华北、西南地区亦有栽培，但低海拔地区因高温伏旱而难以越夏。

（二）形态特征

多年生黑麦草为中生植物，须根稠密，主要分布于 15 cm 表土层中，具细短根茎。丛生，分蘖众多，单株栽培情况下分蘖数可达 250～300 个或更多。秆直立，高 80～100 cm。叶狭长，长 5～12 cm，宽 2～4 mm，深绿色，展开前折叠在叶鞘中；叶耳小；叶舌小而钝；叶鞘裂开或封闭，长度与节间相等或稍长，近地面叶鞘红色或紫红色。穗细长，最长可达 30 cm。含小穗数可达 35 个，小穗长 10~14 mm,每小穗含小花 7~11 朵。颖果扁平,外稃长 4~7 mm,背圆,有脉纹 5 条,质薄,端钝,无芒或近似无芒;内稃和外稃等长,顶端尖锐,质地透明,脉纹靠边缘,边有细毛。千粒重 1.5~2.0 g。

(三)适应性

多年生黑麦草为短期多年生禾草。喜温凉湿润气候,耐寒耐热性均差,宜于夏季气温不超过 35℃、冬季气温不低于 −15℃ 的地区种植。光照强、日照短、温度较低对分蘖有利,温度过高则停止分蘖或生长不良,甚至死亡。在冬季寒冷地区不能越冬,在南方夏季高温地区大多不能越夏。多年生黑麦草不耐荫,与其他植株较高的牧草混播时,往往一年后即被淘汰。多年生黑麦草在年降水量 500~1500 mm 地方均可生长,而以 1000 mm 左右最为适宜。排水不良或地下水位过高时不利于生长。不耐旱,高温干旱对其生长更为不利。对土壤要求比较严格,喜肥不耐瘠,最适宜在排灌良好、肥沃湿润的黏土或黏壤土栽培。适宜的土壤 pH 值为 6~7。

多年生黑麦草再生能力强,拔节前刈割或放牧,能迅速恢复生长。该草生长发育迅速,在南方,3 月底 4 月初为分蘖盛期,4 月底抽穗,5 月初开花,6 月上旬种子成熟,该草一般可成活 4~5 年,但条件适宜可经久不衰。

(四)建植与田间管理

1. 播种

多年生黑麦草种子细小,播前需精细整地,使土地平整,土壤细碎,结合翻耕,每公顷施有机肥 22.5 t 左右做底肥。在长江中下游及其以南地区秋播为宜,播期可在 9—11 月份,当年冬季和早春可以利用,也可 3 月中旬播种,但产量不及秋播。条播、撒播均可,条播以行距 15~20 cm 为宜,播深 1.5~2 cm,覆土 2 cm,播种量 15~17.5 kg/hm²,人工草地也可以撒播。多年生黑麦草最适宜与白三叶、红三叶混播,建植优质高产人工草地,其播量为 10.5~15 kg/hm²,白三叶 3~5.25 kg/hm²,或红三叶 5.25~7.5 kg/hm²。

2. 田间管理

对多年生黑麦草草地要加强水肥管理,除施足基肥外,还应适当追肥,尤其要注意氮肥供应,每次刈割后应及时追施速效氮肥。生长期间注意灌水可显著增加生长速度,分蘖多,茎叶繁茂,可抑制杂草生长。若在微酸性土壤上种植,可以增施磷肥,一般施磷肥 150~225 kg/hm²。夏季炎热气候,灌水可降低地温,有利越夏。另外,苗期应及时中耕除草,以加强它对杂草的竞争能力。

3. 收获与收种

多年生黑麦草生长速度较其他多年生牧草快。长江中下游地区 9 月底播种

者，越冬前株高已可达 15~20 cm，有 8~10 个分蘖。次年春 3 月底株高 30 cm 以上，4 月下旬抽穗，6 月上旬结实成熟。用于放牧时应在草层高 20~30 cm 以上进行刈割。刈制干草者，以盛花时刈割为宜；延迟收割，养分及适口性变差。一个生长季节可刈割 2~4 次，每公顷产鲜草 45~60 t。一般在暖温带两次刈割应间隔 3~4 周。通常第一次刈割后利用再生草放牧，耐践踏，即使采食稍重，仍能旺盛生长。刈牧留茬高度以 5~10 cm 为宜。成熟种子极易脱落，当穗子变成黄色，种子进入蜡熟时期，即可收获。

4. 种植模式

多年生黑麦草现已在我国南北方得到广泛运用，我国南北方许多地区形成草-果-畜、草-林-畜、草-稻-畜等各种种养模式，多年生黑麦草在其中发挥了重要的作用。

（五）饲用价值与利用

多年生黑麦草的质地，无论鲜草或干草均为上乘，其适口性也好，为各种家畜所喜食。就多年生黑麦草和多花黑麦草相比，两者不相上下。

多年生黑麦草饲用价值甚好，在美国冬季温和的西南地区常用来单播，或于 9 月份与红三叶等混种，专供肉牛冬季放牧利用。放牧时间可达 140~200 d，牛放牧于单播草地可增重 0.8 kg，混播草地上增重 0.9 kg。如将黑麦草干草粉制成颗粒饲料，与精料配合作肉牛肥育饲料，效果更好。

（六）品种

品种有百盛、卓越、沃土、雅晴、速度、美宝、拿破仑等。

二、一年生黑麦草

学名：*Lolium multiflorum* Lam.
别名：多花黑麦草、意大利黑麦草

（一）来源与分布

一年生黑麦草原产于欧洲南部、非洲北部及小亚细亚等地，13 世纪已在意大利北部草地生长，故名意大利黑麦草。一年生黑麦草现分布于世界温带与亚热带地区，在我国适宜长江流域及其以南地区种植，江西、湖南、江苏、浙江、四川、云南等省均有人工栽培。

（二）形态特征

一年生黑麦草根系发达致密，分蘖较少，直立，茎秆粗壮，圆形，高可达

130 cm 以上。叶片长 10~20 cm，宽 6~8 mm，色较淡，幼叶展开前卷曲；叶耳大，叶舌膜状，长约 1 mm；叶鞘开裂，与节间等长或较节间为短，位于基部叶鞘红褐色。穗长 17~30 cm，每穗小穗数可多至 38 个，每小穗有小花 10~20 朵，多花黑麦草之名即由此而来。种子扁平略大，千粒重 1.98 g。外稃披针形，背圆，顶端有 6~8 mm 微有锯齿的芒，内稃与外稃等长。发芽种子幼根在紫外线下发出荧光，而多年生黑麦草则不能。

（三）适应性

一年生黑麦草喜温暖湿润气候，抗旱和抗寒性较差，不耐严寒与干热，最适宜在降雨量 1000~1500 mm 的地区生长，昼夜温度为 12~27℃时生长最快，在我国北方不能越冬或越冬不稳定，夏季炎热则生长不良甚至枯死。春秋季生长繁茂，夏季生长缓慢。耐潮湿，但不耐长期积水。适宜种植在壤土或黏壤土上，喜欢肥沃的土壤，适宜土壤的 pH 值为 6~7。再生性强，耐刈割，春播当年可刈割 4~5 次。耐放牧，牧后很快恢复生长。在南方，一般播后第二年夏季即行死亡，但如果条件适宜，经营得当，可生长 3 年。

（四）建植与田间管理

1. 播种

多花黑麦草较适宜单播，播前需精细整地，做到地面平整、土块细碎，施底肥。在长江以南适合秋播，以便冬季和来年春天青刈和放牧。也可春播，但不如秋播产量高。条播行距为 15~30 cm，播深为 1.5~2 cm，播种量为 15~22.5 kg/hm²。也可撒播，播量 22.5 kg/hm²。可与水稻、玉米、高粱等轮作，也可同紫云英、多年生黑麦草、红三叶、白三叶等混播，以提高草地第一年的产草量，为冬春提供优质饲草。水稻区每公顷可用多花黑麦草 15 kg 与紫云英 45 kg 套播于水稻田。

2. 田间管理

一年生黑麦草喜氮肥，每次刈割后宜追施速效氮肥，施尿素为 60~75 kg/hm²。除氮肥外，一年生黑麦草对磷肥、钾肥的需求量也较大。对于和豆科牧草混播的牧草田，尤其要多施磷、钾肥，以提高牧草品质和产量。多施磷、钾肥还可以增加一年生黑麦草的抗病、抗旱、抗寒等多种抗逆能力。

一年生黑麦草在生长期内对水分的需求量较大，在干旱季节，应保证必要的灌溉。一般播种时多选在土壤水分较多的季节，但如果遇到干旱年份，则必须浇水以保证牧草种子的出苗。多花黑麦草在苗期需水不多，但不能缺水。苗期灌溉应掌握好适当的灌水量及灌水时间，因为苗期适当的干旱有助于蹲苗，有利于根

系生长。如果是收获种子，应保证抽穗期至初花期充足的水分供应。此外，在我国南方降雨量大，旱涝反差大，除在旱季灌溉外，在涝季还应注意排水，否则土壤水分过多，通气不良，影响黑麦草根系的生长，导致烂根死亡。因此在低洼易涝地区及南方雨水多的季节，一定要注意开沟排水。

3. 收获与收种

一年生黑麦草生长迅速，产量高，秋播次年可收割 3～5 次，每公顷产量 60～75 t，在良好水肥条件下，鲜草产量可达 150 t/hm²。但多花黑麦草产草主要集中在秋、春季。种子产量高，每公顷可收种子 750～1500 kg。种子易脱落，应在穗轴基部尚带绿色、种子含水 40％ 左右时及时收获。

（五）饲养价值与利用

多花黑麦草草质好，柔嫩多汁，适口性好，为各种家畜所喜食，也是草食鱼类的优质饲料。多花黑麦草的利用以刈割青饲、调制干草或青贮为主。多花黑麦草直接青贮因水分含量高，青贮难度较大；但适当凋萎，降低青草含水量后则可达到满意的青贮效果。

（六）品种

其品种有长江 2 号、阿伯德、赣选 1 号、赣饲 3 号、盐城、杰威、特高、牧童、邦德等。

第二节 鸭茅

学名：*Dactylis glomerata* L.
别名：鸡脚草、果园草

一、起源与分布

鸭茅原产于欧洲、北非及亚洲温带地区，现在全世界温带地区均有分布。该草是世界上著名的优良牧草之一，栽培历史较长，美国 18 世纪 60 年代引入栽培，目前已成为美国大面积栽培牧草之一。此外，在英国、芬兰、德国亦占有重要地位。鸭茅的野生种在我国分布于新疆天山山脉的森林边缘地带，四川的峨眉山、二郎山、邛崃山脉、凉山及岷山山脉海拔 1600～3100 m 的森林边缘、灌丛及山坡草地，并散见于大兴安岭东南坡地。栽培鸭茅除驯化当地野生种外，多引自丹麦、美国、澳大利亚等国。目前青海、甘肃、陕西、山西、河南、吉林、江苏、湖北、四川及新疆等省（区）均有栽培。

鸭茅叶多高产，能耐荫，适应性广，一旦长成可成活多年。耐牧性强。可供青饲、调制干草或青贮。我国南方各地试种情况良好，在西南地区，鸭茅是仅次于黑麦草的重要牧草。

二、形态特征

鸭茅系禾本科鸭茅属多年生草本植物。根系发达。疏丛型，茎基部扁平，光滑，高 1～1.3 m。幼叶在芽中成折叠状，横切面成"V"形。基叶众多，叶片长而软，叶面及边缘粗糙。无叶耳，叶舌明显，膜质。叶鞘封闭，压扁成龙骨状。叶色蓝绿以至浓绿色。圆锥花序，长 8～15 cm。小穗着生在穗轴的一侧，密集成球状，簇生于穗轴顶端，形似鸡足，故名鸡脚草。每小穗含 3～5 朵花，异花授粉。两颖不等长，外稃背部突起成龙骨状，顶端有短芒。种子较小，千粒重 1.0 g 左右。

三、适应性

鸭茅喜温和湿润气候，最适生长温度为 10～31℃，其耐热、耐旱、耐贫瘠性能都优于多年生黑麦草；但抗寒性不如猫尾草和无芒雀麦，抗旱力高于猫尾草，低于无芒雀麦。昼夜温度变化大对生长有影响，昼温 22℃、夜温 12℃ 最宜生长。耐热性差，高于 28℃ 生长显著受阻。鸭茅能耐荫，在果树下生长良好，因此又称"果园草"。它生长在光线缺乏的地方，在入射光线 33% 被阻断长达 3 年的情况下，对产量和存活无致命的影响，而白三叶在同样的情况下仅两年即死亡。增强光照强度和增加光照持续期，均可增加产量、分蘖和养分的积累。鸭茅的抗寒能力及越冬性差，对低温反应敏感，6 ℃ 时即停止生长，冬季无雪覆盖的寒冷地区不易安全越冬。鸭茅虽然在各种土壤中皆能生长，但以湿润肥沃的黏土或黏壤土为最适宜，在较瘠薄和干燥土壤中也能生长，不适宜种植在沙土中。

在良好的条件下，鸭茅是长寿的多年生牧草，一般可生存 6～8 年，多者可达 15 年，以第二、三年产草量最高。在几种主要多年生禾本科牧草中，鸭茅苗期生长最慢。9 月下旬秋播，越冬时植株小而分蘖少，叶尖部分常受冻凋枯。次年 4 月中旬迅速生长并开始抽穗，抽穗前叶多而长，草丛展开，形成厚软草层。5 月上、中旬盛花，6 月中旬结实成熟。3 月下旬春播者，生长很慢，7 月上旬个别抽穗，一般不能开花结实。

四、建植与田间管理

1. 播种

鸭茅生长缓慢，分蘖迟，植株细弱，与杂草竞争能力弱，早期中耕除草又易伤害幼苗，因此播种前需精细整地，以便出苗整齐。

春秋播种均可，秋播宜早，以免幼苗遭受冻害。长江以南各地，秋播不应迟于9月中下旬，可用冬小麦或冬燕麦作保护作物同时播种，以免受冻害。宜条播，行距15～30 cm，播种量为11.25～15 kg/hm²。种子空粒多，应以实际播种量计算。密行条播较好，覆土宜浅，以1～2 cm左右为宜。鸭茅可与苜蓿、白三叶、红三叶、杂三叶、黑麦草、牛尾草等混种。在能生长红三叶地区，鸭茅与红三叶混种时，红三叶并不妨碍鸭茅的收取种子问题，而收种后的产草量及质量均有提高。鸭茅丛生，如与白三叶混种，白三叶可充分利用其空隙匍匐生长，并供给禾本科草以氮素使其生长良好。鸭茅与豆科牧草混种时，禾豆比按2∶1计算，鸭茅用种量为7.5～10.0 kg/hm²。

鸭茅长成以后多年不衰，春季生长早，夏季仍能生长，叶多茎少，耐牧性强，最适宜作放牧之用。尤宜与白三叶混种以供放牧。鸭茅丛生，白三叶匍匐蔓延，可充分利用其空隙生长并供给禾本科草以氮素，如管理得当，可维持多年。白三叶衰败后，可对鸭茅进行重牧，然后再于秋季补播豆科牧草使草地更新。

2. 田间管理

鸭茅是需肥最多的牧草之一，尤以施氮肥作用最为显著。在一定限度内牧草产量与施氮肥成正比关系。据试验，每公顷施氮量为562.5 kg时，鸭茅干草产量最高，达18 t/hm²。如施氮量超过562.5 kg/hm²时产量降低，而且植株数量减少。引进品种夏季病害较为严重，一定要注意及时预防提早刈割，可防治病害蔓延。而以本地野生鸭茅选育的品种，如"宝兴""古蔺"鸭茅，其耐热性和抗病性均明显优于国外引进品种。

3. 收获与收种

鸭茅生长发育缓慢，产草量以播后2～3年产量最高，播后前期生长缓慢，后期生长迅速。9月底播种者越冬前分蘖很少，株高仅10 cm左右。越冬以后生长较快。越夏前一般可刈割2～3次，每公顷产鲜草37.5 t上下，高者可达67.5 t。春播当年通常只能刈割1次，每公顷产鲜草15 t左右。刈割时期以刚抽穗时为最好，延期收割不仅茎叶粗老严重影响牧草品质，且影响再生草的生长。

为提高种子的产量和品质，以利用头茬草采种为好。鸭茅种子约在6月上中旬成熟，当穗梗发黄，种子易脱落时即应收割。割下全株或割下穗头，晒干脱粒。据四川农业大学在雅安市以"宝兴"鸭茅等品种试验，秋播次年每公顷可收种子350～375 kg，第三年可达600 kg。

五、饲用价值与利用

鸭茅叶量丰富，再生草基本处于营养生长阶段，适口性好，各种家畜均喜食。鸭茅可刈割青饲、青贮、晒制干草。鸭茅耐牧性强，也可用于放牧。大量施

氮可引起过量吸收氮和钾而减少对镁的吸收，牧草中的镁缺乏可引起牛缺镁症
（统称牧草搐搦症），饲喂时应予以注意。

六、品种

其品种有宝兴、古蔺、川东、安巴等。

第三节　雀麦属牧草

雀麦广布于温带地区，我国近 20 种，多为优良饲料植物，为一年生或多年
生草本。

一、无芒雀麦

学名：*Bromus inermis* Leyss.
别名：禾萱草、无芒草、光雀麦

（一）起源与分布

无芒雀麦原产于欧洲，其野生种分布于亚洲、欧洲和北美洲的温带地区，多
分布于山坡、路旁、河岸。我国东北、华北、西北等地都有野生种。无芒雀麦适
应性广，生命力强，是一种适口性好、饲用价值高的牧草。其根系发达，固土力
强，覆盖良好，是优良的水土保持植物。其返青早，枯死晚，绿色期长达 210 多
天。因耐践踏，再生性好，也是优良的草坪地被植物。

（二）形态特征

无芒雀麦为禾本科雀麦属多年生牧草。根系发达，具短根茎，多分布在距地
表 10 cm 的土层中。茎直立，圆形，高 50～120 cm。叶鞘闭合；叶舌膜质，无叶
耳；叶片 4～6 枚，狭长披针形，向上渐尖，长 7～16 cm，宽 5～8 mm，通常无
毛。圆锥花序，长 10～30 cm，穗轴每节轮生 2～8 个枝梗，每枝梗着生 1～2 个
小穗；小穗狭长卵形，内有小花 4～8 个；颖披针形，边缘膜质；外稃宽披针形，
具 5～7 脉，通常无芒或背部近顶端具有长 1～2 mm 的短芒；内稃较外稃短。颖
果狭长卵形，长 9～12 mm，千粒重 3.2～4.0 g。

（三）适应性

无芒雀麦种子发芽的最低温度为 7～8 ℃，最适温度为 20～25 ℃，最高温度
为 35 ℃。在 22～26 ℃ 的温度条件下，5～6 d 即发芽出苗。耐寒性相当强，幼苗

能忍受−3～−5 ℃的霜寒，成为生育期长达 200 多天的寒地型牧草。在大兴安岭和内蒙古博克图一带的高寒地区，能忍受−45℃的低温而安全越冬。无芒雀麦为中旱生植物，在排水良好、土壤水分充足的地方生长最好，凡年降水量 450～600 mm 的地方，均能满足水分要求。在北方 4—6 月的干旱季节，能有效利用秋冬降水，迅速返青和生长，在雨季到来时完成营养生长过程。适宜的空气湿度和充足的土壤水分，对开花和授粉都有利，可提高种子产量和品质。出苗至拔节期生长较慢，需水量较少。拔节至孕穗期生长最快，需水量最多，约为全生育期总需水量的 40%～50%。开花以后需水量渐少，干燥的气候条件对种子成熟有利。无芒雀麦的根系能从深层土壤中吸收水分。据观察，在 6—7 月，50 多天无雨的酷旱期，即使植株很矮也能开花结实。无芒雀麦对土壤的要求不严格，适宜在排水良好而肥沃的壤土或黏壤土上生长，在轻砂质土壤中也能生长，在盐碱土和酸性土壤中表现较差，不耐强碱或强酸性土壤，耐水淹的时间可达 50 d。

无芒雀麦是长寿禾本科牧草，其寿命长达 25～50 年。一般以生长第 2～7 年生产力较高，在精细管理下可维持 10 年左右的稳定高产。无芒雀麦在适宜的生境条件下，播后 10～12 d 即可出苗，35～40 d 开始分蘖。播种当年一般仅有个别枝条抽穗开花，绝大部分枝条呈营养枝状态。第二年返青后 50～60 d 即可抽穗开花，花期持续 15～20 d。授粉后 11～18 d 种子即有发芽能力。无芒雀麦在呼和浩特一般 4 月底播种，5 月中旬全苗，5 月底分蘖，个别枝条 6 月下旬抽穗开花。第 2 年 3 月中旬开始返青，6 月上旬抽穗，下旬开花，7 月中、下旬种子成熟。无芒雀麦全生育期需要≥0℃的积温 2700～4000℃。无芒雀麦的再生性良好。我国中原地区，一般每年可刈割 3 次。东北、华北地区可刈割 2 次，其再生草产量通常为总产量的 30%～50%。

（四）建植与田间管理

1. 播种

无芒雀麦种子发芽要求充足的水分和疏松的土壤，因此播前需精细整地。大面积种植必须适时耕翻，翻地深度应在 20 cm 以上。春旱地区利用荒废地种无芒雀麦时，土壤要秋翻，来不及秋翻的则要早春翻，以防失水跑墒。无论春翻还是秋翻，翻后都要及时耙地和压地。有灌溉条件的地方，翻后尚应灌足底墒水，以保证发芽出苗良好。播前每公顷可施厩肥 22.5～37.5 t 作基肥，以后可于每年冬季或早春再施厩肥。

无芒雀麦春播、夏播或早秋播均可，应因地制宜。东北、西北较寒冷的地区多行春播，也可夏播。北方春旱地区，应在 3 月下旬或 4 月上旬，也就是土壤解冻层达预期深度时播种。如果土壤墒情不好，也可错过旱季，雨后播种。东北中、南部于 7 月上旬雨后播种；华北、西北等地于早秋播种，也能安全越冬。在草荒地种植，最好清除杂草后再播种。条播、撒播均可，多采取条播，行距 15～30 cm，种子田可加宽行距到45 cm。播种量22.5～30.0 kg/hm²，种子田可减少到15.0～22.5 kg/hm²。播深2～4 cm，播后镇压1～2次。如采用撒播，播量可增至45 kg/hm²左右。无芒雀麦适宜与紫花苜蓿、沙打旺、野豌豆、百脉根、红三叶等豆科牧草混播，借助豆科牧草的固氮作用，促进无芒雀麦良好生长。采用1∶1或2∶2隔行间种，或1∶1混种。无芒雀麦竞争力强，混播时很快压倒豆科牧草，所以要适当增加豆科牧草的播种量。与紫花苜蓿混播时，播种量为无芒雀麦7.5 kg/hm²，紫花苜蓿11.25 kg/hm²。

2. 田间管理

无芒雀麦播种当年生长较慢，易受杂草危害，因此，播种当年要特别重视中耕除草工作。无芒雀麦具有发达的地下根茎，生长3～4年以后，由于根茎相互交错，结成硬的草皮，致使土壤通透性变差，植株低矮，抽穗植株减少，鲜草和种子产量都降低，必须及时更新复壮。应于早春萌发前用圆盘耙耙地松土，划破草皮，改善土壤通气、透水状况，以促进其旺盛生长。无芒雀麦为喜肥牧草，可在分蘖至拔节期，每公顷施氮肥150～225 kg，同时适当施用磷、钾肥，追肥后随即灌水。一般每次刈割之后，都要相应追肥1次。

3. 收获与收种

无芒雀麦干草的适当收获时间为开花期。收获过迟不仅影响干草品质，也有碍再生，减少二茬草的产量。春播时当年可收1次干草，生活3～4年后草皮形成时才能放牧，耐牧性强，第一次放牧的适宜时间在孕穗期，以后各次应在草层高约12～15 cm时。

无芒雀麦播种当年结籽量少，种子质量差，一般不宜采种；第2～3年生长发育最旺盛，种子产量高，适宜收种，在50%～60%的小穗变为黄色时收种，每公顷产种子600～750 kg。

（五）饲用价值与利用

无芒雀麦草质柔嫩，营养丰富，适口性好，一年四季为各种家畜所喜食，尤以牛最喜食，是一种放牧和割草兼用的优良牧草。即使收割稍迟，质地并不粗老。经霜后，叶色变紫，而口味仍佳。鲜草也是猪、兔、鸡、鸭、鹅、鱼的优质饲料。在拔节期刈割，粉碎或打浆喂猪。幼嫩的无芒雀麦，其营养价值不亚于豆科牧草，饲喂效果好。无芒雀麦可刈割青饲、青贮或晒制干草。

二、扁穗雀麦

学名：*Bromus catharticus* Vahl.

别名：野麦子、澳大利亚雀麦

（一）起源与分布

扁穗雀麦原产南美洲的阿根廷，19世纪60年代传入美国，目前澳大利亚和新西兰已广为栽培。我国最早于20世纪40年代末期在南京种植，后传入内蒙古、新疆、青海、北京栽培，表现为一年生；引入云南、四川、贵州、广西等省（自治区）栽培，表现为短期多年生。凡引种过的地区，常可见逸生种。

（二）形态特征

扁穗雀麦为禾本科雀麦属短期多年生草本植物。须根发达。茎直立丛生，高达1 m左右，高者达2 m以上。株高60~120 cm。叶鞘早期被柔毛，后渐脱落。叶舌膜质长2~3 mm，有细缺刻。叶片披针形，长达40~50 cm，宽6~8 mm。圆锥花序开展疏松，长20 cm，有的穗形较紧凑。小穗极压扁，通常6~12个小花，长2~3 cm。颖尖披外形，脊上具微刺毛，第二颖较第一颖长，外稃顶端裂处具小芒尖，内稃窄狭，较短小，颖果紧贴于稃内。

（三）适应性

扁穗雀麦性喜温暖湿润气候，最适宜生长气温为10~25℃，夏季气温超过35℃生长受限。扁穗雀麦在北京、内蒙古不能越冬；在南方栽培，越冬性较强，在贵阳地区-9.7℃时，扁穗雀麦仍为绿色。扁穗雀麦有一定的耐旱能力，但不能耐积水。在亚热带当其逸生于野外时能同一些疏丛型草类及杂类草混生。生于灌丛中的扁穗雀麦分蘖显著减少，但可同灌丛植物竞相生长，株高达2 m以上，穗轴长41.5 cm。扁穗雀麦对土壤肥力要求较高，性喜肥沃黏重的土壤，也能在盐碱地及酸性土壤里良好生长。

（四）建植与田间管理

1. 播种

扁穗雀麦较易建植。在南方春秋均可播种，一般一次播种可利用2~3年。北京、青海、内蒙古等冬季寒冷地区可春播，利用1~2年。播种量22.5~30 kg/hm²，条播，行距15~20 cm，播深3~4 cm，播后镇压。

2. 田间管理

在扁穗雀麦的生长期间应注意中耕除草和适当浇水施肥，尤其追施氮肥可大幅度提高产草量并改善品质。

3. 收获与收种

据报道,扁穗雀麦在贵阳秋播生育期为 220 d,春播,每年可刈割两次。鲜草产量 30 t/hm²,种子收量 750 kg/hm² 左右。秋播者可刈割 3~4 次,产量鲜草 37.5~45 t/hm²,可收两次种子。

(五)饲用价值与利用

扁穗雀麦适应性较强,有较强的再生性及分蘖能力,产草量较高,抗冬性较强,在南方是解决冬春饲料的优良牧草。其幼嫩时茎叶有软毛,成熟时毛渐少,适口性次于黑麦草、燕麦等。种子成熟时,茎叶仍为绿色,可保持较高的营养价值。其鲜草含干物质 30%、粗蛋白 4.7%、粗脂肪 1.0%、粗纤维 7.3%、无氮浸出物 12.6%、灰分 4.4%,其中家畜所需要的必需氨基酸较丰富,赖氨酸含量较高,为优良的禾草之一。

(六)病虫害

扁穗雀麦极易感染霉病。

第四节 披碱草属牧草

披碱草属为多年生丛生草本。本属共约 40 种以上,分布于北半球温寒地带,东亚与北美各占一半,仅少数种类分布至欧洲。我国现知有 12 种 1 变种。本属植物多为有价值的牧草。

一、老芒麦

学名:*Elymus sibiricus* L.
别名:西伯利亚披碱草、垂穗大麦草

(一)起源与分布

我国老芒麦野生种主要分布于东北、华北、西北及青海、四川等地,是草甸草原和草甸群落中的主要成员之一。俄罗斯、蒙古、朝鲜和日本等国也有分布。我国最早于 20 世纪 50 年代由吉林省开始驯化,目前已成为北方地区一种重要的栽培牧草。

（二）形态特征

老芒麦为披碱草属多年生疏丛型禾草，须根密集发达，入土较深。茎秆直立或基部稍倾斜，株高 70~150 cm，具 3~6 节。分蘖能力强，分蘖节位于表土层 3~4 cm 处，春播当年可达 5~11 个。叶片狭长条形，长 10~20 cm，宽 5~10 mm，粗糙扁平，无叶耳，叶舌短而膜质，上部叶鞘短于节间，下部叶鞘长于节间。穗状花序疏松而弯曲下垂，长 12~30 cm，每节 2 小穗，每穗 4~5 朵小花。颖狭披针形，粗糙，内外颖等长，外稃顶端具长芒，稍展开或向外反曲。颖果长椭圆形，易脱落。千粒重 3.5~4.9 g。

（三）适应性

老芒麦耐寒性很强，能耐−40℃低温，可在青海、内蒙古、黑龙江等地安全越冬。从返青到种子成熟，需≥10℃有效积温 700~800℃。旱中生，在年降水量 400~600 mm 的地区可旱作栽培，但干旱地区种植需有灌溉条件。老芒麦对土壤要求不严，在瘠薄、弱酸、微碱或富含腐殖质的土壤上均生长良好，也能在轻微盐渍化土壤中生长。老芒麦春播当年可抽穗、开花甚至结实，从返青至种子成熟需 120~140 d。播种当年以营养枝为主，几乎占总枝条数的 3/4；第二年后生殖枝占绝对优势，达 2/3。

（四）建植与田间管理

1. 播种

老芒麦为短期多年生牧草，适宜在粮草轮作和短期饲料轮作中应用，利用年限 2~3 年。后作宜种植豆科牧草或一年生豆科作物，也可与山野豌豆、沙打旺、紫花苜蓿等豆科牧草混播。老芒麦种子具长芒，播前应去芒。播前深翻耕，施足基肥，每公顷施 22.5 t 厩肥和 225 kg 碳酸氢铵，平整地面。春、夏、秋季均可播种。有灌溉条件或春墒较好地方，可春播；无灌溉条件的干旱地方，以夏秋季播种为宜。在生长季短的地方，可采用秋末冬初寄籽播种。春播应防止春旱和一年生杂草的危害；秋播则应在初霜前 30~40 d 播种，过晚则苗期时间短，养分贮备不足，易造成越冬死亡。宜条播，行距 20~30 cm，收草者播量 22.5~30.0 kg/hm²，收种者 15.0~22.5 kg /hm²，覆土 2~3 cm。

2. 田间管理

老芒麦对水肥反应敏感，有灌溉条件的地方，拔节、孕穗期灌水结合施肥。据报道，在青海同德地区拔节、孕穗期灌水结合施肥，亩产可增加鲜草 36%~58%。生长力衰退的老芒麦草地，分蘖期亩施过磷酸钙 12.5 kg，当年可增产鲜草 43.6%。

3. 收获与收种

老芒麦属上繁草，宜在抽穗至始花期刈割。北方大部分地区，每年刈割 1 次；水肥良好地区，可年刈 2 次，年产干草 3000~6000 kg/hm²。老芒麦种子极易脱落，采种宜在穗状花序下部种子成熟时及时进行，可产种子 750~2250 kg/hm²。

（五）饲用价值与利用

老芒麦草质柔软，适口性好，各类家畜均喜食，尤以马和牦牛更喜食，是披碱草属中饲用价值最高的一种牧草。叶量丰富，一般占鲜草总产量的 40%~50%，再生草达 60%~80% 以上。营养成分含量丰富，消化率较高，夏秋季节对幼畜发育、母畜产仔和牲畜增膘都有良好的效果。牧草返青早，枯黄迟，青草期较一般牧草长 30 d 左右。

二、披碱草

学名：*Elymus dahuricus* Turcz.

别名：直穗大麦草、青穗大麦草

（一）起源与分布

野生披碱草主要分布于中国东北、华北和西南地区，朝鲜、日本、蒙古也有分布。多生于湿润的草甸、田野、山坡及路旁。我国自 1958 年起，先后在河北、新疆、青海和内蒙古等地，对披碱草进行驯化栽培。1965—1972 年，先后在内蒙古锡林郭勒盟、乌兰察布盟和伊克昭盟等地，对披碱草进行了多点驯化栽培试验。结果表明，披碱草生长发育良好，是一种优良的栽培牧草。目前，在东北、西北和内蒙古等地的干旱草原地区有较大面积栽培，在草地建设、生态环境改善和防风固土方面发挥着作用。

（二）形态特征

披碱草为披碱草属多年生疏丛型禾草，须根发达，根深达 120 cm，多集中在 20 cm 以上土层中。茎直立，株高 70~100 cm 或更高。叶片狭长披针形，扁平或内卷，上面粗糙，呈灰绿色，下面光滑，叶缘具疏纤毛；叶鞘无毛，包茎，大部越过节间，下部闭合，上部开裂；叶舌截平。穗状花序，直立，长 14~20 cm，除先端和基部各节仅有 1 小穗外，其余各穗节部均为 2 小穗，上部小穗排列紧密，下部较疏松；含 3~5 小花，全部发育；颖披针形，具短芒；外稃背部被短毛，芒粗糙，成熟时向外展开；内外稃几乎等长。颖果长椭圆形，褐色，

千粒重 3~4 g。

（三）适应性

披碱草适应性强，抗寒、耐旱、耐盐碱、抗风沙。由于分蘖节距地表较深，同时又有枯枝残叶覆盖，所以能忍耐−40℃以下低温。据中国农业科学院草原研究所在内蒙古巴彦锡勒牧场试验，在 1 月份平均温度为−25.4℃、最低气温为−41.2℃的条件下，越冬率达 99％。披碱草根系发达，叶片具旱生结构，在干旱时卷成筒状，可减少水分蒸发，所以干旱下仍可获较高的产量。中国农业科学院草原研究所在内蒙古镶黄旗测定，当 2~25 cm 土层含水量仅有 5.1％时，披碱草仍能生存。披碱草耐盐碱，可在 pH 7.6~8.7 的土壤中生长良好。

（四）建植与田间管理

1. 播种

披碱草播前深耕 18~22 cm，整平耙细后播种。播种前施足基肥或播种时施种肥。披碱草种子具长芒，不经处理则种子易成团，不易分开，播种不均匀，所以播种前要去芒。春、夏、秋三季均可播种。有灌溉条件或春墒好的地方可春播，以使播种当年有较高的产量。在旱作区春墒不好的地方，以夏秋雨季播种为好。披碱草种子萌发对水分要求不高，抗寒性强，可在下过透雨后播种。在整好地的情况下，也可秋播。据中国农业科学院草原研究所在内蒙古镶黄旗试验，在土壤快要封冻的 10 月 28 日播种，翌年 4 月 20 日借春墒出苗，6 月底封垄，9 月 30 日株高达 92 cm。临冬播种披碱草不仅可得到较高的产量，并能调节农忙时劳力的紧张程度。单播行距 15~30 cm，覆土 2~4 cm，播种后要重镇压，以利保墒出壮苗。播种量 30~45 kg/hm^2。种子田可适当少播，以防过密影响种子产量。披碱草可与无芒雀麦、苇状羊茅等禾本科牧草混播，也可与沙打旺、草木樨等豆科牧草混种，披碱草与燕麦和莜麦实行间播，当年可获收益。据中国农业科学院草原研究所在内蒙古镶黄旗等地试验，每公顷播披碱草 15 kg、莜麦 150 kg，先按 50 cm 行距播种披碱草，20 d 后再在两行间播种一行莜麦。这样披碱草的幼苗不易受杂草抑制，当年可获得较高的产量。

2. 田间管理

披碱草苗期生长缓慢，可于分蘖期间进行中耕除草，以消灭杂草和疏松土壤，促进其良好生长发育。翌年可在雨季追施氮肥 10~20 kg。

3. 收获与收种

披碱草宜在抽穗期刈割利用。在旱作条件下，一年只能刈割 1 次，产干草 2250~6000 kg/hm^2。为了不影响越冬，应在霜前一个月结束刈割，留茬以 8~

10 cm 为好，以利再生和越冬。

披碱草种子成熟后易脱落，延迟收获时易落粒减产，甚至颗粒不收。在穗轴变黄，有 50% 的种子成熟时收获。大面积采收种子时，可用联合收割机收割。每公顷可产种子 375～1500 kg。脱下种子要清选，晾干入库保存。

（五）饲用价值与利用

披碱草的草质不如老芒麦，叶量少且茎秆粗硬，叶占草丛总重量的 16%～39%，但适时刈割仍可作为各类家畜的良好饲草。调制好的披碱草干草，颜色鲜绿，气味芳香，适口性好，马、牛、羊均喜食。披碱草干草制成的草粉亦可喂猪。青刈披碱草可直接饲喂家畜或调制成青贮饲料喂饲。

第五节　球茎鹬草

学名：*Phalaris tuberosa* L.
别名：球茎草芦

一、起源与分布

该草原产于南欧、地中海沿岸的温带地区，欧洲、美国、澳大利亚、新西兰等国有栽培，我国 1974 年从澳大利亚引进，在广西、湖南等省生长好，西北地区生长状况属中等。

二、形态特征

球茎鹬草是多年生高大草本。须根系入土深。茎基部膨大成球状，呈红色。节上有芽，可不断发育成新茎，并向四周扩展，形成稠密的草丛。茎直立，株高 1～2 m。叶片扁平，质软光滑，长 30～45 cm，宽 15 mm。叶鞘红色，无叶耳，叶舌大。圆锥花序紧密，长 8～15 cm，呈淡紫色或灰绿色。小穗 1 朵小花。颖果被有光泽的内外稃紧紧包住，种子淡黄至棕色，千粒重 1.4 g。

三、适应性

球茎鹬草喜凉爽湿润气候，宜在夏季干旱、冬季湿润、降雨量 380～760 mm 的地区种植。较耐寒、耐旱，耐水淹，夏季炎热干旱时仍能成活，但生长停滞，初秋又开始生长，在冬季来临时可提供大量饲草。对土壤要求不严，既耐酸性土壤，又适应碱性土壤，但以肥沃黏土上生长最好。在甘肃礼县栽种，4 月初播种，7 月份抽穗开花，8 月份结籽成熟，生育期 140 d 左右。

四、建植与田间管理

1. 播种

球茎鹬草种子细小，播前需精细整地，施有机肥 15～22.5 t/hm² 作基肥，同时配施 300～450 kg/hm² 磷肥。春秋两季均可播种。春季以 3—4 月播种较好，秋季以 9—10 月播种为宜。条播行距 40～50 cm，播深 2～3 cm，播后覆土，以利出苗。也可撒播。播种量为 7.5～15 kg/hm²。多雨地区宜与白三叶混播，较干旱地区宜与地三叶、紫花苜蓿及一年生苜蓿混播。

2. 田间管理

球茎鹬草苗期生长缓慢，与杂草竞争弱，必须中耕除草 1～2 次，追施速效氮肥提苗 1 次。

3. 收获与收种

球茎鹬草草丛厚密，叶多茎少，既可刈割作青饲也可放牧，干草产量 7200 kg/hm²。8 月中旬左右种子成熟，宜适时收种。

五、饲用价值与利用

球茎鹬草宜在抽穗前刈割，过迟茎秆多，粗硬，粗纤维增加，蛋白质减少，营养价值降低，以抽穗前品质最佳。据广西畜牧所分析，拔节期鲜草含干物质 12.27%，其中含粗蛋白质 1.71%、粗脂肪 0.52%、粗纤维 3.37%、无氮浸出物 4.56%、粗灰分 2.11%。球茎鹬草叶多、柔嫩，适口性好，家畜很喜食。可青饲、调制干草或青贮，也可放牧利用。该草含有少量二甲基色胺植物碱，易引起羊中毒。植物碱以早秋和初冬的再生草含量较高，在饲草中补充钴元素可以减轻危害。

第六节　羊茅属牧草

羊茅属，约 100 种，广布于温带和寒带地区，我国有 23 种，分布于西南、西北至东北，尤以西南最盛，大部分供饲料用。大多为多年生（稀一年生）矮小或高大草本。

一、苇状羊茅

学名：*Festuca arundinacea* Schreb.
别名：苇状狐茅、高羊茅

（一）起源与分布

苇状羊茅原产于欧洲西部，天然分布于乌克兰的伏尔加河流域、北高加索、土库曼斯坦山地、西伯利亚、远东等地。我国新疆有野生种。20 世纪 20 年代初开始在英、美等国栽培，目前是欧美重要栽培牧草之一。我国于 20 世纪 70 年代引进，现已成为北方暖温带地区建立人工草地和补播天然草场的重要草种，尤其是作为草坪草种在全球显示出巨大的作用。

（二）形态特征

苇状羊茅是多年生疏丛型禾草。须根入土深，且有短根茎，放牧或频繁刈割易絮结成粗糙草皮。茎直立而粗硬，株高 80～150 cm。叶条形，长 30～50 cm，宽 6～10 mm，上面及边缘粗糙。圆锥花序开展，每穗节有 1～2 个小穗枝，每小穗 4～7 朵小花，呈淡紫色，外稃顶端无芒或成小尖头。颖果倒卵形，黄褐色，千粒重 2.5 g。

（三）适应性

苇状羊茅耐旱、耐湿、耐热，在年降水量 450 mm 以上的地区可旱作，可耐夏季 38℃高温。但耐寒性差，低于－15℃无法正常生长，在东北和内蒙古大部分地区不能越冬。对土壤要求不严，可在 pH 4.7～9.5 的土壤上生长，但以 pH 5.7～6.0，肥沃、潮湿的黏重土壤为最好。在北京地区，苇状羊茅 3 月中下旬返青，6 月上旬开始抽穗开花，至下旬种子成熟，生育期 90～100 d，但是后营养期长，直到 12 月下旬才枯黄，绿期长达 270～280 d。

（四）建植与田间管理

1. 播种

苇状羊茅为根深高产牧草，要求土层深厚、底肥充足。因此，播前应深翻耕，并按每公顷 30 t 厩肥施足基肥，使速效磷和速效钾分别不低于 30 mg/kg 和 100 mg/kg，速效氮为 40～60 mg/kg。播前需耙耱 1～2 次。苇状羊茅容易建植，根据各地条件可春、夏、秋播。一般冬季严寒地区春播，在早春地温达 5～6℃时即可进行；春季风大、干旱严重地方或春播谷类作物的土地上宜夏、秋播，但要保证幼苗越冬前已分蘖。苇状羊茅具短根茎，侵占性较强，宜单播，也可与白三叶、红三叶、紫花苜蓿和沙打旺等豆科牧草混播。条播，行距 30 cm，播量 15.0～30.0 kg/hm²，混播则酌量减少。

2. 田间管理

苇状羊茅苗期生长缓慢，不耐杂草，所以，播前注意翻耕灭茬，苗期加强杂

草防除，每次刈割后应中耕除草。每次刈割后，追肥灌溉能提高苇状羊茅的产量和品质。单播应追施 75 kg/hm² 尿素或 150 kg/hm² 硫酸铵，若能结合灌水，效果更好；混播的则应施用磷钾肥，以促进豆科牧草生长。

3. 收获与收种

苇状羊茅枝叶繁茂，生长迅速，再生性强，水肥条件好时可刈割 4 次左右。每公顷产鲜草 22.5～60.0 t、干草 750～1250 kg、种子 375～525 kg。由于花后草质粗糙、适口性差，需注意掌握好利用期，青饲以分蘖盛期刈割为宜，晒制干草可在抽穗期刈割。种用的苇状羊茅，可于早春先放牧，后利用再生草收种。待 60%～70% 的种子变为黄褐色时应及时收种。苇状羊茅的种子寿命很短，贮藏 4～5 年后发芽率急剧下降，作种用时一定要检验其活力。

（五）饲用价值与利用

苇状羊茅叶量丰富，草质较好，如能掌握利用适期，可保持较好的适口性和利用价值。适期刈割应在抽穗期进行，其鲜草和干草，牛、马、羊均喜食。该草耐牧性强，春季、晚秋以及收种后的再生草均可用来放牧。

苇状羊茅植株内含吡咯碱，食量过多会使牛退皮、皮毛干燥、腹泻，尤以春末夏初容易发生，此称为羊茅中毒症。

（六）品种

其品种有法恩、长江 1 号。

二、草地羊茅

学名：*Festuca pratensis* Huds.
别名：牛尾草、草地狐茅

（一）起源与分布

草地羊茅原产于欧亚温暖地带，广泛分布于亚欧和美国等地，世界温暖湿润地区或有灌溉条件的地方均有栽培。我国也有野生种，但栽培的均为引进种。草地羊茅于 20 世纪 20 年代引进，现在东北、华北、西北及山东、江苏等地均有栽培，尤其适宜北方暖温带或南方亚热带高海拔温暖湿润地区种植。草地羊茅寿命长，适应性广，耐践踏，再生力强，具有很好的饲用价值和水土保持价值，是一种值得推广的牧草。

（二）形态特征

草地羊茅为根茎疏丛型多年生禾本科牧草，须根粗壮密集，短根茎繁殖能力较差。茎直立粗硬，株高 50~130 cm。叶鞘短于节间，叶舌不明显，叶片扁平，硬而厚，上面粗糙，下面光滑有光泽，长 10~50 cm，宽 4~8 mm。圆锥花序疏散，小穗披针形，含 5~8 朵小花，外稃无芒，顶端尖锐。颖果很小，千粒重 1.7 g。

（三）适应性

草地羊茅性喜湿润，较苇状羊茅抗旱性差，在年降水量 600~800 mm 的地区旱作良好，否则应有灌溉条件。比苇状羊茅稍耐寒，在北京地区可安全越冬，东北地区有雪覆盖时也能越冬。耐高温，在长江流域炎热地区可越夏。对土壤要求不严，尤其对瘠薄、排水不良、盐碱度较高或酸性较强的土壤均有一定抗性，能在 pH 9.5 的土壤上良好生长，但在石灰质和砂性土壤上需有足够水分才能生长良好。

草地羊茅属典型的冬性牧草，播种当年只分蘖不抽茎，第二年当气温上升到 2~5℃ 时开始返青，北方 6 月上旬抽穗，下旬开花，7 月中旬种子成熟，生育期 100~110 d。播后 2~4 年产量最高，可保持 7~8 年高产，水肥及管理条件好时可达 12~15 年。种子寿命较长，贮藏 5~6 年仍可保持 50% 的发芽率，9~10 年后才全部丧失活力。

（四）建植与田间管理

1. 播种

草地羊茅种子细小，应精细整地，适当覆土，以 2~3 cm 为宜。我国北方宜春播或夏播，南方以秋播多见。可与苜蓿、红三叶及鸭茅、多年生黑麦草混播，效益显著高于单播。条播行距 30 cm，播量 15.0 kg/hm²。

2. 田间管理

当年苗期应注意中耕除草，且要封闭禁用。

3. 收获与收种

第二年开始正常刈割和收籽利用，生长期长，再生性强，水肥条件好时年可刈割 3~5 次，以抽穗期刈割为宜。耐牧性很强，年内首牧应在拔节期进行，频繁轮牧既能防止草丛老化，又可形成稀疏草皮。种子落粒性强，采种宜在蜡熟期进行。一般每公顷干草产量 4500 kg 以上，种子 450~600 kg。

（五）饲用价值与利用

草地羊茅草质粗糙，营养中等，但适时刈割仍为各种家畜所喜食，尤其适宜喂牛。以抽穗期刈割为宜，可青饲或调制干草和青贮料。因其适应性广，寿命

长，再生力强，耐践踏，是一种优良的放牧牧草，但为保证适口性，应在孕穗前进行放牧利用。

长期在草地羊茅草地放牧的牛，有时会发生营养性疾病"牛尾草足病"，症状与麦角、硒中毒相似，表现为四肢僵直、行动迟缓、拒食、沉郁、倦怠、呼吸快、体重迅速下降，继之四肢与尾发生干性坏疽，表皮脱落。牛易感染此种疾病，其他家畜则不受其影响。

第七节　猫尾草

学名：*Phleum pratense* L.
别名：梯牧草、鬼蜡烛、梯英泰

一、起源与分布

猫尾草原产于欧亚大陆之温带，主要分布在北纬 40°～50°寒冷湿润地区，在美国、俄罗斯、法国、日本等国家广泛栽培。我国新疆等地有野生种，东北、华北和西北均有栽培。猫尾草是世界上应用最广、饲用价值最高的牧草之一，也是草田轮作的主要牧草。

二、形态特征

猫尾草为多年生疏丛状草本。须根发达，稠密强大，但入土较浅，常在 1 m 以内。具根状茎。茎直立，粗糙或光滑，株高 80～100 cm，基部之节间甚短，最下一节膨大成球状；叶片扁平，长 7～20 cm，宽 5～8 mm，略粗涩。叶鞘松弛，短于或下部长于节间；叶舌膜质，白色，长 2～3 mm。圆锥花序柱状，淡绿色，长 5～10 cm 或以上；每小穗有 1 小花，扁平，颖上脱节；颖膜质，长约 3.5 mm，脊有毛，上端截形而生 1 mm 长的硬芒；外稃膜质，透明，截形，有 7 条脉；内稃略短于外稃。种子圆形，细小，长约 1.5 mm，宽 0.8 mm，淡棕黄色，表面有网纹，易与稃分开。种子千粒重 0.36～0.40 g。

三、适应性

猫尾草喜寒冷湿润的气候，抗寒性强，较耐旱，适宜年降水量 750～1000 mm、夏季不太炎热的地区及水分充足的高寒山区栽培，最适生长温度为 16～21℃。耐酸性土壤，最适宜在 pH 4.5～5.5 的土壤生长。

猫尾草茎的基部于秋后扩大成球状，越冬后伸长成为新枝条，而在其基部生根，于当年内发育长大，入冬再由茎的基部扩大为球状。一般生活年限为 5～

6年，第三、四年最为茂盛，产量最高。频刈和过牧会削弱地上部分的发育；过低刈割，使新生枝条的发育减弱，寿命缩短。猫尾草为半冬型牧草，播种当年极少抽穗。在甘肃武威地区播种，第二年3月下旬返青，6月下旬抽穗，8月上旬种子成熟。

四、建植与田间管理

（一）播种

猫尾草春、秋两季播种皆可，有春雨地区可春播，秋季多雨地区可秋播。猫尾草种子细小，播前要求精细整地，每公顷施用农家肥15 t作底肥。条播，收草用的行距20～30 cm，单播播种量7.50～12.0 kg/ hm²；收种用的行距30～40 cm，播种量3.75～7.00 kg /hm²。覆土宜浅，一般1～2 cm，播后镇压。猫尾草与红三叶混播效果较好，也可和黑麦草、鸭茅、牛尾草、苜蓿、白三叶等混播。

（二）田间管理

猫尾草对水肥敏感，灌水结合施肥可提高产量，一般每公顷追施氮肥150 kg、磷肥37.5 kg、钾肥75 kg。

（三）收获与收种

生活第一年的头茬草开花盛期茎占59.2%，叶占29.2% ，花序占10.6%。猫尾草在潮湿地区一年可刈割两次，每公顷产鲜草37.5～60.0 t。干旱地区年仅刈割1次，产草量低。在甘肃河西走廊内陆灌区，第一年每公顷产鲜草9000 kg，第二年35250 kg，第三年31500 kg；若不灌溉则严重缺株，产量下降。

五、饲用价值与利用

猫尾草是饲用价值较高的牧草之一。调制干草以盛花期至乳熟期刈割较好，成熟后由于叶片干枯脱落，产量和品质均降低，刈割过早产量较低。猫尾草的适口性较好，马、骡最喜食，牛亦乐食，羊采食稍差。除调制干草外，也可供放牧，但仅限于再生草，且以混播者较多。通常在第一、二年刈割调制干草，第三、四年用于放牧。猫尾草也可用于青贮。

第八节　黑麦

学名：*Secale cereale* L.

别名：粗麦、洋麦

一、起源与分布

黑麦原产于西南亚的阿富汗、伊朗、土耳其一带。原为野生种，驯化后在北欧严寒地区代替了部分小麦，成为一种栽培作物。我国云贵高原及西北高寒山区或干旱区有一定的栽培，1979年从美国引入黑麦品种冬牧－70。它耐寒，返青早，生长快，产草量高，草质好，抗病力强，现已成为解决我国冬春青饲料不足的主要黑麦品种之一。

二、形态特征

黑麦为禾本科黑麦属一年生草本植物。须根发达，入土深1.0～1.5 m。茎秆粗壮直立，高70～150 cm，下部节间短，抗倒伏能力强。分蘖力强，达30～50个分枝，稀植时往往簇生成丛。叶较狭长，柔软，长5～30 cm，宽5～8 mm，幼芽的叶往往带紫褐色。穗状花序顶生，紧密，长8～15 cm，成熟时稍弯；小穗互生，相互排成2列，构成四棱形，含2～3朵小花；护颖狭长，外颖脊上有纤毛，先端有芒。颖果细长呈卵形，先端钝，基部尖，腹沟浅，红褐色或暗褐色。千粒重30～37 g，较小麦种子稍轻。

三、适应性

黑麦有冬性、春性之分，生产上以冬性品种为主。具较强的抗寒性，能耐－25℃低温，有积雪时能在－35℃低温下越冬，故在我国中北部地区均能栽培。种子发芽最低温度6～8℃，22～25℃时4～5 d即发芽出苗。幼苗可耐5～6℃低温，但不耐高温，全生育期要求≥10℃积温2100～2500℃。耐瘠薄，不耐涝，不耐盐碱，在瘠薄的沙质土壤上良好生长。耐干旱，在年降水量300～800 mm地区均能适应。

早春生长较快，其生长速度高于黑麦草。北京地区9月下旬播种，10月初分蘖，翌年3月上旬返青，4月上旬拔节，中旬孕穗，5月初抽穗，中旬开花，6月下旬结实成熟。

四、建植与田间管理

1. 播种

玉米、高粱、大豆等为黑麦的良好前作，黑麦也是玉米、甘薯、豆类等的良好前茬。较耐连作，可进行2~3茬连作。

播前应精细整地，整地前每公顷施22.5~45 t优质腐熟农家肥作基肥。播种期选择在8月下旬至9月下旬。在河南、山东及河北南部，若在8月下旬完成播种，冬季12月份可刈割1茬青饲料或放牧。每公顷播量为60~90 kg，条播，行距15 cm左右，播种深度约3~4 cm，覆土2~3 cm，播后镇压1~2次。

2. 田间管理

黑麦为密播作物，可抑制杂草生长，一般不中耕。为防止土壤板结，利于根系活动及再生苗生长，应于翌年中耕除草1~2次。春季返青期及每次刈割后，应追肥和浇水。每公顷追施尿素150~225 kg。冬前压麦2次，可促进分蘖和提高越冬率。

3. 收获与收种

5月上旬孕穗初期即可刈割利用。若收种子，6月下旬种子成熟。作为青贮或调制干草在抽穗时刈割。

五、饲用价值与利用

黑麦叶量大，茎秆柔软，营养丰富，适口性好，消化率较高，是牛、羊、马的优良饲草。黑麦茎叶粗蛋白质以孕穗初期最高，以后逐渐下降。若以收干草为目的，最佳收割期以抽穗始期为宜。黑麦产量较高，1年可刈割2~3次，每公顷产鲜草30~37.5 t。刈割时留茬5~8 cm，以利再生。收籽则应在蜡熟中期至末期及时收获，每公顷产籽实3300~3750 kg，最高可达4500 kg。黑麦籽粒是猪、鸡、牛、马的精饲料。近几年城市的奶牛业发展较快，北方广泛用黑麦作青饲、青贮或晒干打成草捆备用。

第九节 大麦

学名：*Hordeum vulgare* L.

别名：有稃大麦、草大麦

一、起源与分布

大麦为带壳大麦和裸大麦的总称，因其适应性广、抗逆性强、用途广泛而在全世界广为种植，栽培面积居谷类作物的第六位，主要产于中国、苏联、美国和加拿大。我国栽培历史悠久，全国各地均有分布，近年面积已达 300 万公顷，总产约 800 万吨其中 80% 以上用作饲料。因栽培地区不同，有冬大麦和春大麦之分，冬大麦的主要产区为长江流域各省和河南等地，春大麦则分布在东北、内蒙古、青藏高原、山西、陕西、河北及甘肃等省（区）。我国青藏高原、云南、贵州、四川山地及江西、浙江一带尚栽培有裸大麦，主要作粮食用，也可供饲料用。大麦适应性强，耐瘠薄，生育期较短，成熟早，营养丰富，饲用价值高，是重要的粮饲兼用作物之一。

二、形态特征

大麦属禾本科大麦属一年生草本植物。须根入土深达 1 m，主要分布在 30～50 cm 的土层中。茎秆直立，高 1 m 左右，由 5～8 节组成，节具潜伏腋芽，上部损伤后其下部能重新萌发。叶为披针形，宽厚，幼时具白粉。叶耳、叶舌较大，以此区别于小麦。有稃大麦籽粒成熟时内外稃紧包果实，脱粒时不易分开，千粒重 32～33 g，皮壳的重量一般占籽粒的 10%～15%。大麦有近 30 个种，其中最有经济价值的是栽培大麦。根据小穗发育程度和结实性，栽培大麦可分为以下 3 个亚种：六棱大麦、四棱大麦和二棱大麦。六棱大麦穗轴的每个节片上，等距离着生 3 个小穗，穗的横断面呈正六边形，穗轴节间较短，籽粒着生紧密，小而排列整齐；四棱大麦的中间小穗紧贴穗轴，两侧小穗彼此靠近；穗的横断面呈方形，籽粒大小不均匀；二棱大麦仅中间小穗结实，侧生小穗退化仅留针状护颖，穗形扁平，籽粒大而饱满。

三、适应性

大麦喜冷凉气候，耐寒，但耐寒性不及小麦。裸大麦耐寒力强于有稃大麦，故可在青藏高寒地区栽培。大麦对温度要求不严，高纬度和高山地区都能种植。种子发芽最低温度 3～4℃，适宜温度 20℃ 左右。幼苗能忍受 -3～-4℃ 甚至 -5～-9℃ 的低温，但开花期不耐寒，遇 -1℃ 低温易受害。冬大麦比春大麦耐寒性强，分蘖节能耐 -10～-12℃ 低温。成熟期则需要高于 18℃ 的温度。大麦生育期比小麦短，一般较小麦早熟 10～15 d，较燕麦早熟 3 周左右。大麦耐旱，在年降水量 400～500 mm 的地方均能种植。苗期需水较少，分蘖以后需水逐渐增多，抽穗开花期需水量最多。分蘖至拔节供给充足的水分，利于小穗和小花的分化，提高籽粒产量。开花至成熟，需水逐渐减少。抽穗后遇温暖湿润的气候条件有利于淀粉的积累，而低温干燥利于蛋白质的形成。大麦为长日照作物，12~14 h 的持续长日照可使低矮的植株开花结实，而低于 12 h 的持续短日照下，植株只进行营养生长而不能抽穗开花。大麦为喜光作物，充足的光照可使分蘖数增加，植株粗壮，叶片肥厚，产量高，品质好。大麦对土壤要求不严，但以土层深厚、排水良好、中等黏性土壤为好。不耐酸但耐盐碱，适宜的 pH 值为 6.0~8.0。土壤含盐 0.1%~0.2%时，仍能正常生长。

四、建植与田间管理

1. 播种

大麦生育期短，在轮作中可灵活安排。良好的前作是大豆、棉花、马铃薯和甘薯等，次为玉米和高粱。若土壤肥沃，也可连作。大麦消耗地力较轻，是玉米、大豆、马铃薯等作物的良好前茬。多熟制地区，大麦之后可复种早稻、夏玉米、夏大豆和高粱等。

大麦应选地势平坦、土质肥沃、排水良好的地块种植。冬大麦在前作收获后要及时清理残茬，精细整地。春大麦翻地要早，翻、耙、压可同时进行，以防跑墒。大麦对肥料要求迫切，基肥、种肥应 1 次重施，一般结合耕作每公顷施优质厩肥 37.5~45.0 t、硫酸铵 150 kg、过磷酸钙 300~375 kg。

为预防大麦黑穗病和条锈病，播前可用 1%石灰水浸种，或用 25%多菌灵按适宜浓度拌种。用 50%辛硫磷乳剂拌种可防治地下害虫。青刈大麦在适期范围内播种越早，鲜草产量越高。冬大麦的播种期，华北地区以在寒露到霜降为宜，长江流域一带可延迟到立冬前播完。裸大麦因无皮壳包被，吸水较快，发芽迅速而整齐，可适当晚播几天。春大麦可在 3 月中下旬土壤解冻层达 6~10 cm 时开始播种，于清明前后播完。大麦多采取条播，行距 15~30 cm，青刈的宜窄，也可实行 15 cm 交叉播种，增加密度，提高青刈产量。每公顷播种 150~225 kg，播深 3~4 cm，播后镇压 1 次。

2. 田间管理

大麦为速生密植作物，无须间苗和中耕除草，但生育后期应注意防除杂草，并及时追肥和灌水。一般在分蘖期、拔节孕穗期进行，每公顷每次追氮肥 100~150 kg。青刈大麦增施氮肥，可提高产量和蛋白质含量，改善饲料品质。大麦易感染黑穗病和受黏虫等危害，除药剂拌种防治病虫害外，还要经常检查，及时拔除病株。发生黏虫危害时，应及时喷洒敌杀死、辛硫磷等进行防治。

3. 收获与收种

籽粒用大麦在全株变黄、籽粒干硬的蜡熟中后期收获，每公顷产籽粒 2250~3000 kg；青刈大麦于抽穗开花期刈割，也可提前至拔节后；青贮大麦乳熟初期收

割最好。春播大麦每公顷产鲜草 22.5～30 t，夏播的产鲜草 15～19.5 t 。

五、饲用价值与利用

大麦籽粒虽粗纤维含量高，又有抗营养因子，淀粉含量和适口性均低于玉米，但其可消化蛋白质、钙、磷、维生素丰富，仍不失为良好的能量饲料。大麦籽粒中赖氨酸、缬氨酸含量较高，而且氨基酸种类和比例比较适宜，因而是配合饲料工业的重要原料。大麦秸秆也是优于小麦秸、玉米秸的粗饲料。开花前刈割的大麦茎叶繁茂，柔软多汁，适口性好，营养丰富，是畜禽优良的青绿多汁饲料，延迟收获则品质下降。适时早刈的大麦可切碎或打浆饲喂猪禽，一般切短后直接饲喂马、牛、羊，也可调制青贮料或干草。青贮大麦一般较籽实大麦提早 5～10 d 收获。国外盛行大麦全株青贮，其青贮饲料中带有 30％左右大麦籽粒，茎叶柔嫩多汁，营养丰富，是牛、马、猪、羊、兔和鱼的优质粗饲料。

第十节　燕麦

学名：*Avena sativa* L.
别名：铃铛麦、草燕麦

一、起源与分布

燕麦是重要的谷类作物，广布于亚、非、欧三洲的温带地区。苏联栽培最多，其次为美国、加拿大、法国等。在我国，主要分布于东北、华北和西北地区，是内蒙古、青海、甘肃、新疆等各大牧区的主要饲料作物，黑龙江、吉林、宁夏、云贵高原等地也有栽培。

燕麦分带稃和裸粒两大类，带稃燕麦为饲用，裸燕麦也称莜麦，以食用为主。而野燕麦是一种恶性农田杂草，各地小麦田普遍存在。栽培地区的燕麦又分春燕麦和冬燕麦两种生态类型，饲用以春燕麦为主。

二、形态特征

燕麦属禾本科燕麦属一年生草本植物。须根系发达，入土深达 1 m 左右，主要集中在 10～30 cm 耕层。丛生，茎秆直立，圆形中空，株高 80～120 cm。分蘖较多，节部一侧着生有腋芽。叶片宽而平展，长 15～40 cm，宽 0.6～1.2 cm。无叶耳，叶舌膜质，先端微齿裂。圆锥花序开散，穗轴直立或下垂，由 4～6 节组成，下部各节分枝较多。小穗着生于分枝顶端，每小穗有小花 2～3 朵，稃片宽大，斜长卵形，膜质。颖果纺锤形，外稃具短芒或无芒，千粒重 25～45 g。

三、适应性

燕麦喜冷凉湿润气候，种子发芽最低温度 3~4℃，最适温度 15~25℃。不耐高温，遇 36℃ 以上持续高温开花结实受阻。成株期遇 −4~−3℃ 霜冻尚能缓慢生长，低于 −6~−5℃ 则受冻害。生育期需 ≥5℃ 积温 1300~2100℃·d。燕麦需水较多，适宜在年降水量 400~600 mm 的地区种植。干旱缺水，天气酷热，是限制其生产和分布的重要因素。一般苗期需水较少，分蘖至孕穗逐渐增多，乳熟以后逐渐减少，结实后期应当干燥。燕麦为长日照作物，延长光照则生育期缩短。一般春燕麦生长期较短，为 75~125 d；冬燕麦较长，在 250 d 以上。但较大麦耐荫，可与豆科牧草混播。燕麦对土壤要求不严，在黏重潮湿的低洼地上表现良好，但以富含腐殖质的黏壤土最为适宜，不宜种在干燥的沙土上。适应的土壤 pH 值为 5.5~8.0。

四、建植与田间管理

1. 播种

燕麦最忌连作，宜和冬油菜、苕子等轮作。前茬宜选豆类、棉花、玉米、马铃薯和甜菜，尤以豆类最佳。燕麦生长发育较快，适时早收早种，燕麦之后还可复种一茬作物，如大豆、玉米、高粱和块根类作物等。

燕麦根系发达，生长快，要求土层深厚，土壤肥沃，整地精细。深耕前施足基肥是重要的技术措施，一般深耕 20 cm 左右，每公顷施厩肥 30~37.5 t。冬燕麦要求在前作收获后耕翻，翻后及时耙耱镇压。

燕麦种子大小不整齐，应选纯净粒大的种子播种。黑穗病流行地区，播前要实行温水浸种或用多菌灵拌种。播种期因地区和栽培目的不同而异，我国燕麦主产区多属春播，一般 4 月上旬至 5 月上旬播种，冬燕麦通常在 10 月上、中旬秋播。收籽燕麦条播行距 15~30 cm，青刈燕麦 15 cm。播种量每公顷 150~225 kg，播种深度 3~5 cm，播后镇压。燕麦宜与豌豆、苕子等豆科牧草混播，一般燕麦占 2/3~3/4。

2. 田间管理

燕麦出苗后，应在分蘖前后中耕除草 1 次。由于生长发育快，应在分蘖、拔节、孕穗期及时追肥和灌水。追肥前期以氮肥为主，后期主要是磷、钾肥。

3. 收获与收种

籽粒燕麦应在穗上部籽粒达到完熟、穗下部籽粒蜡熟时收获，一般每公顷收籽粒 2250~3000 kg。青刈燕麦可根据饲养需要于拔节至开花期陆续刈割，燕麦再生力较强，分两次刈割能为畜禽均衡供应青饲料。第一茬于株高 40~50 cm 时

刈割，留茬 5～6 cm；隔 30 d 左右齐地刈割第二茬，一般每公顷产鲜草 22.5～30.0 t。2 次刈割和 1 次刈割鲜草产量相似，但草质及蛋白质含量以 2 次刈割为高。调制干草和青贮用的燕麦一般在抽穗至完熟期收获，宜与豆科牧草混播。

五、饲用价值与利用

燕麦籽粒富含蛋白质，一般为 12%～18%，高者达 21 %以上。脂肪含量较高，一般为 3.9%～4.5%，比大麦和小麦高两倍以上。但有稃燕麦的稃壳占谷粒总重的 20%～35%，粗纤维含量较高、能量少，营养价值低于玉米，宜喂马、牛。燕麦秸秆质地柔软，饲用价值高于稻、麦、谷等秸秆。青刈燕麦茎秆柔软，叶片肥厚，细嫩多汁，适口性好，蛋白质可消化率高，营养丰富，可鲜喂，亦可调制青贮料或干草。燕麦青贮料质地柔软，气味芳香，是畜禽冬春缺青期的优质青饲料。用成熟期燕麦调制的全株青贮料饲喂奶牛和肉牛，可节省 50%的精料，生产成本低，经济效益高。国外资料报道：利用单播燕麦地放牧，肉牛平均日增重 0.5 kg；用燕麦与苕子混播地放牧，平均日增重则达 0.8 kg。

第四章　暖季型禾草

生长在南方的暖季型禾草起源于热带，主要在晚春、夏季和秋初生长。霜冻可使一年生暖季型禾草死亡。多年生暖季型禾草在冬季休眠，停止生长。在良好的施肥条件下，暖季型禾草通常具有高产潜力，但暖季型禾草的饲用品质较冷季型禾草低。对一些多年生暖季型禾草来说，在攀西地区高海拔地区的越冬是个问题。

第一节　高粱属牧草

一、苏丹草

学名：*Sorghum sudanense*（Piper）Stapf.

别名：野高粱

（一）起源与分布

苏丹草原产于非洲北部苏丹高原地区，在尼罗河流域上游及埃及境内均有野生种，广泛分布于温带和亚热带，现在欧洲、亚洲、北美洲及大洋洲也都有分布。至今仅有 60 多年的栽培历史，是目前世界各国栽培最普遍的一年生禾本科牧草。我国在 20 世纪 30 年代初从美国引入，目前已遍布全国，东北、华北、西北及南方热带、亚热带地区都有栽培，苏丹草表现良好。

（二）形态特征

苏丹草为高粱属一年生禾本科牧草，株高 2~3 m，粗 0.8~2 cm，茎圆形，光滑，分蘖多，达 20~30 个；节较膨大，早熟种具 2~5 节，晚熟种具 8~12 节，茎基部的节为分蘖节。根系发达，入土深达 2 m 以上，水平分布达 7.5 m，主要分布在 0~50 cm 土层内，近地面部分 1~2 节中常产生不定根。每个茎有 8~10 片叶，叶片呈宽带形，条形或线形，长 20~80 cm，宽 1~4 cm，平展；叶色

浓绿，表面无毛；无叶耳，叶舌膜质，具细毛；叶鞘较长，全包茎。尖塔形疏散的圆锥花序，长约 30 cm，分枝细长，小穗成对着生于小分枝上，其中一个有柄，一个无柄，无柄小穗为不完全花，不结实；结实小穗颖厚而有光泽，常呈紫色，成熟时转为黄色。种子呈卵形，椭圆形，略扁平，淡黄色、黄色、棕褐色或黑色，完全为颖片包裹；千粒重 10~15 g。

（三）适应性

苏丹草为喜温植物，不耐阴，喜光照，最适在夏季炎热、雨量中等的地区生长。种子发芽的最低温度为 8~10℃，最适温度为 20~30℃，在适宜的温度条件下，播后 4~5 天即可出苗，7~8 天即达全苗。在亚热带能安全越冬；不耐寒，怕霜冻，在温带地区霜后枯死。生长期需充足的水分，但根系发达抗旱性强，干旱年份仍能获得较高产量，生长期遇极度干旱可暂时休眠。不耐过分的潮湿，过分湿润会影响产量，并易染病毒。对土壤选择不严，各类土壤都能种植，但以疏松、肥沃的壤土为好，在贫瘠土壤上生长不良。

（四）建植与田间管理

1. 播种

攀西地区的苏丹草宜在春季降雨后播种，为了延长青饲料的利用时间，可每隔 20~25 d 播 1 次。苏丹草喜肥喜水，播种前应行秋深翻，并按每公顷 15.0~22.5 t 施足厩肥。多采用条播，行距 30~40 cm，每公顷播量 22.5~30.0 kg；播种深度 4~6 cm，播后及时镇压以利出苗。

2. 田间管理

苏丹草苗期易受杂草危害，要注意中耕除草。苏丹草对氮肥敏感，在分蘖、拔节及每次刈割后施肥灌溉，一般每次施 112.5~150.0 kg/hm² 氮肥。

3. 收获与收种

苏丹草在攀西地区水热条件良好的地区，4—10 月可维持旺盛生长。4 月底播种，5 月初齐苗，6 月上旬分蘖，6 月下旬拔节，7 月中下旬开始抽穗和开花，9 月大部分种子成熟。

青饲苏丹草最好的利用时期是孕穗初期，这时其营养价值、利用率和适口性都高。若与豆科草混播，则应在豆科草现蕾时刈割，刈割过晚，豆科草失去再生能力，往往第二茬只留下苏丹草。调制干草以抽穗期为最佳，过迟会降低适口性。青贮用则可推迟到乳熟刈割。利用苏丹草草地放牧，以在草高达 30~40 cm 时较好，此时根已扎牢，家畜采食时不易将其拔起。苏丹草可多次刈割，在攀枝花、西昌、会理等地能安全越冬，第二年春季重新生长。

（五）饲用价值与利用

苏丹草株高茎细，再生性强，产量高，适宜调制干草。苏丹草茎叶产量高，含糖丰富，适宜调制青贮饲料。苏丹草幼苗期含氰氢酸较高，在某些情况下会导致硝酸盐积累和氢氰酸中毒，应尽量避免家畜采食，防止中毒。最好将苏丹草调制成青贮饲料，或收割后适当晾晒，降低其毒素含量。

（六）品种

超霸（Superdan），适宜放牧或青贮，也可作为绿肥作物，含氢氰酸；牛毛（Bulls Wool），产量高，适口性好，氢氰酸含量低，适宜放牧或青贮，也可作为绿肥；百丹（Bettadan），适宜放牧或青贮，也可作为绿肥作物，含氢氰酸。

二、甜高粱

学名：*Sorghum bicolor*（L.）Moench
别名：糖高粱、芦粟、芦黍、雅津甜高粱、芦稷、甜秫秸、甜秆和高粱甘蔗

（一）起源与分布

高粱原产于热带，是最古老的作物之一，其地位仅次于小麦、水稻和玉米，迄今已有 4000 多年的栽培历史。印度栽培面积最大，其次为美国、尼日利亚和中国。我国南北方均有栽培，辽宁、吉林、河北、河南、山西、山东、陕西、江苏等省较多。

（二）形态特征

高粱属禾本科高粱属一年生草本植物。须根系，较玉米发达。由初生根、次生根和支持根组成，入土深 1.4~1.7 m，地面 1~3 节处有气生根。茎直立，株高 1~5 m，一般有分蘖 4~6 个。茎的外部由厚壁细胞组成，较坚硬，品质粗糙。高粱的中脉有白、黄、灰绿之分。脉色灰绿的高粱，茎秆中含较多汁液，多为甜茎种，抗叶部病害能力强；脉色白、黄的高粱茎中汁液少，抗叶部病害能力较差。高粱为圆锥花序，籽粒圆形、卵形或椭圆形，颜色有红褐、黄、白等。深色籽粒含单宁较多，不利消化，但在土壤中具防腐、抗盐碱等作用。种子千粒重 25~34 g。

（三）适应性

高粱为喜温作物，种子发芽最低温度 8~10℃，最适温度 20~30℃。耐热性好，不耐寒，昼夜温差大有利于养分积累，但温度高于 38~39℃或低于 16℃时

生育受阻。高粱耐旱，茎叶表面覆有白色蜡质，干旱时叶片卷缩防止水分蒸发。耐涝，低洼易涝地均可种植。高粱喜肥、耐贫瘠，对土壤要求不严，在疏松肥沃的土壤上能获得高产。

（四）建植与田间管理

1. 播种

春末、夏初有降水的时候即可播种。高粱苗期生长缓慢，不耐杂草，需深耕和精细整地。耕翻深度 18～20 cm，并应结合深施底肥，每公顷施 30 t 厩肥作底肥。播前晒种 3～4 d，并用药物拌种，以提高发芽率和防治地下害虫。每公顷播种量 22.5 kg 左右，通常采用宽行条播，籽粒高粱行距 60～70 cm，青饲高粱行距 30 cm 左右，播种深度以 3～4 cm 为宜，播后镇压 1 次。青刈高粱可与苋菜、苦荬菜、秣食豆等实行 2∶2 或 4∶4 间作，混收混贮，能提高饲草产量和品质。

2. 田间管理

幼苗生长缓慢，需及时进行中耕除草。如遇干旱和缺肥，应于拔节、抽穗期酌情追肥和灌水 1～2 次。前期多追氮肥，后期重施磷肥，多穗高粱应追施更多的氮肥。

高粱易遭黏虫、草地螟等危害，应及时喷洒辛硫磷、敌杀死、敌敌畏、敌百虫等防治。生育后期易遭蚜虫危害，可喷洒氧化乐果防治。发现黑穗病株应及时拔除焚烧。

3. 收获与收种

籽粒高粱在果穗下部籽粒具固有色泽、硬而无浆的蜡熟末期收获最为适宜，每公顷籽粒产量 3.75～6.0 t；青贮高粱以乳熟至蜡熟收获为宜，每公顷产青贮饲料 3.75～5.25 t；青刈高粱可在抽穗开花至乳熟期收获，每公顷可收鲜草 22.5～30.0 t。调制干草宜在抽穗期刈割，一般留茬 5～7 cm，以利再生。

（五）饲用价值及利用

高粱的青绿茎叶，尤其是甜高粱，是猪、牛、马、羊的优良粗饲料，青饲、青贮或调制干草均可。但高粱茎秆较粗，水分不易蒸发，调制干草较为困难，品质也较差。高粱调制的青贮饲料，茎皮软化，适口性好，消化率高，是家畜的优良贮备饲料。

（六）毒性反应

高粱的新鲜茎叶中，含有羟氰配糖体，在酶的作用下产生氢氰酸（HCN）而引起毒害作用。出苗后 2～4 周含量较多，成熟时大部分消失；长期中高温干燥时含量较高；土壤中氮肥多时含量也多，故大量采食过于幼嫩的茎叶易造成家畜中毒。因此，高粱宜在抽穗时刈割利用或与其他青饲料混喂。另外，调制青贮料或晒制干草后高粱毒性消失。

三、高丹草

学名：*Sorghum Vulgare* Pers. X S. Sudanense Stapf

苏丹草与高粱具有较近的亲缘关系，但无生殖隔离。高丹草是根据杂种优势原理，用高粱和苏丹草杂交而成，由第三届全国牧草品种审定委员会最新审定通过的牧草新品种。

高丹草综合了高粱茎粗、叶宽和苏丹草分蘖多、再生力强的优点，杂种优势非常明显。生长期4—10月，可多次刈割，产鲜草96～150 t/hm²，若肥水条件充足，可达210～3000 t/hm²。

高丹草为喜温植物，幼苗期不抗旱，较适生长温度为24～33℃。高丹草在春天土壤温度为15℃即可播种，可条播或穴播。播种量22.5～30.0 kg/hm²，播种深度3 cm，条播行距15～30 cm。在播种前应精细整地，施足基肥（75 t/hm²有机肥）。出苗后根据密度要求进行间苗、定苗，每亩留苗3～5万株。第一次刈割应在出苗后35～45天时进行，过早产量偏低，过晚茎秆老化影响再生，以后每隔20天左右即可再行刈割。一年可刈割4～7次。为了保证鲜草全年高产，每次刈割不能留茬太低，一般留茬高度以10～15 cm为宜，要保证地面上留有1～2个节。每次刈割后都要进行追肥，一般每次每公顷追尿素约96～150 kg。

高丹草粗蛋白、粗脂肪含量占鲜重的2.49%和0.6%，干草中含有粗蛋白15%以上，含糖量较高，适宜青贮，是牛、马、羊、鱼的好饲料。可以用来青饲或青贮，也可以调制成干草。

与高粱和苏丹草一样，幼嫩高丹草含氢氰酸。在高度50 cm前，不要放牧或青饲。第一次饲喂家畜不要让家畜空腹采食。准备充足的水，补盐和含硫的矿物质可减轻氢氰酸的毒害；在土壤特别干旱或肥力不足以及气温较低时，要特别注意氢氰酸中毒。高丹草在青贮和调制干草的过程中，氢氰酸大多挥发掉了，毒性大大降低，不会引起家畜中毒。

第二节　墨西哥玉米

学名：*Zea diploperennis*
别名：假玉米、大刍草、墨西哥假蜀黍

一、起源与分布

墨西哥玉米原产中美洲墨西哥，中美洲各国均有栽培。现世界热带、亚热带湿润地区广泛栽培。在我国引种后，长江以南地区均有种植，华北也有种植。

二、形态特征

墨西哥玉米为禾本科玉蜀黍属一年生草本植物。须根发达。秆粗壮，直立，丛生，高 3.5 m 左右。叶片披针形，光滑无毛，叶色淡绿，叶脉明显；叶鞘紧包茎秆。雌雄同株异花，雄穗着生茎秆顶部，分枝 20 个左右，圆锥花序，花药黄色，花粉量大，雌穗多而小，距地面 5～8 节，每节着生 1 个雌穗，每株有 7 个左右，肉穗花序，花丝青红色。每穗产种子 8 粒左右，种子互生于主轴两侧，外有一层包叶庇护，种子呈纺锤形，麻褐色。

三、适应性

墨西哥玉米喜温暖湿润气候，耐热不耐寒，在 18～35℃时生长迅速，遇霜逐渐凋萎，喜大肥大水，对土壤要求不严，既耐酸也稍耐盐碱，稍耐水渍。生长期 200～260 d，再生力强，一年可刈割 7～8 次，产鲜草 150～300 t/hm²。

四、建植与田间管理

1. 播种

墨西哥玉米播种要求温度为 18～25℃，10 d 即可出苗。在攀西地区可四季播种，但以春末夏初最好。播前应平整土地，施足底肥。种子外面有硬壳保护，影响种子吸水，因此，播前种子用 30℃的温水浸泡 24 h。可散播、条播、穴播，条播行距 30～40 cm，穴播按株行距 80 cm×60 cm 进行。播种时只须略覆细土。播后应保持畦面湿润，5 d 可出苗。

2. 田间管理

苗期应除草一次并保持土壤湿润。每收割一次，可在当天或第二天结合灌水及除草松土，每公顷施尿素 75 kg 或人粪尿按 1∶3 比例兑水稀释后泼施。

3. 收获与收种

墨西哥玉米草植株高大，茎叶繁茂。播后 30 d 进入快速生长期，每株可分蘖 20 株以上，多者可达 60～70 株。播后 45 d 株高 50 cm 以上时即可收割，应留茬 5 cm，以利速生。此后每隔 20 d 可再割，全生育期可割 8～10 次。每次刈割后如适时施肥、浇水可使产量大幅提高，产青草可达 450 t/hm² 以上。

五、营养价值及利用

据测定，墨西哥玉米草风干物中含干物质 86%，热能 14.46 MJ/kg，粗蛋白 13.8%，其营养价值高于普通食用玉米。该饲草茎叶柔嫩，香甜可口，营养全面，畜禽及鱼类喜食。墨西哥玉米草可刈割青饲，也可晒制干草及调制青贮饲料。

第三节　扁穗牛鞭草

学名：*Hemarthria compressa.*
别名：铁马鞭、脱节草

一、起源与分布

扁穗牛鞭草主要生长在热带、亚热带、北半球的温带湿润地区。在苏联的远东地区、蒙古、朝鲜及日本也有分布，在我国广泛分布。扁穗牛鞭草是当前四川、重庆、广西、云南等省退耕还草的重要草种之一。

二、形态特性

扁穗牛鞭草是牛鞭草属的多年生禾本科草。扁穗牛鞭草根系发达，基部茎常横卧地，每节均可产生不定根和分蘖，中上部茎直立，成疏丛状。全株青绿色，叶量丰富，分蘖强，穗状总状花序呈压扁状，开花结实期株高 150～170 cm。结实率非常低，主要靠无性繁殖。

三、适应性

扁穗牛鞭草喜温暖湿润气候，在亚热带冬季也能保持青绿。既耐热又耐低温，极端温度为 39.8℃，－3℃枝叶仍能保持青绿。该草适宜在年平均气温 16.5℃地区生长，气温低影响产量。扁穗牛鞭草喜水，在地形低湿处生长旺盛。扁穗牛鞭草对土壤要求不严，在各类土壤上均能生长，但以酸性黄壤产量更佳。

四、建植与田间管理

1. 播种

扁穗牛鞭草的结实率极低，生产上主要依靠无性繁殖。在攀西地区，全年均可种植，但以 5—9 月份栽插为宜。取生长健壮的茎段（带 2~3 个节的茎段）作种苗，进行扦插繁殖。栽植前，要将地耕翻耙平，按行距开沟，深 8 cm 左右，行距 20~30 cm，顺序排好种茎，然后覆土，使种茎有 1~2 节入土，1 节露出土面即可，抢在雨前扦插或栽后灌水，成活率很高。气温 15~20℃时，7 d 长根，10 d 露出新芽，移栽成活率极高。也可在刈割种茎前 2~3 周时，对草地施氮肥，刈下后稍有凋萎即打捆运至繁殖地，将种茎均匀撒在地表，随即用圆盘耙作业，使种茎部分覆土，再稍加碾压。

2. 田间管理

扦插后，施一次人畜粪尿，缓苗快，产量高。以后每刈割一次都应施人畜粪尿或氮肥，促进其生长发育。如土表没有足够的湿度，则需灌溉，尤以夏季重要。

3. 收获

扁穗牛鞭草在亚热带湿润地区一般 3 月上旬分蘖，3 月中下旬拔节，7 月中下旬抽穗开花，8 月底至 9 月初进入成熟期。牛鞭草为青饲用，以拔节到孕穗前期刈割为宜，若调制干草则以拔节到抽穗期为好，青贮则以抽穗期至结实期为宜。

五、饲用价值与利用

扁穗牛鞭草含糖分较多，味香甜，适口性好。拔节期刈割，其茎叶较嫩，也是猪、禽、鱼等的良好饲草。可刈割青饲，也可晒制干草和调制青贮饲料。

六、品种

目前，国内有三个扁穗牛鞭草品种："广益""雅安"和"重高"。

第四节　玉米

学名：*Zea mays*
别名：玉蜀黍、苞谷、苞米、棒子

一、起源与分布

玉米原产于南美洲的墨西哥和秘鲁，是世界上分布最广的一种作物，其栽培面积仅次于小麦。在我国，玉米分布极为广泛，除南方沿海等湿热地区外，全国各地均适宜，但主要集中分布在东北、华北和西南山区。玉米籽实是最重要的能量精料，秸秆及时青贮或晒干，也是良好的粗饲料。玉米植株高大，生长迅速，产量高；茎含糖量高，维生素和胡萝卜素丰富，适口性好，饲用价值高，适宜作青贮饲料和青饲料。玉米在畜牧生产上的地位，远远超过它在粮食生产上的地位，有"饲料之王"的美称。

二、形态特征

玉米属禾本科玉米属一年生草本植物。玉米有籽粒玉米和青贮玉米之分。本文主要讲述青贮玉米。与籽粒玉米不同的是，青贮玉米植株高大，高 2.5～3.0 m，最高可达 4 m。以生产鲜秸秆为主，而籽实玉米则以产玉米籽实为主；青贮玉米的最佳收获期为籽粒的乳熟末期至蜡熟前期，此时产量最高，营养价值也最好，而籽实玉米的收获期必须在完熟期以后。

玉米须根系发达，近地面的茎节上轮生有多层气生根，支持茎秆。茎扁圆形，粗壮直立，节间基部都有一腋芽，中部的腋芽能发育成雌穗。玉米雌雄同株，雄花序着生在植株顶部，为圆锥花序；雌花序着生在植株中部的一侧，为肉穗花序。

三、适应性

玉米喜温、喜光，早、中、晚熟品种对有效积温的要求各不相同，中、早熟品种需有效积温为 1800～3000℃，而晚熟品种则需 3200～3300℃。玉米耐旱，但不同生育期对水分要求不同，进入拔节期，对水分需求增加，特别是抽穗开花期需要大量水分。玉米对土壤要求不严，各类土壤均可种植，但以疏松肥沃的土壤为好。玉米对氮肥敏感，以施氮肥为主，配合施用磷钾肥。玉米适应范围极广，在我国从南到北均有分布，分为春玉米、夏玉米、秋玉米和冬玉米，在攀西地区种植的主要是春玉米和夏玉米。

四、建植与田间管理

1. 播种

青贮玉米的建植与籽粒玉米相同。选地势平坦、排灌方便、土层深厚、肥力较高的地块，施入厩肥 30～45 t/hm² 作基肥。要深耕细耙，耕翻深度一般不能少于 18 cm。在攀西地区，青贮玉米春、夏均可播种，由于干季降雨少，可在夏初有降雨的时候播种，有灌溉条件的地方，可春季播种。青刈玉米可分 3～4 期播种，每隔 20 d 播 1 次，并分批收获，以均衡供应青饲料。玉米出苗前常有蝼蛄、蛴螬等危害种子和幼芽，可用高效低毒的辛硫磷 50% 乳剂 50 mL，加水 3 kg，

拌种 15 kg，拌后马上播种，防治蝼蛄和蛴螬，保苗效果达 100％。青贮玉米播种密度大，应条播，行距 40 cm 左右，播种深度以 5～6 cm 为宜。播种量一般为 37.5～60.0 kg/hm²。青贮玉米与秣食豆混播是一项重要的增产措施，同时还可大大提高青贮玉米的品质。可以玉米为主作物，在株间混种秣食豆。青贮玉米与秣食豆混播是一项重要的增产措施。混播量为青贮玉米 22.5～30.0 kg/hm²，秣食豆 30.0～37.5 kg/hm²。

2. 田间管理

玉米在拔节期对水分的需求增加，抽穗开花期需要大量水，注意灌水。苗期注意除草，玉米对氮肥敏感，在拔节期注意追施氮肥，施肥量为 150～225 kg/ hm²。玉米容易受害虫危害，要注意防除。

地老虎、蝼蛄和蛴螬：用 50％辛硫磷乳剂 1000 倍水溶液浇灌根际，15 min 内即有中毒的 3～5 龄幼虫爬出地面，施药后 48 h 全部死亡。采用敌百虫毒草毒饵诱杀可兼治地老虎和蝼蛄，将 90％敌百虫结晶 750 g 溶解在少量水中，拌和切碎的鲜草 375 kg 或炒香的饼肥颗粒 75 kg/hm² 制成毒草或饼肥毒饵，傍晚撒于田间作物根部附近地面，防治效果显著。

玉米螟：心叶期发生玉米螟时，用 50％辛硫磷 1000 倍水溶液灌心叶，每千克药液可浇灌玉米 100 株左右，施药后 1 d，杀虫效果达 100％，30 d 后仍有效。穗期发生玉米螟用 50％辛硫磷或 90％敌百虫 1000 倍液喷杀均有良好效果。

金龟子：在玉米穗期可发生金龟子危害，用 40％异硫磷 1000 倍液喷洒效果良好，连续用药 2～3 次即可。

3. 收获

玉米再生力差，只能 1 次低茬刈割。青刈玉米用作猪饲料时，可在株高 50～60 cm 拔节以后陆续刈割饲喂，到抽雄前后割完；用作牛的青饲料时，宜在吐丝到蜡熟期分批刈割。一般每公顷可产青料 37.5～60 t。早期刈割的，还能复种一茬其他青刈作物。青贮玉米带果穗青贮宜在蜡熟期收获。若调制猪或犊牛的青贮饲料时，宜在乳熟期刈割。若栽培面积较大，收获需要进行数天，可提前到乳熟末期开始刈割，到蜡熟末期收完。收籽用玉米，若利用其秸秆青贮，可在蜡熟末期或完熟初期收获，以保证有较多的绿叶面积。

五、饲用价值与利用

青刈玉米味甜多汁，适口性好，是牛、羊、马、猪的良好青饲料。喂牛可整株饲喂，喂羊、马一般将青刈玉米切短成 3～4 cm，喂猪时宜粉碎或打浆。青刈玉米营养丰富，无氮浸出物含量高，消化性好。

青贮玉米品质优良，可大量贮备供冬春饲用。带穗青贮玉米具有干草与青料两者的特点，且补充了部分精料。7~9 kg 带穗青贮玉米料中约含籽粒 1 kg，因此，营养价值较茎叶青贮料高得多。据试验，100 kg 带穗青贮料喂乳牛可相当于 30~40 kg 豆科牧草干草的饲用价值；喂肥育肉牛或肥羔，可相当于 50 kg 豆科牧草干草的饲用价值。青贮料日喂量为：青年牛 5~8 kg，冬季种母牛 15~20 kg，母羊 1.5~2.0 kg，去势牛、羊可占日粮的 70%。青贮料体积大，粗纤维含量高，喂猪时浪费较大。

第五节　狼尾草属牧草

狼尾草属牧草约 130 种，分布于热带和亚热带地区，我国约 8 种（包括引种）。

一、象草

学名：*Pennisetum purpureum* Schum.

别名：紫狼尾草

（一）起源与分布

象草原产于非洲、澳洲和亚洲南部等地，是热带、亚热带地区普遍栽培的多年生高产牧草。目前在我国南方各省已有大面积栽培利用，长江以北的河北、北京等地也在试种。

（二）形态学特征

象草为多年生草本植物，植株高大，一般为 2~4 m，高者达 5 m 以上。须根系，根系发达，分布于 40 cm 左右的土层中，最深者可达 4 m。茎秆直立，粗硬，丛生，中下部茎节生有气生根，分蘖能力强，通常 50~100 个。叶片的大小和毛被因品种而异，一般叶长 40~100 cm，宽 1~4 cm。叶面稀生细毛，边缘粗糙呈细密锯齿状，密生刚毛，中肋粗硬。叶鞘光滑无毛。圆锥花序圆柱状，长约 15~30 cm，着生于茎梢或分枝顶端，金黄色或紫色，主轴密生柔毛，稍弯曲。刚毛长达 2 cm，粗糙。每穗约由 250 个小穗组成，每小穗有 3 小花，小穗通常单生，种子成熟时易脱落。种子结实率和发芽率低，实生苗生长极为缓慢，故一般采用无性繁殖。

（三）适应性

喜温暖湿润气候和肥沃的土壤。适宜在南北纬 10°~20° 的热带和亚热带地区

栽培。气温 12~14℃时开始生长，25~35℃生长迅速，8℃以下时生长受抑制，5℃以下停止生长，经霜易遭冻害。对土壤要求不严，在沙土、黏土、微碱性土壤以及酸性的贫瘠红壤均能种植，而以土层深厚肥沃的土壤生长最佳。喜肥，尤其对氮肥敏感，生长需肥水多，可在厩肥堆上生长。根系发达，耐旱性较强，但只有水分充足，才能获得高产。在两广和福建等地区种植，一般 3~12 月均能生长，高温多雨季节生长最佳。云、贵、川、湘、等赣省生长时期稍短，以上地区一般均能越冬。浙、皖等省以北种植，生长期 4~10 月，一般不能越冬，需保苗越冬，第二年重栽。

（四）建植与田间管理

1. 播种

热带地区生长的象草能抽穗结实，但结实少，种子成熟不一致，发芽率低，通常采用无性繁殖。选择土层深厚、疏松肥沃、排灌水便利的土壤种植。深耕翻，施足基肥。山坡地种植，宜开成水平条田。新垦地应提前 1~2 月翻耕、除草，使土壤熟化后种植。选择粗壮、无病害的种茎切段，每段 3~4 节，成行斜插于土中，行距 80 cm，株距 50~60 cm，覆土 4~6 cm，顶端一节露出地面。亦可育苗移栽。

2. 田间管理

植后灌水，约经 10~15 d 即可成苗。栽种期，两广地区 2 月，云、贵、川、湘、闽等省 3 月，苏、浙、皖等省 4 月为宜。1 次种植后，能连续多年收割利用，5~6 年更新 1 次。出苗后应及时中耕除草，注意灌溉，以保证全苗、壮苗。苗高约 20 cm 时，即可追施氮肥，促进分蘖发生和生长。越冬用种茎选择生长健壮的植株，在能越冬地区，可使种茎在地里越冬，供第二年春季栽植；冬季较冷不能越冬地区，应在霜前选干燥高地挖坑，割去茎稍，平放入坑内覆土 50 cm，地膜覆盖增温保种越冬，或可采用沟贮、窖贮或温室贮等办法越冬。

3. 收获

植后 2.5~3 个月，株高 100~130 cm 时即可开始刈割。南方一般每年可割 5~8 次。高温多雨地区，水肥充足，每隔 25~30 d 即可刈割一次。留茬高 6~10 cm。一般每公顷鲜草产量 35~75 t，高者可达 150 t 左右。每次刈后追肥，灌溉，中耕除草，利于再生。鲜嫩时刈割为宜，过迟刈割，茎秆粗硬，品质下降，适口性降低。

（五）饲用价值与利用

象草产量高，营养价值也较高。适时收割的象草，柔嫩多汁，适口性好，牛、羊、马均很喜食，亦可养鱼。一般多用青饲，亦可青贮，晒制干草和粉碎成干草粉。

二、美洲狼尾草

学名：*Pennisetum glaucum*

别名：珍珠粟、御谷、蜡烛稗、非洲粟

（一）起源与分布

美洲狼尾草原产非洲中北部，2000 年以前在东非、中非、印度的干旱地区已作谷物栽培。16 世纪中叶从印度传入欧洲的比利时，1850 年引入美国，主要在干旱地区栽培，作为饲料作物代替苏丹草和高粱。在印度、巴基斯坦和非洲的一部分地区作为粮食栽培。美洲狼尾草在高温干旱地区生长快，是优质的饲料作物和粮食作物。我国有很多地方种植分布，近 10 年来，以长江中下游地区为中心，美洲狼尾草作为饲料的栽培面积在逐步扩大。随着世界水资源的日益减少，美洲狼尾草作为抗旱节水的重要农作物日益受到重视。

（二）形态特征

美洲狼尾草为禾本科狼尾草一年生草本植物。株高 1～3 m 左右，株形较紧凑，茎秆圆形，分蘖多，一般每株 10 个，多的可达 15～20 个，多次刈割利用以后，分蘖可增加数倍。叶多，单茎生叶 16～25 片，互生，叶长条形，长 30～100 cm，宽 1～5 cm，叶片较柔软，苗期叶片边缘呈微波浪形。穗状花序，穗长 30～50 cm，每穗着生种子 3000～5000 粒。生育期变化大，早熟种 60～90 d，中熟种 100～130 d，晚熟种 130～180 d。种子千粒重 6～10 g。

（三）适应性

美洲狼尾草喜高温湿润的气候条件。当气温 20℃以上时，生长加快，初期生长非常好。耐旱性、耐湿性和高粱相似，比高粱更耐土壤酸性，较耐盐，抗倒伏，并耐瘠薄。它有极广泛的适应性，最适合沙质土。我国从南到北，除酸性极强的土壤和中度以上的盐土，均可生长。不耐寒，在无霜期越长的地区，其生物产量越高。在氮肥供应充足、有灌溉条件的情况下，才能发挥高产潜力。

（四）建植与田间管理

1. 播种

播前精细整地，一般每公顷施有机肥 22.5 t，缺磷的土壤，每公顷施过磷酸

钙 22.5~30 t，与有机肥拌和作为基肥。当气温稳定在 15℃以上时即可播种。在长江中下游及以北地区于 4 月中旬或 5 月底前后，在江苏北部地区于 5 月上旬播种，在华南地区可提早一个月播种。作割青饲料用的，在特殊情况下甚至 7 月初仍可以播种，但产量低，只有适期播种才能获得高产。每公顷用种 1.5~22.5 kg，大田直播一般采用条播，行距 30~50 cm，在土壤湿度适宜时，播种 3~4 d 即可出苗。

2. 田间管理

当幼苗生长到 5~6 片真叶时，中耕松土一次，以促进早发分蘖。该草苗期生长慢，应注意杂草防除。遇上干旱，要及时灌溉。刈割后结合施肥进行中耕，每公顷施尿素 150~1225 kg，促使再生。

3. 收获

美洲狼尾草长在长江中下游以南地区，产鲜草可达 112.5 t/hm²，是解决夏季缺青的优质高产牧草。作青饲料时，刈割高度依饲养对象而定。饲喂鱼、兔、鹅或猪，以株高 70~80 cm 为宜，这时几乎全是叶片；饲喂牛、羊时，以株高 1~1.3 m 为好。刈割留茬高度 10~15 cm，切忌齐地割，否则会影响再生；留茬过高，从上面节芽发生的分枝生长不壮，因而影响产量。

（五）饲用价值与利用

美洲狼尾草可以刈割青饲，也可以青贮利用。

（六）品种

品种有宁牧 26-2、宁杂 3 号等。

三、杂交狼尾草

学名：*Pennisetum americanum*
别名：杂交象草

（一）起源与分布

杂交狼尾草是美洲狼尾草和象草的杂交种。20 世纪 40 年代初，南非培育出以象草为母本的杂交种，其后美国、印度等国家也成功培育出以美洲狼尾草为母本的杂交种，并应用于生产。现在世界上热带、亚热带地区都有栽培。我国栽培的杂交狼尾草是由江苏省农业科学院和海南华南热带作物科学院于 20 世纪 80 年代从美国引进的，现已遍及江苏、浙江、福建、广东、广西等地区，有希望成为长江以南地区夏季的一个重要栽培牧草种。

（二）形态特征

杂交狼尾草为禾本科狼尾草属多年生草本植物。植株高度为 3.5～4.5 m，茎圆形，丛生，粗硬直立，根深密集，分蘖 20 个左右，每个分蘖茎有 20～25 个节。须根发达，根系扩展范围广，主要分布在 0～20 cm 土层内，下部的垄节有气生根，叶长条形，互生，每个分蘖茎每节上有一个侧芽和 1 枚叶片，叶长 60～80 cm，宽 2.5 cm 左右，多次刈割后，再生的叶片较窄；叶面光滑或疏被细毛，中肋明显，叶鞘光滑无毛，与叶片连接处有紫纹；叶色比象草淡。圆锥花序，呈柱状，黄褐色，长 20～30 cm；小穗披针形，近于无柄，2～3 枚簇生成一束，每簇下围以刚毛组成的总苞，其中有一根长有粗壮向上的糙刺，尖端褐色，下部具柔毛。本杂交种为三倍体，不能形成花粉，子房发育不良，通常不能结实。在栽培上主要通过根、茎进行无性繁殖。

（三）适应性

杂交狼尾草喜温暖湿润的气候，日平均温度 15℃ 以上才开始生长，25～30℃ 时生长最快，气温低于 10℃ 时生长明显受到抑制，低于 0℃，时间稍长会被冻死。抗逆性强，对土壤要求不严，沙土、黏土、微酸性土壤和轻度盐碱土可种植，在含盐量 0.1％ 土壤中生长良好，但以土层深厚的黏质壤土为最适宜。抗旱，耐湿，久淹数月不会死亡，但长势差。对氮肥需求量大，同时对锌肥敏感，在缺锌的土壤上种植，叶片发白，生长不良。

（四）建植与田间管理

1. 播种

杂交狼尾草在长江中下游地区于 3 月底前后播种。播前深翻耕，施有机肥 22.5 t 作基肥。一般耕深 30 cm，耙地作畦，碎土整地。在长江中下游地区，夏季雨水较多，为避免田间积水，一般要开好排水沟。播量 22.5～30 kg/hm²，采用稀条播，行距 15～18 cm。当幼苗生长出 3～4 片真叶时，可施用化肥 1 次，施 30～45 kg/hm² 尿素。幼苗生长到 6～8 片真叶时，气温基本稳定在 12℃ 即可移栽。株行距 30 cm×60 cm，每公顷栽 45000 株左右。

2. 田间管理

幼苗在早春移入大田时，由于气温低，生长较慢，注意杂草防除。随着气温回升，杂交狼尾草生长加快，封垄后，杂草则被抑制。杂交狼尾草虽然耐旱力较强，但只有肥水充足才能发挥其高产潜力。一般适宜的留茬高度为 15～18 cm。每次刈割后，要结合施肥进行中耕，每次每公顷施用 225 kg 硫酸铵作追肥。土

壤缺锌常常出现叶片发白,轻者叶间失绿,重者叶片全部失绿以至死亡。发现此种情况,可以用 $0.05\%\sim0.1\%$ 的硫酸锌溶液,每隔 $7\sim10$ d 喷一次,连喷 $2\sim3$ 次。

3. 收获

美洲狼尾草在长江中下游地区鲜草产量可达 150 t/hm^2,在华南可达 225 t/hm^2,甚至更高,年内可刈割 10 次。

(五)饲用价值与利用

美洲狼尾草若适时收割,茎叶柔嫩,适口性好,食草家畜牛、羊等均喜食,也可作鱼、兔、鹅、猪等畜禽的青饲料;该草营养价值较高,除了刈割作青饲料外,也可以晒制干草或调制青贮料。

四、东非狼尾草

学名:*Pennisetum clandestinum*
别称:隐花狼尾草、铺地狼尾草

(一)起源与分布

东非狼尾草原产于非洲东部的肯尼亚,澳大利亚、新西兰、南非和巴西都有栽培。我国从澳大利亚引进,在云南昆明生长良好,已利用于生产。在广东、广西、海南等省区都可适应。

(二)形态特征

该草为禾本科狼尾草属多年生草本植物。株高 $50\sim60$ cm,具有数量众多、粗壮的匍匐茎和根状茎,向四周蔓延,长 $50\sim100$ cm,结成稠密的草皮;匍匐茎各节生根,长出健壮的茎枝成簇向上生长,高 $10\sim15$ m。叶多,浅绿色,被绒毛;叶片长 $1\sim15$ cm,宽 $1\sim5$ mm,幼时折叠,成熟时扁平;叶鞘淡绿色,长 $1\sim2$ cm,密被毛;无叶耳,叶舌为一环毛。圆锥花序退化为一具 $2\sim4$ 小穗的花序,几乎全被包裹在叶鞘内:小穗具 2 小花,通常一小花可育。颖果长约 2.5 mm,成熟时深棕色。

(三)适应性

东非狼尾草喜温暖湿润的热带、亚热带气候,耐寒性较强,可耐轻度霜冻。在海拔高度为 $1950\sim3000$ m、年降雨量 $1000\sim1600$ mm、年均温 $16\sim23$℃、最低 $2\sim8$℃ 的地区生长良好。在日温 25℃、夜温 20℃ 条件下生长最佳。低于

-2℃，植物组织受冻死亡。耐旱性较强，亦耐湿。对土壤的适应性广泛，可在贫瘠的酸性土壤中生长，但在土层深厚，排水条件良好且富含磷、钾、硫的肥沃土壤中生长最好。

（四）建植与田间管理

1. 播种

东非狼尾草可用种子或根茎繁殖。春天用种子直播时，播前需精细整地。可撒播，也可条播，行距1.3 m。新鲜收获的种子有一定的休眠期，需用酸处理以打破休眠。用匍匐茎和茎枝扦插繁殖，可按株行距80 cm×80 cm或1 m×1 m穴植。宜在雨季进行，容易成活。

2. 田间管理

东非狼尾草耐粗放管理，氮肥充足时，抗寒性会加强。

（五）饲用价值与利用

东非狼尾草草质柔嫩，适口性好，营养价值较高。耐啃食和践踏，适宜放牧利用，各类畜禽均喜食，也可刈割青饲；此外，它具有强大的根状茎，又是一种优良的水土保持植物。

第六节　雀稗属牧草

雀稗属牧草约300种，分布于温带地区，我国有10种，主产于东南部和南部，有些种类为很好的饲料。

一、巴哈雀稗

学名：*Paspalum notatum*
别名：金冕草、山雀稗、百喜草、巴哈雀麦、美洲雀麦

（一）起源与分布

巴哈雀稗原产于加勒比海群岛和南美洲沿海地区，近些年台湾、广东、上海、江西等地大面积引种，作为公路、堤坝、机场跑道绿化草种或牧草。

（二）形态特征

巴哈雀稗系多年生草本，根深而发达，有短而粗壮的木质匍匐茎，株高

30～75 cm。叶缘常有茸毛，总状花序 2 枚，长约 6.5 cm，种子卵形。

（三）适应性

巴哈雀稗喜温热，耐干旱，耐潮湿，能在疏松的砂地生长，匍匐茎蔓延，可形成坚固稠密的草皮。耐寒性较大黍强，在冬季不太冷的地区自然能越冬。耐贫瘠，适应性广，各种土壤都能生长，以黏土较适宜。结种多，但不易发芽，可利用匍匐茎繁殖。

（四）建植与田间管理

1．播种

巴哈雀稗在种植前深翻 20 cm，每公顷施 375 kg 钙、镁、磷肥及有机肥 22.5 t 作为基肥。巴哈雀稗匍匐茎的节易生根，生产上以扦插繁殖为主。于春秋季节，取匍匐茎（含 1～2 个节）作为插穗，一般每公顷 9 万～12 万株。栽植后注意浇水。也可种子繁殖，但种子必须做松颖处理，否则发芽率不高。播种量为 112.5 kg/hm²。

2．田间管理

巴哈雀稗苗期的生长速度缓慢，苗期的杂草危害较为严重。因此，播种前后均应特别注意防除杂草。根据生长情况割青后及时追施氮肥 225～300 kg/hm²，促进巴哈雀稗的分蘖和生长，以提高鲜草产量。

3．收获

巴哈雀稗每公顷年产鲜草 40～75 t。

（五）饲用价值与利用

巴哈雀稗茎叶柔嫩，营养丰富，适口性好，是牛、羊、猪、兔、鹅、鱼等的优质饲草。耐牧性强，适宜放牧，如能加以适当的施肥，草地可经久不衰。易患麦角病，家畜采食易发生中毒，尤对牛更甚。

二、毛花雀稗

学名：*Paspalum dilatatum* Poir
别称：金冕草、达利雀稗

（一）起源与分布

毛花雀稗分布于南美洲，主要为阿根廷、乌拉圭和巴西南部潮湿的亚热带地区。美国东南部、澳大利亚、新西兰、南亚等热带、亚热带国家引种栽培。我国贵州、上海、福建、海南有分布。

（二）形态特征

毛花雀稗为禾本科雀稗属多年生草本植物。秆直立，高 50～80 cm，少数丛生；叶鞘光滑无毛；叶舌膜质，长 2～5 mm，叶片灰绿色，长 10～30 cm，宽 4～12 cm。总状花序 4～6 枚，长 5～8 cm。互生于主轴上；小穗卵形，先端尖，长 3～4 mm，孪生，覆瓦状排列成 4 行，边缘具长丝状绒毛，两面贴生短毛；谷粒卵状圆形，短于小穗，长 2～2.5 mm。种子千粒重 2.25 g。

（三）适应性

毛花雀稗喜温暖湿润的亚热带气候，生长最适温度为 30℃，在年降雨量超过 1000 mm 的地方生长良好。耐寒，可耐 −10℃ 的低温。较耐旱，但长期干旱生长不良。耐水淹。在 pH 值 4.6～6 的酸性红壤、黄壤中均能生长。根系发达，建植后耐旱能力强，并能有效地同杂草进行竞争，但当肥力下降时，杂草会占优势。耐践踏，在重牧情况下可继续生长。

（四）建植与田间管理

1. 播种

毛花雀稗主要用种子繁殖，因其种子细小，播种前整地要精细，单播播种量 8～15 kg/hm²，混播时播种量 4.5～7.5 kg/hm²。单播时宜多施氮肥，与豆科牧草混播时宜加施磷肥和石灰。

2. 田间管理

定期施用氮肥是保持其生产力的基本保证。更新方法是重收后进行中耕或翻耕，然后重新播种。

3. 收获与收种

毛花雀稗再生力强，每年可刈割 4～6 次，鲜草产量达 37.5～75.0 t/hm²。种子产量较高，种子地产种子量达 300 kg/hm²。种子轻且有毛，可随风飞扬，自然繁殖。

（五）饲用价值与利用

毛花雀稗是一种优质的栽培牧草，叶量大，草质柔软，营养丰富，牛、羊极喜食，兔、鹿喜食，也可割下喂鱼。适口性好，耐践踏，可供放牧利用，也可晒制干草或调制青贮饲料。

三、棕籽雀稗

学名：*Paspalum plicatulum* Michaux

（一）起源与分布

棕籽雀稗原产于中美洲和南美洲，广泛分布于委内瑞拉，现引种至非洲肯尼亚及象牙海岸、澳大利亚、美国、斐济、巴西及东南亚。棕籽雀稗是东南亚热带及亚热带地区很有前途的禾本科牧草，我国广东、广西、海南等地已引种栽培。

（二）形态特征

棕籽雀稗为禾本科雀稗属多年生簇生型草本植物，全株被疏毛。秆直立，高50～120 cm，有时具短的根茎，叶片基部折叠，叶片长条形，长 10～85 cm，宽3～10 cm；叶鞘龙骨状，圆滑，长 1～3 mm，腹面略被毛。圆锥花序由10～13 个总状花序组成，每个总状花序长 2～10 cm；小穗卵状椭圆形，长 2～3 mm，宽 1.5～2 mm；第一颖缺，颖果深褐色，具光泽。

（三）适应性

棕籽雀稗适宜在年降雨量超过 750 mm 的热带和亚热带地区生长，发芽生长最适温度为 20～35℃，低于 10℃时停止生长，遇霜冻地上部分枯死，但来年春季地下部分仍可抽芽生长。对土壤适应性广泛，能耐高铝含量的强酸性土壤，在瘠瘠的土壤上生长良好。对氮肥反应敏感，不耐荫蔽。成熟后的种子一般有数个月的休眠期。

（四）建植与田间管理

棕籽雀稗一般采用种子繁殖，也可用分蘖繁殖。播种前需精细整地，播种量2.1～3.0 kg/hm²，种子可以撒播于地表，然后镇压，也可以挖 1～1.5 cm 浅的沟播种。建植人工草地时，可以同大翼豆、柱花草、山蚂蟥及三叶草等豆科牧草混播。在放牧利用时可连续放牧，也可轮牧。

（五）饲用价值与利用

棕籽雀稗产量高，一般条件下，其干草产量达 7.9～24 t/hm²，草质柔嫩，牛、羊、马、兔、鹅及火鸡喜食，可刈割青饲，也可放牧利用，为优质放牧型禾草。

四、黑籽雀稗

学名：*Paspalum atratum*

（一）形态特征

黑籽雀稗为多年生丛生性禾本科雀稗属牧草，株型高大，一般株高 210～225 cm，茎秆少而叶量大，茎秆粗 0.5～0.9 cm，褐色，具 3～8 茎节，茎节稍膨大；叶片长 50～85 cm，宽 2.4～4.2 cm，叶丛高 140～150 cm，质脆，两边平滑无毛；圆锥花序由 7～12 个近无柄的总状花序组成，总状花序互生于长达 25～40 cm 的主轴上，每个总状花序长 12.8～15.3 cm。

（二）适应性

黑籽雀稗喜热带潮湿气候，适应性强，耐酸瘦土壤，耐涝，并一定程度耐旱，在年降水 750 mm 以上的地区种植表现良好，其 74%～88% 的牧草产量集中于雨季（6—10 月）；在高肥高水条件下产量高，对氮肥反应敏感。耐荫性较差，在林下种植表现较差。由于黑籽雀稗分蘖和次生生殖枝发育的种子掉落后遇到适当条件即可萌发，易于建植人工草地。在中度放牧条件下草层保存良好，草地持久性强。

（三）建植与田间管理

1. 播种

攀西地区可在有降雨的春末夏初播种。种植前施 30～45 t/hm² 农家肥作底肥，或者施 15 t/hm² 农家肥和过磷酸钙 600 kg/hm² 作基肥，以后每年施 225 kg/hm² 复合肥、150 kg/hm² 尿素。

2. 田间管理

生长期间特别是幼苗期注意除草。

3. 收获

黑籽雀稗分蘖能力强，多从基部节间产生分蘖，种植半年后黑籽雀稗的基生分蘖数可达到 60～120 个，且其茎节也产生分蘖，叶量丰富；耐刈割，一般当年建植刈割草地可刈割 3～5 次，再生能力强，刈割后一周生长 7～10 cm。

（五）饲用价值与利用

黑籽雀稗适口性好，牛、羊喜食，牧草产量高，一般亩产鲜草 6～8 t。粗纤维含量较低，粗蛋白质含量也相对较低，若间隔 30 天刈割，其粗蛋白质仅为

8.12%（DM%），常通过施氮肥以提高其粗蛋白含量。黑籽雀稗可刈割青饲，也可放牧利用。

（六）品种

其品种有热研 12 号、9610 等。

第七节　坚尼草

学名：*Panicum maximum* Jacq.
别名：羊草、大黍、几内亚草

一、起源与分布

坚尼草原产热带非洲，在 18 世纪中叶由非洲传入拉丁美洲，现广泛种植于全世界的热带、亚热带地区。我国海南、广东、广西、福建、云南、贵州、四川都有栽培，广东、广西、海南栽培分布较广。凡引种栽培过的地区，常见到其逸生种。

二、形态特征

坚尼草为禾本科黍属多年生草本，具发达的须根和短根状茎。茎较粗壮，直立，高达 2～3 m，通常每茎有 4～8 节。叶条形，长 20～60 cm，宽 1～2 cm，平展，边缘粗糙。圆锥花序直立散开，小穗灰绿色，长圆形。种子淡黄色，具横皱纹，长约 2.5 mm，千粒重 1.5 g。

三、适应性

坚尼草性喜湿热气候，温度低至 −2.2℃ 时受冻害，成株 −7.8℃ 即可冻死。在广东、广西，除冬季生长缓慢外，其余月份都生长良好，尤在 6—9 月高温多雨季节，生长迅速。适应性强，耐旱，耐酸，亦耐瘠薄，在土壤 pH 值 4.5～5.5 的地区也能生长。在中等以上肥力的土壤中生长良好，是热带地区的一种优良牧草。坚尼草的花期较长，可达 150 d 以上，在广州、南宁地区，6—11 月抽穗开花，种子边熟边落，采种比较困难。种子发芽率低，仅 45%～48%。

四、建植与田间管理

1. 播种

坚尼草可用种子直播或分株繁殖。一般在华南地区，春季 2 月下旬至 3 月上旬播种，拌以草木灰或磷肥撒播、条播，行距以 50～60 cm 为宜，播种量 7.5 kg/hm²。亦可与豆科牧草混播，播种量 3.75～4.50 kg/hm²。

2. 田间管理

坚尼草生长发育需肥水多，最好在种植前结合整地施厩肥作底肥，刈割后应追施速效氮肥，以提高产量。

3. 收获

坚尼草一般都用于放牧或刈割青饲。株高 80 cm 时即可刈割，一般每月刈割 1 次，在高温多雨季节，20 d 即可刈割一次。如在抽穗后刈割，则茎秆木质化，质地坚硬粗老，适口性差，利用率低，营养成分也下降。留茬高度以 5 cm 为宜。再生力强。在华南，坚尼草每年刈割 4～7 次，每公顷可产鲜草 45～60 t，若水肥条件较好可达 75 t 以上。

五、饲用价值与利用

坚尼草叶片柔软，适口性好，各类牲畜均喜食，尤适宜喂牛，为优质牧草，它生长快，产量高，叶量大，茎秆所占的比例小，饲喂家畜时利用率高，适合作青饲料，也可以用来晒制干草或调制青贮料，或放牧利用。在株高 60～90 cm 时刈割，营养最丰富，株高 1～1.5 m 时刈割产量最高。若用于放牧，可与蝴蝶豆和柱花草混播，但须轮牧。此外，坚尼草还可种在梯田边、排水沟边、水渠边或斜坡地，有保护梯田、河堤，防止水土流失和抑制杂草蔓延的作用。

六、品种

其品种有热研 8 号坚尼草、热研 9 号坚尼草。

第八节　薏苡

学名：*Coix lacroyma-jobi* L. var. ma-yuen（Roman.）Stapf
别名：菩提子、野薏米、薏苡仁、川谷、尿糖珠、老鸦珠、薏米

一、起源与分布

薏苡广泛分布于世界温暖地区，在我国多分布于低纬度的湿润地区，我国各地有野生或栽培，海南省各地有分布。北方诸省如河南、河北也有引种栽培。

二、形态特征

薏苡属一年生或多年生禾草。茎秆直立，粗壮，株高 1～2 m，圆柱形，分

枝多，叶条状披针形，长 10～40 cm，宽 1～4 cm，先端渐尖。基部圆形略近心形，叶鞘抱茎。总状花序成束，腋生；小穗单性，雌雄同株；雄小穗指瓦状排列于总状花序上部，2～3 枚生于各节，1 无柄，其余 1～2 枚有柄；雌小穗位于总小穗的基部，包藏于卵形的总苞中，2～3 枚生于节，只 1 枚结实。颖果圆形或圆卵形，藏于总苞内。常作为药用或食用作物栽培。青绿茎叶可作饲料，其营养价值较其他禾本科牧草高。

三、适应性

薏苡喜温暖而湿润的气候，喜生长在河边、溪涧边、山谷阴湿处、原野湿地、村郊、路边。属湿生性作物，与水稻相似。薏苡在我国南北各地均为旱作，不耐旱，苗期干旱，植株矮小，抽穗期干旱，籽粒不饱满。栽培地宜向阳，土壤宜肥沃湿润、中性或微酸性。薏苡有多种生态类型，其中，四川的甲壳薏苡，种植在海拔 1000 m 左右地区，产量高，籽粒饱满，出米率高，但在低海拔地区种植，则生长差，产量低。

四、建植与田间管理

1. 播种

薏苡作为饲料栽培时，要选择向阳平坦有灌溉条件的地块，每公顷施底肥 37.5 t。精细整地后，3 月下旬（南方）或 4 月上旬（北方）播种，条播，行距 50～60 cm，播种量 45～52.5 kg/hm^2。

2. 田间管理

苗高 20～25 cm 时，按株距 9～10 cm 定苗，随后中耕施肥，一般每公顷施硫酸铵 225 kg、过磷酸钙 45 kg。施肥后，立即培土，防止倒伏。株高 1 m 左右，抽穗刈割，南方每年可刈割 2～3 次。刈割 1 次后，再收种子，对产量无影响。夏季高温多雨时，易受叶枯病的危害，发病时叶部发生淡黄色小斑点，发病初期可喷洒 65% 可湿性代森锌 500 倍液，每周 1 次，连续 2～3 次即可。苗期至抽穗期有玉米螟危害，严重影响生长，可提前刈割免受其害。预防方法是消灭越冬幼虫。玉米螟发生初期，可用 90% 敌百虫 1000 倍液灌心叶或 Bt 乳剂 300 倍液灌心叶。

3. 收获

薏苡一般每公顷产种子 3000 kg 左右，在南方大约 9 月份种子成熟，可在 5 月份刈割一次鲜草，进行中耕施肥培土一次，再收种子。

五、饲用价值与利用

薏苡抽穗前刈割，茎叶柔嫩多汁，为各种家畜所喜食。进入开花期薏苡的茎秆比重急剧上升，饲用价值降低。薏苡种子可供药用或食用，有健脾、祛湿、清热、排毒之疗效；其茎叶及瘪粒、壳渣可作饲料用。

第九节　盖氏虎尾草

学名：*Chloris gayana* Kunth.
别名：无芒虎尾草、罗德草

一、起源与分布

盖氏虎尾草原产于东非和南非，分布于世界热带和亚热带地区。1902 年引入美国，其后引入世界许多国家，是热带地区草地的主要草种之一，适宜调制干草。广东、广西、福建和海南等省区有栽培，表现良好。

二、形态特征

盖氏虎尾草为禾草科虎尾草属多年生疏丛型多年生草本植物。株高 1～1.5 m，可达 2 m 以上，茎秆坚韧，稍扁，着地各节产生不定根，分蘖多而成为大株丛，茎节为 5 个左右，节光滑无茸毛，常从节上产生分枝。须根系，呈网状分布于 30～40 cm 的土层中，有长而粗壮的匍匐茎，茎节着地生根，产生分蘖形成新的植株。叶披针形，细长，叶片长 40～45 cm，宽 0.5～1.5 cm，叶鞘短于节间，无毛，仅鞘口具柔毛。穗状花序 10～20 个，长约 5～10 cm，直立或斜向上，着生于茎顶端，无柄或有短柄，成指状排列；小穗密生，无柄，有 2～3 个小花，小花两性，花柱分为 2 个，柱头紫色呈穗状。种子极小，游离于颖内，淡棕色，有光泽，千粒重 0.2～0.3 g。

三、适应性

盖氏虎尾草喜温暖潮湿气候，最适宜热带、亚热带年降雨量 600～1000 mm 的地区种植。最适生长温度 30～35℃，不耐寒，冬季气温低于－8℃时即开始受害以至冻死。不耐荫，在荫蔽条件下生长不良。对土壤要求不严，适应性广，耐盐性强，红壤或盐渍化土壤上都能生长，但以土层深厚、富含机质的壤土为宜。产草量高，耐旱，生命力强，生长迅速，能很快覆盖地面，在广东和广西 6—8 月高温多湿的条件下，生长极为旺盛，1 年可刈割 3～4 次。

四、建植与栽培管理

1. 播种

盖氏虎尾草在播前要求精细整地，平整土地。耕前每公顷施有机肥 22.5～30.0 t，翻埋作基肥。待气温稳定在 15℃以上即可播种，南方一般为春播，也可夏播或秋播。在南京地区 5 月中旬播种较为适宜，6 月播种则会降低产量。该草苗期生长慢，注意杂草防除。每公顷播种 4.5～22.5 kg。可撒播和条播，条播行距 30 cm，覆土要尽可能浅，最深不能超过 2 cm。

2. 田间管理

盖氏虎尾草每次刈割时等量施肥，每公顷每次施氮肥不超过 105 kg。

3. 收获

盖氏虎尾草在我国南方可刈割 6～7 次，鲜草产量达 45～52.5 t/hm^2，以抽穗前刈割为准。应注意的是第一次刈割迟，会影响其后再生。刈割留茬高度 10 cm 左右。

五、饲用价值与利用

盖氏虎尾草生命力强，耐践踏，耐放牧，是建设人工草地的优良放牧型草种，其叶量丰富，草质柔嫩，牛羊极喜食，幼嫩叶还可用来饲猪或草鱼。盖氏虎尾草除可放牧及刈割青草供喂饲家畜和养鱼外，还可青贮或调制干草。

第十节　臂形草

臂形草属约 50 种，分布于热带和亚热带地区，我国约 6 种（包括引种的）。

一、俯仰臂形草

学名：*Brachiaria decumbens* Stapf

别名：伏生臂形草

（一）起源与分布

臂形草原产于非洲地区，现广泛分布于世界及亚热带地区。我国于 1982 年由华南热带作物科学研究院引自国际热带农业中心，经短时间的试种推广，现已成为海南中部山区建植人工草地的最重要的禾本科牧草之一。近年云南也从澳大利亚引入试种，获得成功。除海南、云南外，广东、广西等地也已引种栽培。

（二）形态特征

俯仰臂形草为禾本科臂形草属匍匐性多年生草本植物。茎秆硬，高 50～150 cm。叶片宽条形至窄披针形，长 5～20 cm，宽 7～15 mm。花序由 2～4 个总状花序组成，花序轴长 1～8 cm，总状花序长 1～5 cm，小穗单生，常排列成 2 列，花序轴扁平，宽 1～1.7 mm，边缘具纤毛。小穗椭圆形，长 4～5 mm，常具短柔毛，基部具细长的柄；下部颖片为小穗长度的 1/3～1/2，紧包，急尖至钝形；上部颖片膜质，从基部分离于一短节间；上部外稃颗粒状，急尖。花期长，每年 6 月份开始抽穗扬花，花期可延续至 11 月份，其间种子陆续成熟，成熟的种子极易脱落，因此，收种非常困难。但是其开花盛期为 8—9 月，种子成熟高峰期为 10—11 月。种子结实率低，产量低。种子千粒重 4.44～5.55 g，新鲜收获的种子有 2 个月的休眠期。

（三）适应性

俯仰臂形草喜温暖潮湿气候，是一种典型的湿热带禾本科牧草，最适年降雨量为 1500 mm。可以忍受 4～5 个月的旱季，但旱季超过这个范围则生长不良。在旱季末期其饲草产量比坚尼草要高。不耐涝，最适生长温度为 30～35℃，不耐寒，在无霜期地区冬季生长旺盛。对土壤的适应性广泛，能在各类土壤上良好生长，但高铝含量的瘠薄土壤对生长量有一定的影响，在排水良好的肥沃土壤上产量最高。

俯仰臂形草为短日照作物，在稍荫蔽的林下生长旺盛。在湖南，用分蘖法定植后 2 个月或种子播种后 3 个月即可完全覆盖地面。一年当中以高温多雨的 6—9 月生长最快，茎蔓每天伸长 2～4 cm；其生长速度随着雨量的减少和温度的降低而减慢，低温干旱的 1—2 月，几乎停止生长，但仍保持青绿。据测定，其旱季（10 月中旬至翌年 4 月中旬共 185 天）的饲草产量占全年产量的 38.6%。

（四）建植与田间管理

俯仰臂形草可采用种子繁殖或分蘖繁殖。利用种子繁殖时，新鲜收获的种子，需用工业硫酸浸种 10～15 min，打破休眠，种子发芽率可提高 33%。也可以将新收获的种子置于通风干燥条件下保存，用于翌年播种。播种深度 1 cm，播种后滚压。建植单一禾草草地时，每公顷播种量 22.5～30 kg，与豆科牧草混播时，每公顷播种量 2.55～5.10 kg，于雨季来临时播下。进行无性繁殖时，可以将植株分为具 2～3 个分蘖的繁殖体，若匍匐茎较长，可以切成长 30 cm 小段作为插条，种植规格为 80 cm×80 cm，穴植，每穴 2～3 苗，将苗的 2/3 埋入土中，压实即可。无性繁殖宜在阴雨天进行。

（五）饲用价值与利用

俯仰臂形草叶量丰富，牛、羊喜食，尤以营养生长期适口性最好，抽穗期营养价值及适口性均有所降低。俯仰臂形草可与多种豆科牧草混播建立人工草地。俯仰臂形草可刈割青饲，也可晒制干草或调制青贮料。

二、网脉臂形草

学名：*Brackiaria dictyoneura* Stapf

别名：网脉旗草

（一）起源与分布

网脉臂形草起源于东非和南非，后被引种到东南亚及太平洋地区，南美引种后推广较快，已有大面积种植。我国目前已在海南省儋州、三亚等地推广。

（二）形态特征

网脉臂形草为臂形草属多年生密丛型草本植物。秆半直立，高 40～120 cm，具较短的根状茎。叶条形至披针形，长 4～40 cm，宽 3～18 mm，光滑，叶缘锯齿状。圆锥花序，由 3～8 个总状花序组成，花序轴长 5～25 cm；总状花序长 1～8 cm，小穗呈两行排列；小穗椭圆形，长 4～7 mm，被疏毛；第一个颖片与小穗近等长，或略短，具 11 条脉；第二颖片具 7～9 条脉；外稃具 5 脉，内稃略带乳头状。

（三）适应性

网脉臂形草喜温暖湿润的热带气候，稍耐旱。对土壤的适应性广，能在铝含量高、酸度大，肥力低，但排水良好的土壤中良好生长。该草种子具生理性休眠，新鲜种子发芽率低，但种子贮存 6～8 个月后可打破休眠。初期生长缓慢，可同多种类型的豆科牧草混播，建植良好的群丛，如匍匐状的卵叶山蚂蟥、攀缘状的蝴蝶豆、爪哇葛藤、半直立型的柱花草、灌木状的银合欢等，均能同它混播，建立优良的人工草地。

（四）建植与田间管理

网脉臂形草主要用种子繁殖，播前精细整地，播种量 3.0～12.0 kg/hm²。也可用分蘖或根茎繁殖，按株行距 1 m×2 m 挖穴定植，每穴 2～3 株。后期管理注意施用氮肥，放牧高度控制在 15～20 cm。

（五）饲用价值与利用

网脉臂形草是一种优良的放牧型牧草，在贫瘠的酸性土上，其干物质产量为 300～1050 kg/hm²。牛、羊喜食，适宜放牧利用，刈割青饲，也可晒制干草或调制青贮饲料。该草侵占性强，生长快，为优良水土保持植物。

第十一节　狗尾草属牧草

一、非洲狗尾草

学名：*Setaria anceps* Stapf ex Massey

别名：蓝绿狗尾草、扁平狗尾草

（一）起源与分布

非洲狗尾草原产于热带非洲，起源于赞比亚，为澳大利亚的主要栽培牧草。我国引入后，主要在广东、广西、海南、福建及台湾等地建植人工草地，生长良好。

（二）形态特征

非洲狗尾草为狗尾草属禾本科一年生草本。根系发达，入土较深，根茎较宽，分蘖多。茎较粗，疏丛型，茎秆基部呈紫红色，茎直立，高 1.5～2.5 m。叶片狭长，长 20～40 cm，宽 8～15 mm，两面无毛，叶鞘光滑。圆锥花序紧密，呈圆柱状，顶部小，穗长达 35 mm，小穗椭圆形，长 3 mm，顶端尖，排列紧密，带紫红色，刚毛棕黄色。种子小，千粒重 0.53～0.75 g。

（三）适应性

非洲狗尾草为中旱生牧草，适宜在海拔 1500 m 以下、年降水量在 750 mm 以上、pH 值 4.5 左右的地区生长。性喜温暖湿润气候，夏季生长特别旺盛，能耐 40℃高温。抗寒性差，在南方无霜区可保持茎叶青绿。抗旱性强，在华南地区夏季连续 50～60 d 高温干旱无雨时，依然青绿并保持长势良好。对氮肥很敏感，在较肥沃的土壤生长特别旺盛。在华南地区 4—7 月生长很快，20～30℃的气温是它生长适宜的温度；7—8 月高温干旱期生长减弱，9—11 月长势又转旺盛。生育期为 110～140 d，全年生长期 260～310 d。非洲狗尾草应用于华南地区低山丘陵地带培植集约化的高产割草地，补播改良草山坡和建立人工草地，是非

常优秀的禾本科"当家"草种。

（四）建植与田间管理

非洲狗尾草可以单播栽培作为集约化高产割草地，与热带豆科牧草混播，可以建立高产优质的放牧型人工草地。华南地区 3 月中旬至 4 月下旬阴雨天播种最好，15℃以上的湿润天气有利于种子萌发和幼苗发育。非洲狗尾草最适宜的利用时期是在其孕穗之前，植株高度 50～60 cm 即可刈割，刈割留茬高度 5 cm 以上，放牧利用的留茬高度则应是 10～15 cm 之间。

（五）饲用价值与利用

非洲狗尾草茎叶柔嫩、青绿多汁，叶量丰富，叶占整株的 47.7%，干草率为 32.7%，适口性好。在开花之后，由于茎秆老化，适口性下降。在抽穗期粗蛋白质含量占干物质的 10.18%，粗脂肪占 2.9%，粗纤维占 35.02%。非洲狗尾草人工草地年产鲜草 75 t/hm² 左右。它具有分蘖率高、再生性强等特点，是我国热带、亚热带地区建立人工草场的一种优良多年生禾本科牧草。非洲狗尾草可刈割青饲、晒制干草、青贮，也可放牧利用。

二、卡松古鲁狗尾草

学名：*Setaria anceps* Stapf cv. Kazungula
别名：澳大利亚狗尾草

（一）起源与分布

卡松古鲁狗尾草起源于赞比亚，被引种到菲律宾、新几内亚、印度、马尔加什、斐济、美国等国，目前已成为澳大利亚的主要牧草。卡松古鲁狗尾草 1974 年由中国农业科学院引入我国，先在广西畜牧研究所试种，继而又试种于广东、福建及湖南。20 世纪 80 年代海南从澳大利亚大量引种，用于建植人工草地，表现良好。

（二）形态特征

卡松古鲁狗尾草为禾本科狗尾草属多年生丛生型草本植物。秆直立，高 50～180 cm。苗期茎基紫红色，茎叶蓝绿色。叶片长条形，长 30～50 cm，宽 1～1.4 cm，光滑无茸毛，具压缩的龙骨叶鞘，叶鞘下部闭合，明显长于节间，鞘口及边缘疏生红色长柔毛，叶舌退化为一圈长 2～2.5 mm 的白色柔毛，圆锥花序紧缩呈圆柱状，长 6～20 cm，宽 5～7 mm，小穗排列紧密，花紫红色。颖果椭圆形，长 2～2.5 mm，宽约 1 mm，成熟时刚毛黄棕色。

（三）适应性

卡松古鲁狗尾草适应性强，适宜在热带、亚热带海拔 1500 m 左右、年降雨量超过 750 mm 的山地种植。耐旱性较强，可经受短时间的水淹或浸泡。在年平均温度 20～25℃、相对湿度为 70%～80% 时，分蘖生长旺盛，在我国南方无霜区可保持茎叶青绿过冬。在 −4 ℃ 低温时，植株上部受害；在 −9℃ 低温时，仍有 23%～91% 植株存活；田间出现 40 ℃ 高温时，午间叶片出现萎缩。开花期适宜温度为 20～25℃，对光照要求不严，无论晴天或阴天均可开花，以上午 7—9 时开花最盛，一个花序中，其小花由中上部开始向上下开放，每个花序的小花一般需 7 d 左右开完。由于植株分蘖多，抽穗也不一致，盛花到种子完全成熟，约持续 2 个月之久。

卡松古鲁狗尾草适宜与绿叶山蚂蟥、大翼豆等混播。建植初期，豆科牧草生长快，卡松古鲁狗尾草生长慢，但豆科牧草不耐牧，再生性差，抗寒力弱，经过放牧或越冬，豆科牧草的生长逐渐减退，到第三、四年，混播草地则主要保存再生性及耐牧性强的卡松古鲁狗尾草。

（四）建植与田间管理

卡松古鲁狗尾草一般采用种子直播，播前需精细整地，尽可能杀灭杂草，特别是白茅、硬枯草等恶性杂草，宜用除草剂喷杀。单播时每公顷用种子 3.75 kg，混播时每公顷用种子 2.25 kg。大面积播种时，将种子按每公顷用磷肥 225～375 kg 混匀，播后轻压，待苗高 10～15 cm 时，每公顷施氮肥 225 kg 作为追肥。若是混播草地，以施用磷肥为主。少施或不施氮肥，以免对豆科牧草产生负效应。

（五）饲用价值与利用

卡松古鲁狗尾草抽穗前茎叶柔嫩，适口性好，牛、羊、兔、鹅、鱼喜食，幼嫩时也可割回切碎喂鸡和鸭。卡松古鲁狗尾草再生性强，覆盖快，也可作为水土保持植物。

三、棕叶狗尾草

学名：*Setaria patmio* Ziu（Koen.）Stapf
别名：雏茅、雏草

（一）起源与分布

棕叶狗尾草原产于非洲，在我国浙江、江西、福建、台湾、湖北、湖南、贵

州、四川、云南、广东、广西、西藏等省区均有分布，生长于山坡、山谷、沟边、路边的阴湿地或林下。

（二）形态特征

棕叶狗尾草为狗尾草属多年生草本。茎直立，高 1～2 m，茎粗 4～8 mm，基部茎粗可达 1 cm。叶片狭披针形至披针形，明显纵向皱折，长 20～50 cm，宽 2～8 cm，顶端渐尖，基部常折叠并渐狭成柄状，边缘及腹面的叶脉粗糙，无毛或被硬毛；叶鞘通常松弛包茎，无毛或被疣基毛；叶舌长约 1 mm，被长 2～3 mm 的纤毛。圆锥花序，大而扩展，塔形，长 20～50 cm，宽 10～20 cm；分枝具棱，甚粗糙，常具小枝；小穗卵状披针形，长 3.5～4 mm，基部有刚毛 1 条或有时无刚毛，刚毛长 5～14 mm；第一颖卵形，顶端稍尖，长约为小穗的 1/3～1/2，具 3～5 条脉；第二颖长为小穗的 2/3～3/4，顶端尖；第一小花中性或雄性，其外稃膜质，椭圆形，长约与小穗相等，顶端渐尖，具 5 条脉。内稃透明膜质，狭披针形，长为外稃的 1/2～3/4；第二小花两性。谷粒具不明显的横皱纹，千粒重约 1 g。

（三）适应性

棕叶狗尾草性喜温暖湿润的气候，具有一定的抗旱性和耐寒性。在福建省北部，冬季最低气温在 −9℃ 的情况下，能顺利越冬。对土壤要求不严，适宜在南方红壤或黄壤地区栽培。若在良好水肥条件下，生长旺盛，产草量高。在瘠薄、干旱的水土流失地区，也能正常生长和发育，但产草量和种子产量均较低，茎叶老化也较快。棕叶狗尾草生于山坡、山谷的阴湿处或林下。在福建中北部自然生长状态下，生育期约 180 d 左右，生长期 260 d 以上，而在中部以南，冬季最低温度在 0℃ 以上，则几乎无枯黄期，保持终年青绿，但生育期仍然为 190 d 左右。

（四）建植与田间管理

棕叶狗尾草主要用种子繁殖，但种子发芽率较低。每公顷施 7500 kg 有机肥作为基肥，条播行距 30 cm，每公顷播种量 45 kg，覆土深度 1～2 cm。穴播时穴距 30 cm。草层高度达 40～60 cm 时可刈割或放牧，每次刈割后每公顷施尿素和磷肥各 75～150 kg 作追肥。棕叶狗尾草播种当年，幼苗生长比较缓慢，单播时，不易迅速覆盖地面，故在建立人工草地时，最好采用混播的方式，与马唐混播较为理想。棕叶狗尾草的再生力较强，每年可刈割 3～4 次，单播鲜草产量 78 t/hm²。

（五）饲养价值与利用

棕叶狗尾草茎叶质地粗糙，适口性稍差，适合饲喂牛，但粗蛋白质较一般禾本科牧草高。可刈割青饲，也可青贮。

四、卡选 14 狗尾草

学名：*Setaria anceps* Stapf cv. Kazungula *setaria* 14 *Setaria*

卡选 14 狗尾草，是广西畜牧研究所 1981 年在非洲狗尾草与卡松古鲁狗尾草的杂交组合群体中选育而成的。喜光，喜温暖潮湿的气候，耐高温干旱，耐贫瘠，不怕水淹与霜冻，抗病虫害能力强，对土壤适应广泛，从低湿地到较干旱的坡地均可栽培。在热带、亚热带年降雨量 1000 mm 的地区，可连续生长，无枯黄期，四季均可利用，我国广西、广东、福建均有栽培。苗期及春季生长缓慢，抽穗不一致，早晚相差 20 多天。在广西，田间最低温度为 −4℃时，仍有 50％的植株能以鲜草越冬，并在夏季气温高达 35~40℃时仍不见枯黄。在海南冬春季仍然保持生长旺盛。对肥料很敏感，尤其是对氮肥反应良好，供给一定量氮肥时，可收到增加产量和提高蛋白质含量的效果。在水肥供给充足的情况下，一年可刈割 4 次，鲜草产量 75~150 t/hm²，种植管理较好的，一般可利用 3~5 年，产量以第二、三年为最高。

第五章　冷季型豆草

冷季型豆草主要在春秋两季生长，多年生豆草可多年利用，一年生豆草需要每年秋季重新播种。苗期是生长发育最危险的阶段，易受病虫害和干旱的威胁，因此，应尽可能地多种多年生豆草，以提高可靠性。

第一节　紫花苜蓿

学名：*Medicago sativa* L.
别名：紫苜蓿、苜蓿

一、起源与分布

紫花苜蓿原产于小亚细亚、伊朗、外高加索和土库曼斯坦一带，中心产地为伊朗，分布范围极广，美洲、欧洲、亚洲及大洋洲均有分布。在我国主要分布在西北、东北、华北地区，江苏、湖南、湖北、云南等地也有栽培。据不完全统计，目前全世界的栽培面积约 3300 万 hm^2，其中美国的栽培面积最大，约 1000 万 hm^2。紫花苜蓿在我国的栽培历史悠久，自汉朝张骞出使西域时带回开始种植。由于长期栽培、驯化和自然选择，形成了一大批有特色的地方品种和培育品种。苜蓿不仅是优良的牧草，也是重要的水土保持植物，还是重要的蜜源植物。

二、形态特征

紫花苜蓿为苜蓿属多年生草本，根系发达，主根粗大，入土深达 2~6 m，甚至更长，侧根主要分布在 20~30 cm 以上的土层中。根上着生有根瘤，且以侧根居多。根茎膨大，并密生许多幼芽。茎直立或斜生，光滑或稍有毛，具棱，略呈方形，多分枝，株高 60~120 cm，高者可达 150 cm。羽状三出复叶，小叶倒卵形或长椭圆形，叶缘上 1/3 处有锯齿，中下部全缘。短总状花序，腋生，花冠蝶形，有花 20~30 朵，紫色或深紫色。荚果螺旋形，一般 2~4 回，成熟时呈黑褐色，内含种子 2~8 粒。种子肾形，黄褐色，有光泽，千粒重 1.4~2.3 g。

三、适应性

紫花苜蓿喜温暖半干燥气候，耐寒，耐旱。气候温暖，昼夜温差大，对其生长最为有利，生长的最适温度是 25℃，超过 30℃光合效率开始下降。幼苗能耐 −3～−4℃的低温。在我国北方冬季−20～−30℃的低温条件下，一般都能越冬，甚至有雪覆盖时，气温达−44℃也能安全越冬。苜蓿根系强大，入土较深，能吸收土壤深层水分，因而抗旱力强，适宜在年降水量 300～800 mm 的地区生长。苜蓿是需水较多的牧草，但在生长期最忌积水，积水 24～48 h 就会造成植株死亡。因此种植苜蓿的地块要求排水良好，且地下水位应在 1 m 以下，否则对其生长不利。苜蓿对土壤要求不严，除重黏土、极瘠薄的沙土、过酸过碱的土壤及低洼内涝地外，其他土壤均能种植，最为适宜的是沙壤土或壤土。适宜的 pH 值范围为 7～8，在盐碱地上种植，有降低土壤盐分的功能。

秋眠性是苜蓿的一种生长特性，指秋季在北纬地区由于光照减少和气温下降，导致苜蓿形态类型和生产能力发生变化的现象。美国的科研人员发现引自不同纬度苜蓿品种的越冬能力有差异，进一步研究发现，苜蓿秋季地上部分生长习性与其越冬能力强弱密切相关。当秋季日照长度变短和温度变低时，适应南方气候、越冬能力差的品种刈割后继续旺盛生长，其再生植株高而直立；而适应北方气候、越冬能力强的品种生长速度明显变缓或停止生长，再生植株低矮而纤细，长短不一。按照春天移栽的苜蓿幼苗在 9 月初刈割后，10 中旬再生植株的高度，将苜蓿品种划分为 9 个秋眠等级，其中 1～3 级为秋眠型，4～6 级为半秋眠型，7～9 级为非秋眠型。秋眠性和苜蓿的再生力、耐寒性、生产力密切相关，秋眠级低的品种，因其春季返青晚，刈割后的再生速度慢，生产能力也低；秋眠级高的品种，因春季返青早，刈割后的再生速度快，生产能力明显高于秋眠级低的品种。因此，在苜蓿生产中一定要根据当地的气候条件，选择相应秋眠级的苜蓿品种，以获得较高的产量。秋眠级低的品种比秋眠级高的品种物候期更长。苜蓿寿命一般为 20～30 年，最长的可达 100 年，但一般生长到第 4～5 年即翻耕种植其他作物。

苜蓿苗期地上部生长很慢，而地下根系生长较快。在河北保定地区 3 月上旬返青，5 月中旬现蕾，6 月上旬开花，下旬种子成熟，生育期 110 d 左右。在西昌 3 月下旬现蕾，4 月上旬开花，下旬结荚，5 月下旬种子成熟，紫花苜蓿在西昌全年青绿，没有枯黄期。

四、建植与田间管理

1. 播种

苜蓿品种繁多，对环境条件的要求亦异，因而应根据各地的自然条件选择适

宜的品种。在选择品种时，首先要考虑的是苜蓿的秋眠性，在北方寒冷地区以种植秋眠性较强、抗旱的品种为宜，而在长江流域等温暖地区应采用秋眠性较弱或非秋眠且耐湿的品种。攀西地区由于地形破碎，地貌复杂多样，土地类型多样，另外，垂直地带性造成攀西地区特有的垂直气候分布，气候类型多样，从南亚热带气候到暖温带气候都存在。因此，需要根据具体的环境气候条件选择秋眠级不同的品种。

种植紫花苜蓿要选择排水良好的地块，积水低洼地不适宜种植。紫花苜蓿种子细小，出土力弱，整地质量直接影响出苗率和整齐度，因此应务必做到精细整地。耕深要达 20 cm 以上，耕后耙耱，做到地平土碎，以利幼苗生长。

苜蓿种子硬实率高，在播种之前就需进行擦破种皮处理，以利出苗。在攀西地区，3—9 月均可播种。气候比较寒冷，生长期比较短的地区宜早春播种，在春季风沙大、气候干旱又无灌溉条件的地区宜夏播或雨季播种。高海拔地区秋播时不要过迟，以在播后能有 80～90 d 的生育期为宜。播种量一般 7.5～22.5 kg/hm²，密植有利于提高产草量和牧草品质，因而收草用时播种量宜大，播量为 15.0～22.5 kg/hm²，多用条播，行距 15～20 cm，覆土 2 cm 左右。

2. 田间管理

杂草防除是苜蓿田间管理的一项重要工作。苜蓿苗期由于生长缓慢，易受杂草危害，在每年夏、秋季节也易受杂草侵袭，除人工除草外，可使用化学除莠剂如普施特、拿捕净、盖草能、禾草克等进行化学除草。

苜蓿喜肥，为保证苜蓿高产稳产，施肥是关键。苜蓿的根瘤菌能固定氮素，除在播种之前施入少量氮肥以满足幼苗对氮的需求外，在一般情况下不施氮肥。施用磷、钾肥可显著增加苜蓿的产量，并可提高粗蛋白质含量。但钾肥对苜蓿的效果仅在施用的当年，第二年效果不明显，磷肥施用量过高，还有降低草产量的趋势。在播种前一般施用有机肥 30～45 t/hm²、过磷酸钙 2.25～3.0 t/hm²、有效钾 90 kg/hm² 做底肥。在返青及刈割后和越冬前要注意追施磷、钾肥，以提高其产量和品质，并利于越冬。优质苜蓿的正常生长发育，不仅需要氮、磷、钾、钙、硫等大量元素，还需要硼、钼、锌、铁等多种微量营养元素。长期种植苜蓿并多次刈割，不但使土壤中的大量元素不断流失，而且使微量营养元素逐渐下降。有条件的地方可以测定土壤中的微量元素含量，通过施肥适时补充土壤中的微量元素。

灌溉是提高苜蓿产草量的重要措施，因此在有灌溉条件的地方，应适时适量灌溉，以促进生长，增加产量。但随着灌水量的增加，苜蓿品质有下降趋势。苜蓿又忌积水，降雨后造成积水时应及时排除，以防烂根死亡。

苜蓿常见病害有菌核病、霜霉病、锈病、褐斑病、白粉病等，发现病害后应及时拔除病株，或提前刈割，或用石灰硫黄合剂、福美双、甲基托布津、波尔多液、粉锈宁、多菌灵等药物进行防治。苜蓿常见的害虫有螟虫、盲椿象、蚜虫、潜叶蝇、豆圆青、蓟马等，上述害虫一旦发现应及时用辛硫磷、马拉硫磷、吡虫啉、敌百虫等药物驱杀。

3. 收获

苜蓿的适宜刈割时间为初花期。若刈割过早，虽饲用价值高，但产草量低；若刈割过迟，虽产草量高，但品质下降明显。秋季最后一次刈割应在早霜来临前一个月，过迟会降低根和根茎中碳水化合物的贮藏量，对越冬和第二年春季生长不利。刈割留茬高度一般为4~5 cm，但越冬前最后一次刈割时留茬应高些，约为7~8 cm，这样能保持根部营养和固定积雪，有利于苜蓿越冬。在攀西地区，苜蓿常年青绿，可刈割5~7次。鲜草产量一般为15~60 t/hm²，水肥条件好时可达75 t/hm²以上。由于水热条件好，光照充足，"盛世"在西昌的年鲜草产量达101.525 t/hm²，干草产量达22.575 t/hm²。各次刈割的产量以第一茬最高，约占总产量的50%左右，第二茬约为总产量的20%~25%，第三茬和第四茬为10%~15%。

五、饲用价值与利用

苜蓿是各种畜禽均喜食的优质牧草，粗蛋白质含量高，氨基酸种类齐全，含量丰富，且消化率高、适口性好，被誉为"牧草之王"。苜蓿的营养价值随苜蓿的生育阶段而异，幼嫩时粗蛋白质含量高，而粗纤维含量低。但随着生长阶段的延长，苜蓿的粗蛋白质含量减少，而粗纤维含量显著增加，且茎叶比增大。

苜蓿不论青饲、放牧或是调制干草和青贮均可。青饲是苜蓿的一种主要利用方式，每头每天的喂量一般为：泌乳母牛20~30 kg，青年母牛10~15 kg，绵羊5~6 kg，兔0.5~1.0 kg，成年猪4~6 kg，断乳仔猪1 kg，鸡50~100 g。喂猪禽时应切碎或打浆，且只利用植株上半部的幼嫩枝叶，而下半部较老枝叶则用于饲喂大家畜。

苜蓿的干草或干草粉是家畜的优质蛋白质和维生素补充料。但在饲喂单胃动物时喂量不宜过多，否则对其生长不利。如鸡日粮中有20%的苜蓿粉时，生长显著下降，并使产蛋率降低。一般鸡的日粮中苜蓿粉可占2%~5%；猪日粮以10%~15%为宜。牛日粮中可占25%~45%或更多，羊日粮可占50%以上，在肉兔的日粮中以30%左右最佳。

调制青贮饲料是保存苜蓿营养物质的有效方法，苜蓿青贮料也是家畜的优质饲料。苜蓿可采用半干青贮单独青贮，也可与禾草混贮，效果更好。

此外，研究表明，苜蓿含有多种具有生理和药理活性的黄酮类化合物、皂苷、香豆素、绿原酸等有效物质，国内外正研究将其开发为保健食品和功能产品。紫花苜蓿提取总黄酮具有大田作物产量高、原料易得、生产工艺简便的优

点，同时提取黄酮后的草渣仍是营养丰富、品质优秀的饲草，提取黄酮提高了苜蓿的经济附加值，具有重要的现实意义。

六、毒性反应

苜蓿青草中含有大量的皂苷，其含量为 0.5%～3.5%，它们能在牛羊瘤胃内形成大量泡沫，阻塞嗳气排出，导致臌胀病。青饲时应在刈割后调萎 1～2 h，放牧前先喂一些干草或粗饲料，在有露水和未成熟的苜蓿地上不要放牧，禾草混播等措施均可防止臌胀病的发生。

攀西地区紫花苜蓿品种引种区划参考表如表 5-1 所示。

表 5-1　攀西地区紫花苜蓿品种引种区划参考表

生态类型	平均气温	秋眠级	品　种	播种期
攀枝花市 会理—雷波金沙江干热河谷区	≥20℃	8～9	CUF101	春、夏、秋
西昌—冕宁安宁河谷区	17℃	7～8	四季绿　盛世　威可	春、夏、秋
普格—甘洛二半山区	15～16℃	5～6	维多利亚　皇冠　飞马 CW608　CW68	春末夏初
木里—盐源高半山区	≤12℃	3～5	改革者　胜利者　爱菲尼特 金钥匙　德龙　德福　德宝 赛特　三得利　射手	夏初

第二节　三叶草属牧草

一、白三叶

学名：*Trifolium repens* L.
别名：白车轴草、荷兰翘摇

（一）起源与分布

白三叶原产于欧洲和小亚细亚，16 世纪后期，荷兰最先栽培，17 世纪传入英国，随后传入美国、新西兰等国。现在世界温带和亚热带地区广泛种植。我国西南、华中、华北、东北等地区均有种植。云南、贵州、湖南、江苏等省区栽培情况良好，是南方广为种植的豆科当家牧草。

（二）形态特征

白三叶为三叶草属多年生草本植物。一般寿命为 8～10 年。主根较短，侧根发达，根系浅，根群集中于 10～20 cm 表土层，根上着生许多根瘤。植株丛基部分枝较多，通常可分枝 5～10 个；茎细长，光滑无毛，主茎短，有许多节间，长 30～60 cm，匍匐生长，茎节处着地生根，并长出新的匍匐茎，不断向四周扩展，侵占性强，单株占地面积可达 1 m² 以上。掌状三出复叶，互生，叶柄细长直立，长 15～25 cm。小叶倒卵形至倒心形，长 1.2～3 cm，宽 0.4～1.5 cm，先端圆或凹，基部楔形，边缘具细锯齿，叶面中央具 "V" 字形白斑；托叶细小，膜质，包于茎上。叶腋有腋芽，可发育成花或分枝的茎。头形总状花序，着生于自叶腋抽出的比叶柄长的花梗上。花小而多，一般 20～40 朵，多的可达 150 朵，白色，有时带粉红色，异花授粉。荚细狭长而小，荚壳薄，易破裂，每荚含种子 1～7 粒，常为 3～4 粒；种子心脏形，黄色或棕黄色，细小，千粒重 0.5～0.7 g，硬实多。

（三）适应性

白三叶喜温暖湿润气候，生长适宜温度为 15～25℃。适应性较其他三叶草广，耐热性、抗寒性较红三叶、杂三叶为强。喜湿润环境，年雨量不宜小于 600～800 mm，在干旱土壤上生产力不高，但在相当干旱的天气下也能存活，能耐湿，可耐 40 多天的积水。耐荫，在果园下也能生长。对土壤要求不严，只要排水良好各种土壤皆能生长，尤喜富含钙质及腐殖质的黏质土壤。能耐瘠、耐酸，适宜土壤 pH 6～7，在土壤 pH 4.5 地区仍可生长，但耐盐碱能力差。

白三叶是各种三叶草中生长最慢的一种，9 月底秋播者至次年 4 月下旬现蕾时，茎短叶茂，草层仍较低矮。5 月中旬盛花，花期长，可持续数月之久。开花期间草层高度始终在 20 cm 左右，变化甚小。再生力极强，为一般牧草所不及。夏季高温干旱时生长不佳。白三叶分小叶型白三叶（野生白三叶）、中等白三叶（普通白三叶）与大叶型白三叶（如 "拉丁诺" 白三叶）三种类型。四川农业大学和雅安市畜牧局选育的 "川引拉丁诺" 白三叶株体较普通白三叶大，每年可刈割 4～5 次，产草量可以超过苜蓿，该品种适应性较强、品质好、产量高，年产量约 11.25 t/hm²。

（四）建植与田间管理

1. 播种

白三叶种子很小，播前应精细整地。结合整地施足底肥，底肥以有机肥和磷肥为主，在酸性过强的土壤上应施石灰。不论种过白三叶与否的地块，都应接种

根瘤菌。

白三叶春秋季均可播种，如高海拔山区不宜迟于 9 月中下旬，否则易受冻害。单播每公顷需种子 3.75~7.50 kg 左右。行距 30 cm，播深 1.0~1.5 cm。一般宜与红三叶和黑麦草、鸭茅、牛尾草等混种，尤宜与丛生禾本科牧草如鸭茅混种，以充分利用其丛生时留下的隙地。混种时，播量按禾豆比 2:1 计算，每公顷白三叶种子用量为 1.5~3.7 kg。由于白三叶较耐荫，许多地方用之与粮食作物间、套作。四川农业大学在雅安市用白三叶与玉米间作，收获玉米 14 t/hm²、白三叶干草 7.6 t/hm²。贵州省惠水县白三叶与玉米间作采取的方式为：一是在白三叶草地上挖穴点播玉米，行株距 1 m×0.3 m，单株留苗；二是在条播白三叶行点播玉米，行株距 1.2 m×0.4 m，双株留苗。这种种植方式，均可有效地抑制杂草，并能增进土壤肥力，在坡地上又能保持水土。

2. 田间管理

白三叶苗期生长缓慢，应注意适时中耕除草。一旦长成即竞争力很强，不必再行中耕。但由于它草层低矮，高大杂草往往超出草层之上，影响光照，必须注意经常清除，易拔的可拔除，不易拔或劳力不允许时可刈割。白三叶草地每年应根据土壤磷钾肥缺乏情况追施磷钾肥，依土壤水分情况适时排灌。混播草地中禾本科牧草生长过旺时，应经常刈割，以利于白三叶生长。

3. 收获

白三叶在初花期即可刈割，春播当年，每公顷可收鲜草 12.25~15 t，第二年可刈割多次，鲜草产量可达 37.5~45 t，高者可达 75 t 以上。

（五）饲用价值与利用

白三叶茎叶细软，叶量特别多，营养丰富，富含蛋白质，适口性好。据测定，三叶草属牧草可消化率较苜蓿低，而总消化营养成分及净热量较苜蓿略高。三叶草干物质总产量随生育期而增高，但蛋白质的含量随生育期延长而逐渐降低，纤维素随生育期推迟而迅速增加。

白三叶茎枝匍匐，再生力强，耐践踏，适宜放牧利用，是温带地区多年生放牧地不可缺少的豆科牧草。高产奶牛可从白三叶牧地获得所需营养的 65%。四川农学院（四川农业大学前身）把白三叶加入奶牛日粮中，用以取代粗饲料，3 d 后即提高产奶量 11.87%，净收益增加 23.7%~34.6%。肉牛放牧于良好的白三叶草地不需补饲精料，如贵州省威宁彝族回族苗族自治县用本地老龄黄牛作育肥试验，在补播的白三叶草地终日放牧，不补任何精料，日增重可达 902 g。放牧反刍家畜，混播草地白三叶与禾本科牧草应保持 1:2 的比例为宜。这样既可获得单位面积最高干物质和蛋白质产量，又可防止牛羊等食入过量的白三叶引起臌胀病。在混播草地上应施行轮牧，每次放牧后应停牧 2～3 周，以利牧草再生。白三叶单播草地可放牧猪、禽，也可刈割饲喂。此外，白三叶也是良好的水土保持与庭院绿化植物。

（六）品种

我国栽培的白三叶品种多为中叶型和大叶型，分别如"胡依阿"和"川引拉丁诺"等品种。另外，"鄂牧一号"是湖北省农科院以品种"瑞加"为原始材料，选育的耐旱、耐热品种。

二、红三叶

学名：*Trifolium pratense* L.

别名：红车轴草、红荷兰翘摇

（一）起源与分布

红三叶原产小亚细亚及南欧，早在公元 3—4 世纪欧洲即开始栽培，现为欧洲各国、美国、新西兰等海洋性气候国家最重要的豆科牧草之一。我国新疆、湖北及西南地区有野生种分布，栽培种为 20 世纪 20 年代引进，已在西南、华中、华北南部、东北南部和新疆等地栽培，野生种也已试种成功，是南方许多地区和北方一些地区较有前途的栽培草种。

（二）形态特征

红三叶为三叶草属短期多年生草本植物，一般寿命 2～4 年。红三叶为直根系，主根入土 60～90 cm，侧根发达，约 60%～70% 的根系分布在 0～30 cm 土层中，着生多数根瘤。红三叶分枝能力强，单株分枝 10～15 个或更多。茎圆形，中空，直立或斜生，高 60～100 cm。掌状三出复叶，小叶卵形或长椭圆形，边缘近全缘，叶面有灰白色"V"形斑纹。叶柄长，托叶阔大，膜质，有紫脉纹，先端尖锐。茎叶各部均具茸毛。头形总状花序，聚生于茎梢或自叶腋处长出，每个花序有小花 50～100 朵，花冠红色或紫色。荚果小，横裂，每荚含 1 粒种子。种子椭圆形或肾形，棕黄色或紫色，千粒重 1.5～2.2 g。

（三）适应性

红三叶喜温凉湿润气候。在夏天不太热、冬天又不太寒冷的地区最适宜种植，生长期适宜温度为 15～25℃，能耐 −8℃ 低温，但耐寒力不及苜蓿和草木樨。不耐热，昼温 35℃、夜温 27℃ 时根中贮藏的养分减少，持续高温和昼夜温差小时，常成株死亡。耐湿不耐旱，适宜在年降水量 600～800 mm 地区生长。红三

叶喜富含钙质的肥沃黏壤土或粉沙壤土，pH 6.6~7.5 为宜，较耐酸，但耐碱性较差。

（四）建植与田间管理

1. 播种

红三叶生长期短，根系发达且根瘤多，不易木质化，翻后易腐烂，宜在短期轮作中利用，忌连作。

在攀西地区，春秋播种均可，以 9 月播种为最好。秋播过迟，当年极为矮小，不分枝，严重影响次年产量。单播时每公顷需种子 11.5~15.0 kg，收种的可稍减。条播，行距 15~30 cm，覆土深度 1~2 cm。第一次种红三叶的土壤接种根瘤菌效果显著。红三叶早期生长慢，耐寒性差，可与麦类、油菜等间套作，利用这些作物保苗越冬，同时又可收一季作物。伴生作物播种量为正常播量的 25%~50%。红三叶与黑麦草生长习性接近，两者混种效果好，播种量以 1∶1 为宜（每公顷各用种子 7.5~10.0 kg），且应同时间行播种。

2. 田间管理

在瘠薄地种植时，每公顷施有机肥约 15 t。施用有机肥不仅可以供给牧草生长所需要的养分，且可供给土壤微生物及根瘤所需的有机质，使根瘤及早发生。如用化学肥料，每公顷可施 300 kg 过磷酸钙、150 kg 钾盐（或 375~450 kg 草木灰），磷钾肥可同时施用。酸性土壤可施用石灰，每次刈割后应酌量施用氮肥。苗期可中耕 1~2 次，以后每次刈割时，只要注意把杂草同时刈割干净就不必再中耕。土壤板结时用钉齿耙破除。每次刈割后要依土壤缺磷钾的情况进行追肥，干旱地区应注意适时灌溉。尤其 7—8 月高温期灌水降低土温，有利于安全越夏。适时防治病虫害。

3. 收获

红三叶生长发育较苜蓿慢，因而第一次刈割时期比苜蓿稍迟，一般应于初花至盛花期刈割。在现蕾、初花前只见叶丛，鲜见茎秆，草层高度大于植株高度（茎长）；现蕾开花后茎秆迅速延伸，易倒伏。延期收割，常因倒伏、郁闭、降低饲草品质和再生能力。一般在草层高度达 40~50 cm 时，无论现蕾开花与否均可考虑刈割。

（五）饲用价值与利用

红三叶在现蕾以前叶多茎少，现蕾期茎叶比例接近 1∶1，始花期 1∶0.65，盛花期 1∶0.46。早期刈割的红三叶，草质柔嫩，品质较好。

红三叶是很好的放牧型牧草，放牧牛、羊时发生臌胀病也较苜蓿少，但仍应

注意防止。红三叶是新西兰最重要的豆科牧草，每公顷干物质产量一般为 9.5～
10.8 t。每月割一次，集约管理的可达 26 t。常与白三叶、黑麦草混种供放牧之
用。红三叶草地又是放牧猪禽的良好牧场，仅次于苜蓿和白三叶。红三叶刈制的
干草所含消化蛋白质低于苜蓿，而所含净能则略高，是乳牛、肉牛和绵羊的优质
饲料，但需多喂一些蛋白质补充料。良好的红三叶干草也可代替苜蓿干草喂肥育
猪和种猪，用作育肥猪维生素补充饲料时则效果与苜蓿干草相同。

第三节　野豌豆属牧草

一、光叶紫花苕

学名：*Viciavillosa Rothvar.*
别名：光叶紫花苕子、稀毛苕子

（一）起源与分布

光叶紫花苕最早在美国俄勒冈州种植，以后在其东南部诸州均有栽培。我国
于 20 世纪 40 年代引入江苏，之后在河南、山东、安徽、湖北、云南、四川等省
推广栽培，总面积曾达 7 万 hm² 以上。在江苏及云南等省曾选育出早熟品种，生
产性能良好，成为目前主要的栽培草种。在甘肃、新疆等省区可以春播，但其产
量不及毛叶苕子。

（二）形态特征

光叶紫花苕为野豌豆属越年生或一年生草本。其主根粗壮，入土深达 1～
1.5 m，侧根发达；主茎不明显，有 2～5 个分枝节，一次分枝 5～20 个，2～3 次
分枝常超过 30 个，多至百余个，匍匐蔓生，长 1.5～3 m，枝四棱形中空，疏被
短柔毛。偶数羽状复叶，有卷须，具小叶 8～20 枚，短圆形或披针形，长 1～
3 cm，宽 0.4～0.8 cm，两面毛较少，托叶戟形。总状花序，花序轴长 8～
16 cm，有花 15～40 朵，花冠蝶形，红紫色。荚果矩圆形，光滑，淡黄色，含种
子 2～6 粒，种子球形，黑色。

（三）适应性

喜冷湿气候，种子发芽适温为 20～25℃，气温低至 3～5℃时地上部则停止
生长，20℃左右生长最快，也最有利于开花结荚，阴雨会影响开花授粉。耐寒性
强，当气温低于 -10～-20℃时地上部开始受冻。耐旱性强，但不及毛叶苕子，

现蕾期之前也较能耐湿。在红壤坡地以至黄淮间的碱沙土均生长良好。耐瘠性及抑制杂草的能力均强，可在 pH 4.5~5.5，质地为沙土至重黏土，含盐量低于 0.2％以下的各种土壤上种植。适应性广，自平原至海拔 3200 m 的山区均可种植，尤以海拔 1800~2500 m 最好。在凉山州的生育期在 235 d。

（四）建植与田间管理

1. 播种

单播，播种前必须翻耕松土施农家肥 7.5 t/hm²、磷肥 10 kg 作底肥或作种肥。整地后随即播种；和玉米套作应在 7 月中旬至 8 月中旬给玉米作最后一次追肥，中耕时把底肥与种子均匀播下；和土豆、荞子轮作，应在收获土豆、荞子后，立即施肥翻耕、播种、盖土。烤烟地在 8 月下旬至 9 月中旬，挖除烟根施肥翻耕，整地播种或将烟行挖松耙平播种。稻田播种于秋季水稻收割后播种。单播播量 60~75 kg/hm²，粮草套作播量 22.5~30 kg/hm²。可撒播或穴播，播后覆土 2~3 cm。

2. 田间管理

光叶紫花苕固氮能力强，一般不需要施氮肥。粮草套作应在农作物收获后，立即清除秸秆，促进光叶紫花苕的生长。

3. 收获

光叶紫花苕蕾期是最佳收草时期，这时草层一般高 40~50cm，留茬高度 10 cm。通常在越冬前 12 月份刈割一次，第二年 3~4 月再次刈割。一般条件下，鲜草产量 22.5~30.0 t/hm²。

（五）饲用价值与利用

光叶紫花苕茎叶柔嫩、营养丰富、适口性好，开花期鲜草中蛋白质达 5.55％。刈割后，可青饲，也可晒制干草。

二、毛苕子

学名：*Vicia villosa* Roth

别名：蓝花草、冬巢菜、长柔毛野豌豆

（一）起源与分布

毛苕子原产于欧洲北部，广布于东西半球的温带，主要是北半球温带地区，是世界上栽培最早、在温带国家种植最广的牧草和绿肥作物。在苏联、法国、匈牙利栽培较广。美洲在北纬 33°~37°为主要栽培区，欧洲北纬 40°以北尚可栽培。

毛苕子在我国栽培历史悠久，分布范围广，以安徽、河南、四川、陕西、甘肃等省栽培较多。

（二）形态特征

毛苕子为野豌豆属一年生或越年生草本植物，全株密被长柔毛。主根长0.5～1.2 m，侧根多。茎四棱，细软，长达2～3 m，攀缘，草丛高约40 cm。每株分枝20～30个。偶数羽状复叶，小叶7～9对，顶端有分枝的卷须；托叶戟形；小叶长圆形或披针形，长10～30 mm，宽3～6 mm，先端钝，具小尖头，基部圆形。总状花序腋生，花梗长，10～30朵花着生于花梗上部的一侧，花紫色或蓝紫色。萼钟状，有毛，下萼齿比上萼齿长。荚果矩圆状菱形，长约15～30 mm，无毛，含种子2～8粒。种子球形，黑色，千粒重25～30 g。毛苕子属春性和冬性的中间类型，偏冬性。其生育期比箭筈豌豆长，开花期较箭筈豌豆迟半月左右，种子成熟期也晚些。

（三）适应性

毛苕子喜温暖湿润的气候，不耐高温，当日平均气温超过30℃时，植株生长缓慢。生长的最适温度为20℃。耐寒性较强，能耐−20℃的低温。耐旱能力也较强，在年降水量不少于450 mm地区均可栽培。但其种子发芽时需较多水分，表土含水量达17％时，大部分种子能出苗，低于10％则不出苗。不耐水淹，水淹2 d，20％～30％的植株死亡。毛苕子喜沙土或沙质壤土。如排水良好，即使在黏土上也能生长。在潮湿或低湿积水的土壤上生长不良。耐盐性和耐酸性均强，在土壤pH 6.9～8.9之间生长良好。毛苕子耐荫性较强，在果树林下或高秆作物行间均能正常生长。

（四）建植与田间管理

1. 播种

毛苕子根系入土较深，为使根系发育良好，必须深翻土地，创造疏松的耕层。播前要施厩肥和磷肥，特别需要施用磷肥。毛苕子春播、秋播均可。南方宜秋播，播种过迟，生长期短，植株低矮，产量低。毛苕子的硬实率为15％～30％，播量应适当加大。一般收草用的播量45～60 kg/hm²，收种用的30～37.5 kg/hm²。播前进行种子硬实处理能提高发芽率。单播时撒播、条播、点播均可，以条播或点播较好。条播行距20～30 cm，点播穴距25 cm左右，收种行距45 cm，播深3～4 cm。毛苕子茎长而细弱，单播时茎匍匐蔓延，互相缠绕易产生郁闭现象。可与禾本科牧草如黑麦草、苏丹草或与燕麦、大麦等麦类作物混播。与一年生黑麦草混播比例以（2～3）：1为佳，每公顷用毛苕子30 kg、一

年生黑麦草 15 kg；与麦类混播比例 1：（1～2），每公顷用毛苕子 30 kg、燕麦 30～60 kg。混播方式以间行密条播为好。采用间、套、混种毛苕子各地有别。四川、湖南在油菜地间作毛苕子，先撒播毛苕子，然后点播油菜；江苏与胡萝卜套种，7—8 月间先种胡萝卜，9 月再条播毛苕子；苕子与苏丹草混播时，鲜草中蛋白质含量要比单播苏丹草提高 64％；毛苕子与冬黑麦混播，产草量比毛苕子单播时增产 39％，比冬黑麦单播时增产 24％。

2. 田间管理

毛苕子在播前施磷肥和厩肥的基础上，生长期可追施草木灰或磷肥 1～2 次。在土壤干燥时，应于分枝期和盛花期灌水 1～2 次。春季多雨地区应进行挖沟排水，以免茎叶枯黄腐烂，落花落荚。受蚜虫危害时可用 40％乐果乳剂 1000 倍稀释液喷杀。

3. 收获

毛苕子青饲时，从分枝盛期至结荚前均可分期刈割，或草层高度达 40～50 cm 时即可刈割利用。调制干草者，宜在盛花期刈割。毛苕子的再生性差，刈割越迟再生能力越弱，若利用再生草，必须及时刈割并留茬 10 cm 左右，齐地刈割会严重地影响其再生能力。刈后待侧芽萌发后再行灌溉，以防根茬水淹死亡。与麦类混播者应在麦类作物抽穗前刈割，以免麦芒长出降低适口性并对家畜造成危害。

（五）饲用价值与利用

毛苕子茎叶柔软，蛋白质含量丰富，无论鲜草或干草，适口性均好，各种家畜都喜食。可青饲、放牧或调制干草。四川等地将毛苕子制成苕糠，是喂猪的好饲料。毛苕子于早春分期播种，5～7 月间分批收割，以补充该阶段青饲料的不足。毛苕子也可在营养期用于短期放牧，再生草用来调制干草或收种子。南方冬季在毛苕子和禾谷类作物的混播地上放牧奶牛，能显著提高产奶量。但在毛苕子单播草地上放牧牛、羊时要防止臌胀病的发生。

三、箭筈豌豆

学名：*Vicia sativa* L.
别名：普通苕子、春箭筈豌豆、普通野豌豆、救荒野豌豆、春巢菜

（一）起源与分布

箭筈豌豆原产于欧洲南部和亚洲西部，我国甘肃、陕西、青海、四川、云南、江西、江苏、台湾等省（区）的草原和山地均有野生分布。现在西北、华北

地区种植较多，其他省（区）亦有种植。其适应性强，产量高，是一种优良的草料兼用作物。

（二）形态特征

箭筈豌豆为一年生草本。主根肥大，入土不深，侧根发达。根瘤多，呈粉红色。茎较毛苕子粗短，有条棱，多分枝，斜生或攀缘，长约 80～120 cm。偶数羽状复叶，具小叶 8～16 枚，顶端具卷须，小叶倒披针形或长圆形，先端截形凹入并有小尖头。托叶半箭头形，一边全缘，一边有 1～3 个锯齿，基部有明显腺点。花 1～3 朵生于叶腋，花梗短；花冠蝶形，紫色或红色，个别白色。荚果条形，稍扁，长 4～6 cm，每荚含种子 7～12 粒。种子球形或扁圆形，色泽因品种不同而呈黄色、粉红、黑褐或灰色，千粒重 50～60 g。

（三）适应性

箭筈豌豆性喜凉爽气候，抗寒性较毛苕子差，当苗期温度为−8℃、开花期为−3℃、成熟期为−4℃时，大多数植株会受害死亡。耐旱能力和对土壤的要求与毛苕子相似。耐盐力略差，适宜的土壤 pH 为 5.0～6.8，对长江流域以南的红壤、石灰性紫色土、冲积土都能适应。箭筈豌豆为长日照植物，缩短日照时数，植株低矮，分枝多，不开花。

（四）建植与田间管理

箭筈豌豆是各种谷类作物的良好前作，它对前作要求不严，可安排在冬作物、中耕作物及春谷类作物之后种植。北方宜春播或夏播，南方宜 9 月中下旬秋播，迟则易受冻害。箭筈豌豆种子较大，用作饲草或绿肥时，每公顷播种量 60～75 kg，收种时 45～60 kg。箭筈豌豆单播时容易倒伏，影响产量和饲用品质，通常与燕麦、大麦、黑麦、苏丹草等混播，混播时箭筈豌豆与谷类作物的比例应为 2∶1 或 3∶1，这一比例的蛋白质收获量最高。箭筈豌豆的播种方式方法及播后田间管理与毛苕子相似。

箭筈豌豆收获时间因利用目的而不同。用于调制干草的，应在盛花期和结荚初期刈割；用作青饲的则以盛花期刈割较好。如利用再生草，注意留茬高度，在盛花期刈割时留茬 5～6 cm 为好；结荚期刈割时，留茬高度应在 13 cm 左右。种子收获要及时，过晚会炸荚落粒，当 70% 的豆荚变成黄褐色时清晨收获，每公顷可收种子 1500～2250 kg，高者可达 3000 kg。

（五）饲用价值与利用

箭筈豌豆茎叶柔软，叶量大，营养丰富，适口性好，是各类家畜的优良牧

草。茎叶可青饲、调制干草和放牧利用。籽实中粗蛋白质含量高达 30%，较蚕豆、豌豆种子蛋白质含量高，粉碎后可作精饲料。箭筈豌豆籽实中含有生物碱和氰苷两种有毒物质，饲用前需进行去毒处理。箭筈豌豆生物碱含量为 0.1%～0.55%，略低于毛苕子。氰苷经水解酶分解后放出氢氰酸，不同品种的含量在 7.6～77.3 mg/kg 之间。氢氰酸遇热挥发，遇水溶解，因此，箭筈豌豆籽实经烘炒、浸泡、蒸煮、淘洗后，氢氰酸含量可下降到规定标准以下。此外，也可选用氢氰酸含量低的品种或避开氢氰酸含量高的青荚期饲用，并禁止长期大量连续饲喂，均可防止家畜中毒。

第四节　百脉根

学名：*Lotus corniculatus*
别名：五叶草、鸟趾豆、牛角花

一、起源与分布

百脉根原产于欧洲和亚洲的湿润地带。17 世纪欧洲已确认百脉根的农业栽培价值，并被广泛用于瘠薄地的改良利用和饲草生产。美国在 130 年前引入百脉根栽培，目前已种植 93 万多 hm^2。现分布于整个欧洲、北美、印度、澳大利亚、新西兰、朝鲜、日本等地。我国华南、西南、西北、华北等地均有栽培，在四川、贵州、云南、湖北、新疆等地有野生种。各地引种试验表明，百脉根是我国温带湿润地区一种极有价值的豆科牧草。

二、形态特征

百脉根为百脉根属多年生草本。主根粗壮，侧根发达。茎丛生，高 60～90 cm，无明显主茎，斜生或直立，分枝数达 70～200 个，光滑无毛。三片小叶组成复叶，托叶大，位于基部，大小与小叶片相近，被称为"五叶草"。伞形花序顶生，有小花 4～8 朵，花冠黄色。荚果长而圆，角状，聚于长柄顶端散开，状如鸟趾，固有"鸟趾豆"之称，每荚有种子 10～15 粒。种子肾形，黑色，橄榄色或墨绿色，千粒重 1～1.2 g。

三、适应性

百脉根喜温暖湿润气候，有较强的耐旱力，其耐旱性强于红三叶而弱于紫花苜蓿，适宜的年降雨量为 210～910 mm，最适年降雨量为 550～900 mm，耐短期水淹。对土壤要求不严，各类土壤均能生长，适宜土壤 pH 4.5～8.2，结瘤的最适 pH 为 6～6.5。百脉根耐热能力很强，在高达 36.6℃的气温持续 19 d 的情况下，仍表现叶茂花繁，其耐热性较苜蓿和红豆草强。抗寒力较差，北方寒冷而干燥的地区不能越冬。在温带地区，百脉根全生育期为 108～117 d。百脉根耐牧、耐践踏，再生力中等，病虫害少。

草地麦库大百脉根在昆明播种当年处于营养生长阶段，3 月下旬返青，6—10 月生长最旺盛，12 月中旬枯黄，下旬地上部分枯死，绿期 270 d，第一、二年平均干草产量 2200 kg/hm²。

四、建植与田间管理

1. 播种

百脉根种子细小，幼苗生长缓慢，竞争力弱，易受杂草抑制，要求播前精细整地，创造良好的幼苗生长条件，苗期应加强管理。百脉根种子硬实率达 20%以上，播前应进行硬实处理，以提高出苗率。百脉根要求专性根瘤菌，播前要进行根瘤菌接种。春播、夏播、秋播均可，但秋播不宜过迟，否则幼苗易冻死。播种量为 6～10 kg/hm²，条播行距 30～40 cm，播深 1～1.3 cm。播前结合深耕，每亩施硝酸铵 5～10 kg，促进幼苗生长。百脉根可与无芒雀麦、鸭茅、高羊茅、早熟禾等禾本科牧草混播，既可防止百脉根倒伏和杂草入侵，又能组成良好的放牧场或割草场。百脉根的根和茎均可用来切成短段扦插繁殖。

2. 田间管理

百脉根播种后，利用年限较长，耗肥量较大，因此，要结合秋耕深翻一次施足底肥，每公顷施有机肥 22.5～37.5 t、标准过磷酸钙 375～750 kg。在上年前作收获后即应伏耕、秋耕，灭茬除草。旱作地秋季耙糖保墒蓄水，冬季镇压保墒，灌区要进行冬灌泡地，冬春耙糖镇压保墒。

3. 收获

百脉根以初花期刈割最好，其产量较低，一般每年可收获 2～3 次。百脉根每年春季只从根茎产生一次新枝，放牧或刈割后的再生枝条多由残枝腋芽产生，因而控制刈割高度和放牧强度以保 6～8 cm 留茬，是其再生性良好的关键。

五、饲用价值与利用

百脉根茎细叶多，具有较高的营养价值，其适口性好，各类家畜均喜食，特别是羊极喜食。百脉根的干物质消化率分枝前期为 75.2%，分枝后期为 73.5%，孕蕾期为 67.5%，盛花期为 60.9%，种子开始形成时为 53.7%。百脉根春季返青早，耐炎热，夏季其他牧草生长不佳时，百脉根仍生长良好，可提供较好的牧草，除放牧外，尚可青饲、青贮或调制干草。收获期对营养成分的影响不很大，

据分析，干物质中蛋白质含量在分枝期为 28%，开花期为 21.4%，结荚期为 17.4%，盛花期茎叶比为 1∶1.32。种子成熟后茎叶仍保持绿色，并不断产生新芽使植株保持鲜嫩，草层枯黄后草质尚好。百脉根由于含有抗臌胀物质——单宁，反刍家畜大量采食不会引发臌胀病。

第五节　草木樨属牧草

一、白花草木樨

学名：*Melilotus albus* Desr.
别名：白甜车轴草、白香草木樨

（一）起源与分布

白花草木樨原产于亚洲西部，现广泛分布于欧洲、亚洲、美洲、大洋洲等地。我国 1922 年引进种植，在东北、华北、西北、西南、江浙等地均有分布。白花草木樨除做饲草利用外，还是重要的水土保持植物、绿肥。在退耕还草和改良天然草地时是首选草种之一。

（二）形态特征

白花草木樨为二年生草本植物。主根粗壮，深达 2 m 以上，侧根发达。茎粗直立，圆而中空，高 1~4 m。羽状三出复叶，小叶细长，椭圆形、矩圆形、倒卵圆形等，边缘有疏锯齿。花白色，总状花序腋生。荚果卵圆形或椭圆形，无毛，含种子 1~2 粒。种子椭圆形、肾形等，黄色以至褐色，千粒重 2.0~2.5 g。全株与种子均具有香草气味。

（三）适应性

白花草木樨喜阳光，具有较强的抗旱、耐寒、耐瘠薄、耐盐碱能力，抗逆性优于紫花苜蓿。白花草木樨耐寒性较强，在日均地温稳定在 3.1~6.5 ℃时即开始萌动，第一片真叶期可耐−4℃的短期低温，成株可在−30℃的低温下越冬。抗旱能力强，在年降水量 300~500 mm 的地方生长良好。对土壤要求不严，除低洼积水地不宜种植外，其他土壤均可种植。种植当年，地上部生长缓慢，不开花或少量开花；翌年早春返青后生长迅速，并在 5—7 月开花结实。白花草木樨适应性强，对土壤要求不严，但最适宜在湿润肥沃的沙壤土上生长。

（四）建植与田间管理

1. 播种

草木樨种子小，顶土力弱，播前要精细整地，每公顷施 300 kg 的磷、钾肥。种子硬实率高，需划破种皮或冷冻低温处理，或用 10％的稀硫酸浸泡 30～60 min。春播、秋播均可。草木樨种子细小，应浅播，以 1.5～2 cm 为宜。播种方法可条播和撒播。条播行距 20～30 cm，条播播种量为 11.25 kg/hm²，撒播为 15 kg/hm²。为了播种均匀，可用 4～5 倍于种子的沙土与种子拌匀后播种。

2. 田间管理

播种当年要及时中耕除草，以利幼苗生长。在分枝期，刈割后要追施磷、钾肥，并及时灌溉、松土等。追施磷肥可显著增加产草量和种子产量。种子田要注意在现蕾至盛花期保证水分充足，而在后期要控制水分。常见病害有白粉病、锈病、根腐病，可进行早期刈割或用粉锈宁、百菌清、甲基托布津等药物防治。常见虫害有黑绒金龟子、象鼻虫、蚜虫等，可用甲虫金龟净、马拉硫磷等药物驱杀。

3. 收获

青饲在株高 50 cm 开始刈割，调制干草在现蕾期刈割。白花草木樨刈割后新枝由茎叶腋处萌发，因此要注意留茬高度，一般 10～15 cm。早春播种当年每公顷可产鲜草 15～30 t，第二年 30～45 t，高者可达 60～75 t。采种均在生长的第二年进行。种子成熟不一致，易脱落，采收要及时。

（五）饲用价值与利用

白花草木樨质地细嫩，营养价值较高，含有丰富的粗蛋白质和氨基酸，是家畜的优良饲草。可青饲、放牧利用，也可以调制成干草或青贮饲料后饲喂。青饲喂奶牛每日 50 kg，羊 7.5～10.0 kg，猪 3.0～4.5 kg。草木樨种子营养价值高，加工后可作精料利用。

白花草木樨株体内含有香豆素，其含量为 1.05％～1.40％，具有苦味，影响适口性。因此，饲喂时应由少到多，数天之后，家畜开始喜食。草木樨调制成干草后，香豆素会大量散失，所以其干草的适口性较好。香豆素在霉菌的作用下，可转变为双香豆素，抑制家畜肝中凝血原的合成，破坏维生素 K，延长凝血时间，致使出血过多而死亡。因此，霉变的草木樨不能饲喂。

二、黄花草木樨

学名：*Melilotus officinalis* Desr.

别名：黄甜车轴草，香草木樨、金花草

黄花草木樨原产欧洲，在欧洲各国被认为是重要牧草，亚洲栽培较少。我国西北、华北、东北等地栽培较多，东北、华北、西北、西藏、四川和长江流域以南都有野生种。

黄花草木樨茎叶繁茂，营养丰富，为优良牧草，亦可作绿肥和水土保持及蜜源植物。黄花草木樨产草量比白花草木樨要低，但抗逆性比白花草木樨要强，在白花草木樨不能很好生长的地区，可以种植黄花草木樨，栽培和利用技术与白花草木樨相同。

第六节　黄芪属牧草

黄芪属又叫紫云英属，为一年生或多年生草本或矮灌木，除大洋洲外，世界亚热带和温带地区均有分布。本属植物约 1600 种，我国约有 130 种。

一、鹰嘴紫云英

学名：*Astragalus. cicer* L.

别名：鹰嘴黄芪

（一）起源与分布

鹰嘴紫云英原产于欧洲，我国 20 世纪 70 年代初从美国、加拿大引入，在我国北方种植表现良好。鹰嘴紫云英是优良的水土保持植物，花期长，又是良好的蜜源植物。

（二）形态特征

鹰嘴紫云英为多年生根蘖型草本植物。根状茎发达，在表土中向四周匍匐生长。茎匍匐或半直立。奇数羽状复叶，小叶长椭圆形。总状花序腋生，有花 5～40 朵，花冠白色或浅黄色。荚果膀胱状，幼时有黄色茸毛，成熟后变为黑褐色，先端有钩尖，形似鹰嘴，黑色，内含种子 3～11 粒。种子肾形，黄色，有光泽，千粒重 7～8 g。

（三）适应性

鹰嘴紫云英性喜冷凉湿润气候，耐寒，耐高温。适宜的年降水量为 500～600 mm。耐瘠薄能力比紫花苜蓿强，亦耐酸，不耐盐碱和水渍。适宜在排水良好、土层深厚的酸性和中性土壤上种植。生活年限较长，但 5 年以后产量下降。

（四）建植与田间管理

鹰嘴紫云英种子硬实率高，播前需进行处理。春播、秋播均可。最好条播，行距 30～40 cm，播种量 7.5～15.0 kg/hm²，播深 2～3 cm。也可用枝条或根茎进行无性繁殖。幼苗期生长缓慢，易受草害，应及时中耕除草。在生长期间如遇干旱，需进行灌溉。当株高在 40～50 cm 时，可刈割青饲利用，调制干草或青贮饲料则在开花期刈割，放牧利用在株高 30～40 cm 时进行。北方年刈 2～3 次，产鲜草 45～60 t/hm²；南方年刈 3～4 次，鲜草产量 60～67.5 t/hm²；刈割留茬高度 10～15 cm。当荚果 2/3 变黄干枯时采种，一般种子产量 750～900 kg/hm²。但其籽实易受蜂类害虫危害，严重时大大降低种子产量，所以从蕾期开始至种子成熟，每隔 10～15 d 应用乐果类内吸剂药物防治 1 次。

（五）饲用价值与利用

鹰嘴紫云英茎叶柔嫩多汁，适口性好，且含皂素低，牲畜食后不会引起臌胀病。营养丰富，其品质可与苜蓿相媲美，干物质中含粗蛋白质 19.54％、粗纤维 20.37％、无氮浸出物 41.43％、粗灰分 10.61％。其干草粉在蛋鸡日粮中可占 3％～5％，肉鸡 2％～3％，母猪 30％～40％，育肥猪 15％～25％。用青贮饲料喂奶牛和肉牛，每头日喂 30～40 kg。

二、紫云英

学名：*Astragalus sinicus* L.
别名：翘摇、红花草、米布袋

（一）起源与分布

紫云英原产于中国，日本也有分布。我国长江流域及以南各地均广泛栽培，而以长江下游各省栽培最多，川西平原栽培历史悠久。近年已推广至陕西、河南等地。紫云英是我国水田主要冬季绿肥牧草。

（二）形态特征

紫云英为豆科黄芪属一年生或越年生草本植物。主根肥大，侧根发达，密集

于 15～30 cm 土层内，侧根上密生深红色或褐色根瘤。茎长 30～100 cm，直立或匍匐，分枝 3～5 个。奇数羽状复叶，小叶 7～13 片，倒卵形或椭圆形，全缘，顶端微凹或微缺，托叶卵形，先端稍尖。总状花序近伞形，腋生，小花 7～13 朵，花冠淡红或紫红色。荚果细长，顶端喙状，横切面为三角形，成熟时黑色，每荚含种子 5～10 粒。种子肾形，黄绿色至红褐色，有光泽，千粒重 3.0～3.5 g。

（三）适应性

紫云英喜温暖湿润气候，不耐寒，生长最适温度为 15～20℃，气温较高时生长不良。喜沙壤土或黏壤土，亦适应无石灰性的冲积土。不耐瘠薄，在排水不良的低湿田或保水保肥性差的沙壤土则生长不良。耐酸性较强，耐碱性较差，适宜 pH 5.5～7.5 的土壤。盐分高的土壤不宜种植紫云英，土壤含盐量超过 0.2% 紫云英就会死亡。紫云英较耐湿，发芽要有足够的水分，但忌积水，耐旱性较差，久旱会使紫云英提早开花和降低产量。紫云英出苗后 1 个月左右形成 6～7 片叶时开始分枝。开春前以分枝为主，开春后茎枝开始生长。紫云英 4 月上中旬开花，5 月上中旬种子成熟。茎在初花期生长最快，终花期停止生长。以生育期长短和开花的迟早，可分为早、中、晚熟三个类型，早熟种叶小、茎短、鲜草产量低、种子产量较高，晚熟种则相反。

（四）建植与田间管理

紫云英是轮作中的重要作物，多与水稻轮作，又是棉花等的良好前作。紫云英一般为秋播，最早可在 8 月下旬，最迟到 11 月中旬，一般以 9 月上旬到 10 月中旬为宜。紫云英硬实种子多，播前应采取碾磨、浸种或变温处理等方法，以提高发芽率。未播过紫云英的土壤应接种根瘤菌。播种量一般为 30～45 kg/hm²，与禾本科牧草如多花黑麦草混播时，每公顷播量 15 kg 即可。我国南方地区，多在水稻收获后直接撒播或耕翻土壤后撒播，也可整地后条播或点播。在播种的同时施以草木灰拌磷肥，利于萌芽和生长。紫云英种子萌发需较湿润的土壤，而幼苗及其以后的生育期需中等湿润而通气良好的土壤，故不同时期适度排灌水是一项主要的管理工作。紫云英对磷肥非常敏感，充足的磷肥能提高固氮能力，使植株生长旺盛。紫云英易感染菌核病与白粉病，前者可用 1%～2% 的盐水浸种灭菌，后者可用 1∶5 硫黄石灰粉喷治。对甲虫、蚜虫、潜叶蝇等主要虫害可用乐果、敌百虫等防治。

（五）饲用价值与利用

紫云英茎叶柔嫩，产量高，干物质中含蛋白质很高。紫云英作饲料，多用以喂猪，为优等猪饲料，牛、羊、马、兔等喜食，鸡及鹅少量采食。可青饲，也可调制干草、干草粉或青贮料。

第七节　小冠花

学名：*Coronilla varia* L.

别名：多变小冠花、绣球小冠花

一、起源与分布

小冠花原产于南欧和地中海中南、亚洲西南和北非，苏联等地均有分布。我国最早于 1948 年从美国引入，分别在江苏、山西、陕西、北京、河南、河北、辽宁、甘肃等地试种，表现良好。小冠花除饲用外，因其根系发达，适应性强，覆盖度大，能迅速形成草层，是很好的水土保持植物。同时，小冠花多根瘤，固氮能力很强，是培肥土壤的良好绿肥植物。它的花期长达 5 个月之久，也是很好的蜜源植物。

二、形态特征

小冠花是小冠花属多年生草本植物，株高 70～130 cm。根系粗壮发达，侧根主要分布在 0～40 cm 的土层中，黄白色，具多数形状不规则的根瘤，侧根上生长有许多不定芽的根蘖。茎直立或斜生，中空，具条棱，草层高 60～70 cm。奇数羽状复叶，具小叶 9～27 片，小叶长圆形或倒卵圆形，长 0.5～2.0 cm，宽 0.3～1.5 cm，先端圆形或微凹，基部楔形，全缘，光滑无毛。伞形花序，腋生，总花梗长达 15 cm，由 14～22 朵小花分两层呈环状紧密排列于花梗顶端，花初期为粉红色，后变为紫色。荚果细长呈指状，长 2～8 cm，荚上有节 3～13 个，荚果成熟干燥后易自节处断裂成单节，每节有种子 1 粒。种子细长，长约 3.5 mm，宽约 1 mm，红褐色。千粒重 4.1 g。

三、适应性

小冠花喜温暖湿润气候。生长的最适温度为 20～25℃，超过 25℃和低于 19℃时生长缓慢。种子发芽最低温度为 7～8℃，25℃发芽出苗最快，开花的适宜温度为 21～23℃。耐寒性强，能耐−30℃低温。小冠花根系发达，抗旱性很强，一旦扎根，干旱丘陵、土石山坡、沙滩都能生长。耐高温，最高气温为 36.4℃的炎热干旱条件下，其叶片仍保持浓绿。耐湿性差，在排水不良的水渍地，根系容易腐烂死亡。小冠花对土壤要求不严，在贫瘠土壤上也能生长，适宜

中性或弱碱性、排水良好的土壤，不耐强酸，以 pH 6.8～7.5 最适宜。小冠花一般春季 3 月下旬返青，4 月中旬分枝，5 月下旬现蕾开花，花期长，7 月底开始有种子成熟，结实后植株仍保持绿色，直到秋末冬初。

四、建植与田间管理

1. 播种

小冠花种子硬实率高达 70％～80％，播前采用擦破种皮、硫酸处理、温汤处理等打破硬实。播前要精细整地，施用适量的有机肥和磷肥做底肥。必要时灌一次底墒水，以利出苗。春、秋均可播种，在攀西高海拔山区可夏季播种，秋播应在当地落霜前 50 d 左右进行，以利于安全越冬。播种量每公顷 4.5～7.5 kg。条播、穴播或撒播均可。条播时行距 100～150 cm；穴播时，株行距各为 100 cm。种子覆土深度 1～2 cm。小冠花除种子播种外，也可用根蘖或茎秆扦插繁殖。根蘖繁殖时将挖出的根切去茎，分成具 3～5 个不定芽的小段，埋在湿润土壤中，覆土 4～6 cm。用茎扦插时选健壮营养枝条，切成 20～25 cm 长带有 2～3 个腋芽的小段，斜插入湿润土壤中，露出顶端。插后浇水或雨季移栽成活率高。用根蘖苗或扦插成活苗移栽时，每 1～1.5 m² 移栽 1 株，即每公顷大约用苗 6000～9000 株，种子田尤其适宜稀植。

2. 田间管理

小冠花幼苗生长缓慢，在苗期要注意中耕除草。育苗移栽后应立即灌水 1～2 次，中耕除草 2～3 次。其他发育阶段和以后各年，可不需要更多管理。

3. 收获

小冠花适宜刈割时期是从孕蕾到初花期，刈割高度不应低于 10 cm。采收种子，由于花期长，种子成熟极不一致，从 7 月便可采摘，到 9 月中旬才能结束，且荚果成熟后易断裂，可利用人工边成熟边收获。如果一次收种，应在植株上的荚果 60％～70％变成黄褐色时连同茎叶一起收割。雨季移栽最好。

五、饲用价值与利用

小冠花茎叶繁茂柔嫩，叶量丰富，各种家畜均喜食。可以青饲、调制青贮或青干草，其适口性不如苜蓿。其营养物质含量丰富，与紫花苜蓿近似。小冠花产草量高，再生性能强。在水热条件好的地区，每年可刈割 3～4 次，每公顷产鲜草 60～120 t。小冠花由于含有 β-硝基丙酸，青饲能引起单胃家畜中毒。据山西农业大学试验表明，用小冠花鲜草饲喂家兔，试验 3～4 d 家兔开始发病，其症状为精神沉郁，食欲不振，被毛蓬乱，体温偏低，进而出现神经症状，头向后仰，右前肢前伸，左前肢后蹬，口腔流涎，吞咽困难，多在发病后 1～3 d 死亡。

小冠花鲜草不能单独饲喂单胃家畜，尤以幼兔危害为大。小冠花与苜蓿、沙打旺各 1/3 饲喂，或与半干青草混合饲喂后，无不良反应。对牛羊等反刍家畜来说，无论青饲、放牧或饲喂干草，均无毒性反应，还可获得较高的增重效果，是反刍家畜的优良饲草。

第六章　暖季型豆草

暖季型豆草最适合生长的温度为 20～30℃，在-5～42℃范围内能安全存活，这类草在夏季或温暖地区生长旺盛。暖季型豆草在我国主要分布于长江以南以及以北部分地区，例如湖南、重庆、四川、云南、贵州等地。

第一节　柱花草属牧草

柱花草是豆科柱花草属的植物，又名巴西苜蓿、热带苜蓿、笔花豆，原产于南美洲和非洲等热带、亚热带国家，因柱花草耐旱、耐热、耐贫瘠且在酸性缺磷红壤中能有效吸收和利用磷，于 20 世纪 60 年代引入华南作绿肥试种，现已被广泛用于广东、海南、广西、福建和云南南部地区的人工草地建设和天然草地改良。柱花草品种繁多，经过多年的试验和生产实践，证明圭亚那花草、加勒比柱花草和灌木状柱花草等具有较大的经济价值。

一、圭亚那柱花草

学名：*Stylosanthesguianensis*（Aubl）Sw.

别名：巴西苜蓿、热带苜蓿、笔花豆

多年生丛生性草本。主根发达，深达 1 m 以上。茎直立或半匍匐，草层高 1～1.5 m。粗糙型的茎密被茸毛，老时基部木质化，分枝多，长达 0.5～2 m。羽状三出复叶，小叶披针形，中间小叶稍大，长 4.0～4.6 cm，宽 1.1～1.3 cm，顶端极尖。托叶与叶柄愈合包茎成鞘状，先端二裂。细茎型的茎较纤细，小叶较小，很少细毛。花序为数个花数少的穗状花序聚集成顶生复穗状花序。千粒重 2.04～2.53 g。

圭亚那柱花草适应性很强，是热带豆科牧草中最耐贫瘠酸性土壤的种类。喜欢排水良好、质地疏松的土壤，能耐 pH4.0 的强酸性土壤。圭亚那柱花草喜高温，怕霜冻。耐寒程度和品系有关，一般在 15℃以上生长活跃，0℃时开始落叶-2.5℃时冻死。可忍受短时间水淹，但不能在低洼积水地生长。圭亚那柱花草幼苗期，特别在前 16 周生长缓慢，在高温高湿季节生长快。

二、加勒比柱花草

学名：*Verano stylo*

别名：有钩柱花草

一年生或短期多年生草本植物。植株较矮，茎细而柔软。分枝多，丛生，全株少绒毛。三出复叶，中间小叶柄较长，叶片尖小，叶色淡。复穗状花序，花黄色。荚果有种子两粒，上粒种子有 3~5 mm 长的钩，下粒种子无钩，种皮光滑而坚实。千粒重 2.86~3.7 g。

唯一有经济价值的品种是维拉诺（Vrano）有钩柱花草，为早熟型品种，播种后 65~75 d 即可开花，一年四季均能结籽，在年降雨量 600~1700 mm 的地方生长较好。轻霜时地上部分受冻害，但根颈部能耐中霜。适宜于瘦瘠的酸性沙质土上生长，在干裂的黏土和水浸地则生长不良，对磷肥敏感。

三、灌木状柱花草

学名：*Shrubby stylo*

别名：粗糙柱花草、西卡柱花草

1. 形态特征

灌木状柱花草为多年生灌木。植株高 1~1.5 m，茎直立，叶厚，圆形或椭圆形，全株密被茸毛。三出复叶，枝叶多集中于植株上半部。复穗状花序，花黄色。种子小，种皮坚实，千粒重 2.35 g。

2. 适应性

其主要品种有西卡（Seca）柱花草，适宜在年降雨量 600~1600 mm 的地区种植，十分抗旱，抗寒性也好，顶部能耐轻霜，根颈部能耐重霜。与其他柱花草相比，更适应于黏重的土壤，在含磷低的土壤上能更有效地吸收磷。

四、建植与田间管理

1. 播种

选择排水良好、土层深厚、土质较好的沙壤土或壤土种植。播种前要翻耕松土，如土壤的酸度过高，可施用生石灰，注意施用磷肥。播前用机械划破种皮或用硫酸处理，再拌根瘤菌剂后即可播种。在攀西地区，柱花草可在 5—7 月播种。行距 40~60 cm，播种量 3.0~6.0 kg/hm²，穴播按株行距 50 cm×50 cm；而对于加勒比柱花草和灌木状柱花草，行距 25~50 cm，播种量 7.5~15.0 kg/hm²。播种后覆土深 1~2 cm。除单播外，也可混播，圭亚那柱花草与大黍、无芒虎尾

草、狗尾草、毛花雀稗等禾本科牧草混播可持久混生，能抵御杂草入侵。

2. 田间管理

柱花草苗期生长缓慢，应注意除草，结合是施氮肥。苗期后，以磷钾肥为主。6—8月的高温高湿天气注意防治炭疽病。

3. 收获

草高 80 cm 左右时可以开始刈割，留茬 25 cm。在攀西南亚热带地区，为了顺利越冬，10 底暂停刈割。

4. 饲用价值与利用

柱花草适口性好，营养丰富。粗糙型的圭亚那柱花草生长早期适口性比较差，到后期逐渐为牛喜食；细茎型的适口性很好，生长各时期都为牛、羊、兔等家畜喜食，叶量较丰富，开花期茎叶比例 1∶0.76，茎占总重 56.71％。柱花草可刈割青饲牛羊，也可调制干草，添加到猪禽日粮中代替等量精料。

第二节　银合欢

学名：*Leucaena glauca*（L.）Benth.

别名：白合欢

一、起源与分布

银合欢原产于中美洲的墨西哥，现广泛分布于世界热带、亚热带地区。我国最早引进银合欢的是台湾地区，至今已有 300 多年的历史，华南热带作物研究院于1961 年引种，现已在海南、广东、广西、福建、云南、浙江、台湾、湖北大面积栽培。

二、形态特征

乔木或灌木，植株高大，高 3～20 m。叶互生，偶数二回羽状复叶，羽片5～7 对，小叶 11～17 对；小叶长 1.7 cm，宽 5 mm，中脉偏1/3；总叶柄上有一大腺体。头状花序腋生，球形，直径约 2.7 cm，具长柄；每个花序有花 160 多朵，花白色。荚果扁平带状，长约 23 cm，每荚有种子 15～25 粒，成熟时开裂。种子褐色，扁平光亮。花期 3—4 月及 8—9 月，结实期 3—6 月及 11—12 月，种子千粒重 48 g。

三、适应性

银合欢耐热，也耐寒，生长最适温度为 25～30℃，在 10℃ 以下、35℃ 以上停止生长。银合欢根系发达，耐旱能力强，在年降水量 250 mm 的地方也能生长，年降水量 1000～2000 mm 地区生长良好，但不耐水淹。它对土壤的要求不严，最适合种植在中性或微碱性（pH 6.0～7.7）的土壤上，在岩石缝隙中也能生长。其再生力较强，每年割 4～6 次，每公顷每年产鲜嫩枝叶 45～60 t。

四、建植与田间管理

1. 播种

银合欢可种子繁殖或扦插繁殖。种子硬实多，播种前需进行热水或擦破种皮处理，以提高发芽率，最好用根瘤菌拌种。土层深厚的石灰性土壤较为理想。在机耕整地后直接播种，也可以育苗移栽。直接播种宜在 3 月，多条播，行距 60～80 cm，播种量 15～30 kg/hm²，播种后覆土 2～3 cm。育苗地则应选向阳地起平畦，畦宽 1.2 m，苗床要经常保持湿润，并注意除草，以防幼苗荫蔽致死。

2. 田间管理

幼苗长至 30～50 cm 时，便可以移栽。移栽时每穴深 0.5 m，直径 0.5 m，株行距 1 m×1 m。施基肥，有机肥用量 30～45 t/hm²，过磷酸钙 255～375 kg/hm²，石灰 100 kg/hm²。移栽后每日淋水 1 次，直到成活。

3. 收获

银合欢种植后 6～8 个月可以开始收割利用，留茬 0.3～0.5 m。收割后要注意施用氮肥和磷肥，以促进再生，50 d 后，植株高度 1.2 m 时，可以再行收割。

五、饲用价值与利用

银合欢茎叶和种子中营养物质含量丰富，且适口性好，牛、马、羊、兔喜欢采食。其叶片含大量叶黄素和胡萝卜素，可沉积在鸡皮肤和蛋黄，使之变成消费者喜好的深橘色。茎可以喂牛，叶粉是猪、鸡、兔的优质补充饲料。

六、毒性反应

银合欢虽然是热带地区一种不可多得的饲料，但它含有毒素——含羞草素（β-CN-羟基-4-氧吡啶基-α-氨基丙酸），当它进入瘤胃后便分解为强烈的致甲状腺肿物质——3，4-二羟基吡啶（DHP），从而导致家畜中毒。反刍家畜如果大量采食银合欢，会出现中毒症状。首先是脱毛，其次是食欲减退，体重下降，唾液分泌过多，步态失调，甲状腺肿大，繁殖性能减退和初生幼畜死亡。许

多研究表明，用银合欢饲喂畜禽时，在反刍动物日粮中，不能超过 25%；在非反刍动物日粮中不能超过 15%；对于放牧的反刍家畜，其干物质日采食量应控制在其体重的 1.7%～2.7%以内。

第三节　绿叶山蚂蟥

学名：*Desmodium intortum*

别名：旋扭山蚂蟥

一、起源与分布

绿叶山蚂蟥原产于中美洲热带地区，澳大利亚引入作为沿海地区改良草地的重要牧草之一。我国 1974 年从澳大利亚引入，在广西、广东栽培，生长良好。

二、形态特征

绿叶山蚂蟥为多年生草本植物。其根系发达，主根入土较深，细侧根多。茎粗壮，分枝长 1.3～8 m，匍匐蔓生，茎节着地向下生根。三出复叶互生，卵状菱形或椭圆形，小叶软纸质，腹面常有棕红色或紫色斑点，两面被柔毛。总状花序腋生，花冠淡紫红色。荚果弯曲，每荚有种子 7～8 粒。千粒重 1.3 g。

三、适应性

绿叶山蚂蟥喜欢温暖湿润环境，最适宜生长在气温 25～30℃、年降水量 900～1270 mm 中亚热带以南的沿海地区。30℃以上时，生长稍受抑制。不耐严寒，生长温度的低限为 15℃，在此温度以下，仅能维持生命，或地上部分枯死。一般轻霜嫩枝叶受冻害，重霜可使地上部干枯。喜光，也耐荫蔽，在高禾草的遮阴下能正常生长发育。对土壤适应性强，从沙土到黏壤土都能生长，但在板结、坚实、通气不良的重黏土上生长发育不良，在腐殖质土和沙壤土上生长发育最好，最适 pH 值为 5.5～6.5。

四、建植与田间管理

1. 播种

绿叶山蚂蟥可种子及扦插繁殖。种子播种前需进行硬实处理，并用根瘤菌剂拌种，宜春、秋两季播种，条播，行距 30～45 cm，播深 2～3 cm，每公顷播量 3.75～7.5 kg；扦插时宜选生长 1 年的中等老化枝条作插条，扦条下部浸根瘤菌泥浆最佳，雨季扦插容易成活。

2. 田间管理

施肥有显著增产效果，因此可结合整地每公顷施厩 7.5～15 t，磷肥 150～225 kg 作基肥。绿叶山蚂蟥幼苗期生长较弱，应及时中耕除草。

3. 收获

绿叶山蚂蟥株丛大，叶量多，一年可刈割 2～3 次，除播种当年产量稍低外，每公顷产鲜草 60 t 以上。刈制干草宜在花前进行。收获种子应在荚果黄褐时及时采收，过晚易落粒。

五、饲用价值与利用

绿叶山蚂蟥其叶质柔软，适口性较好，猪、兔、鱼均喜食。茎叶营养价值高，可放牧利用，也可调制干草。现已成功地将人工干燥的绿叶山蚂蟥叶片作为苜蓿草粉的代用品，用于喂饲牛羊。

第四节　截叶胡枝子

学名：*Lespedeza cuneata*（Dum. Cour.）G. Don

别名：截叶铁扫帚、千里光、半天雷、绢毛胡枝子、小叶胡枝子

一、起源与分布

截叶胡枝子原产于东亚温带，野生种分布于巴基斯坦、印度、日本。在我国分布于山东、河南、陕西中部，直至广东、云南各地。

二、形态特征

截叶胡枝子为胡枝子属灌木。根系入土深，侧根发达。茎丛生，直立，高达 60～100 cm；分枝有白色短柔毛。羽状三出复叶，顶生小叶较两侧小叶大，矩圆形，长 10～30 mm，宽 2～5 mm，先端截形。总状花序腋生，小花 2～7 朵，花冠白色至淡红色。

三、适应性

截叶胡枝子为暖季旺盛生长的豆草，适宜热带、亚热带和暖温带地区。截叶胡枝子喜光、耐热，耐寒，在我国云南、四川夏季 35℃ 的高温环境下能茂盛生长，它是能耐受 −25℃ 的低温。截叶胡枝子耐旱，能在年降水量 500～2400 mm 的山坡地正常生长，能耐受偶然、短期水淹。截叶胡枝子非常耐贫瘠，能在有机

质低于1％的贫瘠土壤上正常生长。

四、建植与栽培管理

1. 播种

截叶胡枝子对土地的要求不严，山坡、丘陵、田间空隙均可，在山区既可绿化荒山、保持水土，又是良好的饲料。胡枝子硬实率高，播前需擦破种皮，春末、夏初均可种植，但应在雨季前播种完。条播，行距60～70 cm，株距30～40 cm，覆土3～4 cm，每公顷用种量22.5～30.0 kg。也可雨季育苗移栽。

2. 田间管理

截叶胡枝子出苗后要及时中耕除草和间苗定苗，苗期注意防除杂草。播前有条件的地方要翻耕，施足底肥，苗期施氮肥，生育期施磷钾肥。生长3～4年后，应每年追施一次复合肥。

3. 收获

截叶胡枝子在蕾期至初花期进行刈割。收种可于10月底种子成熟后收获，而后干燥、脱粒以作饲料和留种。截叶胡枝子以不刈割青草的产种量最高，但通常先刈割1次后再利用再生草收种。

五、饲用价值与利用

截叶胡枝子枝叶繁茂、适口性好，各种家畜都喜食，尤其是牛和山羊，营养丰富，开花期叶含粗蛋白13％～17％，粗纤维24％～25％。低含量单宁截叶胡枝子是国外很多大农场的主要牧草之一。截叶胡枝子是牛羊的优质青饲料，二年苗高70～80 cm时，开始放牧，一年可放牧2次，要严格控制载畜量，不可过度放牧。截叶胡枝子还可作为干饲料和优良的饲料添加剂。

第五节　多年生花生

学名：*Arachis glabrata*

一、起源与分布

多年生花生原产于南美洲的巴西。

二、形态特征

多年生花生属豆科多年生草本，茎呈蔓性、圆形、匍匐状生长，可长达数米，茎节上可不断产生分枝和不定根，羽状复叶，互生，小叶 2 对，总状花序腋生，花黄色或橘黄色。

三、适应性

多年生花生对环境的要求不严，适应性广，喜温暖，耐寒，耐旱，耐荫湿，对光照适应范围广，既可在全日照条件下生长，又可在较荫蔽环境下生长；对土壤要求不严，但以肥沃的沙质壤土最佳。在排水良好的沙质壤土上生长良好，不耐水淹。

四、建植与田间管理

1. 播种

多年生花生宜春播，按株行距 20 cm×15 cm 点播，覆土 0.5 cm，保持土壤湿润，几天即可出芽。也可分株或扦插，春、夏、秋季均可进行，选择当年生半木质化的嫩枝截成 25～30 cm 长，在整好地的疏松土壤上，按 30～50 cm 行距，20～40 cm 株距做畦扦插，顶端留 2～3 节，压实泥土，浇透水，保持土壤湿润，几天即可生根。

2. 田间管理

苗期注意除草。建植成功后可间种多年生禾草。对肥力要求不高，通常要施含钙肥料。

3. 收获

连续放牧至少要保持 10 cm 的高度，轮牧时，放牧期短于 10 d，休牧 3 周。每年可刈割 2～3 次，霜冻前 5～6 周内不再刈割。

五、饲用价值与利用

多年生花生营养价值高，可晒制干草，也可放牧。一般需要两年时间才能形成有生产力的群丛。

第六节　拉巴豆

学名：*Lablab purpureus*（Linn.）Sweet

别名：眉豆、扁豆

一、起源与分布

拉巴豆原产澳大利亚，是近年来在广东、广西主要种植的优良牧草品种之

一，在我国南方地区有较好的推广应用前景。

二、形态特征

拉巴豆属一年生或多年生蔓生草本植物。茎长 3~6 m，主根发达，侧根多，三出复叶，叶卵形至偏菱形，7.5~15 cm，叶面下具短绒毛。叶柄细长，花序松散，成簇状，或在花梗处拉长成总状花序。花白色、蓝色或紫色，豆荚 4~5 cm，宽镰刀形状。含 3~6 粒种子，种子不落粒，浅黄色或褐色，卵形，侧面压缩呈扁平状，有种脐，种子长 10 cm，宽 0.7 cm。

三、适应性

拉巴豆适宜在降雨量为 750~2500 mm 的亚热带、热带地区种植。对土壤要求不严，但以排水良好、肥沃的中性沙壤土生长更好。喜温暖的气候，在 25℃ 以上的气温下生长最快，能耐短时间的高温（35℃）和短时间的霜冻，但十分寒冷的气候条件不利于开花、授粉和结实。耐荫性好，抗根腐病能力强，抗旱性较强，能耐一定程度的水淹。但作为留种地，开花结荚期易遭受豆荚螟虫的危害。拉巴豆具非常晚熟的特性，不同品种生育期限各异。

四、建植与田间管理

1. 播种

种植拉巴豆的地块，需认真清理前季作物残留物，并进行耕地，翻耕后晒土 2~3 d。施腐熟农家肥 15.0~22.5 t/hm² 或施复合肥 750~1500 kg/hm² 作为底肥。以春季播种为宜，既可以单播，又可在果树下间种、混播。穴播，行穴距可为 50~40 cm，每穴播种 2~4 粒，每公顷用种量 30~50 kg。间条播，播量为 30 kg/hm²。播种后 7~10 d 及时补播或移苗补栽，确保全苗。

2. 田间管理

拉巴豆出苗后要及时拔除杂草和间苗，苗期追施尿素 75~150 kg/hm²，每次刈割后结合中耕追施钙镁磷肥 75~150 kg/hm²。

3. 收获

拉巴豆在植株长到 60 cm 时，可进行轻度放牧或刈割，留茬高度 40 cm 以上，以利再生。拉巴豆在夏季的生长非常迅速，产量很高，一年可刈割 3~4 次，年产鲜草 45~60 t/hm²。

五、饲用价值与利用

拉巴豆营养丰富，整株含粗蛋白 17%~21%，适口性好。拉巴豆秋季的长势很旺，正好可以补充夏季饲料作物和冬季饲料作物交替造成的饲料断档期，还可作为绿肥种植。拉巴豆可青饲，也可青贮。

六、毒性反应

拉巴豆青豆中含有氢氰酸（HCN），有一定的毒性，遇热后毒性消失，因此要熟食。

第七节　大翼豆

学名：*Macroptilum atropurpureum*（DC.）Urb.

别名：暗紫菜豆

一、起源及分布

大翼豆原产地为中美洲和南美洲。现在推广应用的品种，为从墨西哥的两个不同生态型的杂种后代所选育而成。大翼豆于 1965 年、1974 年先后引入中国广东、广西试种，已成为南方建立人工混播草地的主要豆科牧草之一。国外在南美洲许多国家有种植，而在澳大利亚、墨西哥和巴西则作为重要的牧草，分布于平原至海拔 2000 m 的山地。

二、形态特征

大翼豆属于豆科大翼豆属蝶形花亚科的多年生草本植物，根系发达。其主根入土深，可以达 1 m 以上，侧根少且平行生长，入土 3～8 cm。茎匍匐生长，具缠绕能力，茎上能长出不定根。掌状三出复叶，叶片卵圆形，棕绿色，单生或多个簇生在茎节上，每节上有一至多个大叶，叶片宽 2～5 cm，长 3～6 cm，两侧叶片小于中间叶片，且常具浅裂。花柄长 10～30 cm，有花 5～10 朵，能成熟结籽的 1～3 朵。翼瓣比旗瓣大，呈深红色或暗紫色，荚果直筒形，顶端弯曲，长 6～10 cm，宽 3～5 mm；每荚有种子 5～14 粒。种子淡褐色，千粒重为 10.6 g。

三、适应性

大翼豆抗旱能力强，适宜降雨量为 550～1750 mm，适宜海拔 500～1500 m，在 2000 mm 以上的地区也能存活，但产量极低。生长以夏季和早秋最快。易受霜冻，对土壤要求不严，能在 pH 值 4.5～9 的各种土壤上生长。在一定肥力条件下，100 d 可形成全面覆盖。大翼豆匍匐生长，竞争力强，耐牧，几乎能与所有的热带亚热带禾本科牧草良好共生，且该草高产、稳产、耐旱，易于建植，便于管理，适应性强，营养丰富，可以与宽叶雀稗、糖蜜草、臂形草等建立人工草地，或用于退化草场的改良。

四、建植与田间管理

1. 播种

大翼豆的播种期在雨前，一般在 4 月初到 5 月末。大翼豆种子粒小而坚硬，硬实率可达 20％～30％，发芽率与发芽势均低，因此在播种前需要细致整地，浅耕后土表应耙细整平，清除杂草。也可对种子进行硬实破壳处理。处理好的种子，在接种相应属的根瘤菌后方可播种。播量 $7～8$ kg/hm²。播种可采用条播、穴播、撒播或袋苗移栽均可。条播行距 80 cm，穴播行距 80 cm×100 cm，移栽用 5 cm×5 cm×8 cm 左右的小塑料袋，每袋种 3～5 粒种子，稍微覆土，发芽成苗后，待种植地土壤有一定水分时，选阴雨天移栽，定植树时应划破袋，取出塑料袋。袋苗可以使成活率、保苗率提高。

2. 田间管理

大翼豆出苗后，视土壤肥力施肥，作为饲料生产基地或放牧地每年应适期施用化肥，由于红壤含磷低，应以补充磷肥为主，生长期要及时清除杂草。大翼豆的根入土深，再生能力强，刈割后要及时施肥，一般不再进行管理，任其生长。如用作留种生产，要注意松土。

3. 收获

大翼豆叶片易于脱落，需小心收集。在冬季无重霜的地方，可以在夏秋轻牧。干物质产量每公顷为 8250～9000 kg，混播的总产量每公顷为 9000 kg 左右。大翼豆 120 日龄结实，全年开花，集中期为 10 月、11 月，一次种子产量为每公顷 450 kg。

五、饲用价值与利用

大翼豆营养价值高，含粗脂肪 2.7％、粗纤维 25.7％、粗蛋白质 22.5％、灰分 9.9％。可一年四季为牲畜提供饲草。大翼豆的藤叶是优良的畜禽饲料，可代替部分粮食饲养牲畜。

第七章　其他科牧草

第一节　甘薯

学名：*Ipomoea batatas*（Linn）Lam.

别名：山芋、红芋、红薯、白薯、地瓜、红苕、番薯

一、起源与分布

甘薯原产于南美洲西北部和墨西哥的热带地区。其 15 世纪初传入欧洲，16 世纪传入亚洲和非洲，明代引入我国。目前除青藏高原和新疆、内蒙古尚未或很少栽培外，全国大部分地区都有分布。其中以黄淮平原、长江中下游和东南沿海栽培较为集中。主要生产省份有山东、四川、河南、广东、河北、安徽等。

二、形态特征

甘薯属旋花科甘薯属一年生或多年生蔓生草本植物。温带多一年生，不能开花结实，利用块根或蔓茎进行无性繁殖；热带的为多年生，能开花结实，可种子繁殖。甘薯的根分为纤维根、块根和牛蒡根。纤维根呈须状，细而长，又称细根。块根即薯块，是贮藏淀粉的器官，也是重要的繁殖器官。通常分布在 5～25 cm 土层中，有纺锤形、梨形和椭圆形等；薯肉有白、黄、杏黄、橘红等色，红色的含胡萝卜素多，白色的含胡萝卜素少；单株块根数一般为 2～6 个；块根表面常有 5～6 个纵列的沟纹，上面着生"根眼"，不定根从"根眼"处长出。牛蒡根又叫粗根，这种根是由于块根在膨大过程中遇低温多雨和氮肥多而磷、钾少等不良条件，中途停止发育所致，它利用价值低，生产上应防止其发生。茎细长，匍匐生长，长 1～4 m，粗 0.4～0.8 cm，内含白色乳汁。茎有节，每节 1 叶，叶有叶柄和叶片，无托叶。叶柄基部有腋芽，能发生分枝和不定根，故能利用薯蔓栽插繁殖。叶片心形、掌形、肾形或三角形。花单生或数十朵集成聚伞花序，紫色、淡红或白色，花冠喇叭状，雌雄同花。蒴果圆形或扁圆形，内有种子 1～

4 粒，褐色或黑色，种皮坚硬角质，千粒重 20 g 左右。

三、适应性

甘薯喜光喜温，光照强，日照充足，不仅甘薯苗壮生长，藤蔓和块根的产量都高，块根膨大适温 20～25℃，在此范围内，昼夜温差大有利于块根积累养分和膨大。15～30℃ 范围内温度越高，块根生长越快。茎叶生长适宜温度 18～35℃，在此范围内温度越高茎叶生长越快；温度低于 15℃，茎叶生长停止；10℃ 以下持续时间长或遇霜冻，地上部即枯死。甘薯具较强的耐旱能力，除根系发达以外，还与干旱时生长缓慢或暂停生长的特性有关。甘薯不耐涝，尤其块根生长后期，如水分过多，则薯块品质和耐贮藏能力大为降低。甘薯不适应黏性和板结土壤，要求土质疏松，透气性好，以利于养分迅速从地上部往根部运输、贮藏。甘薯在排水良好、土层深厚、肥沃、结构疏松的砂质壤土上生长最好。适宜 pH 5～6 的土壤，但 pH 4.2～8.3 也可生长。甘薯还具有一定的耐盐力，在含盐量不超过 0.2％ 的土壤上种植，仍能获得较高产量。

四、建植与田间管理

1. 育苗

育苗是甘薯增产的关键措施。甘薯育苗方法甚多。在攀西地区一般采用露地育苗。在 2—4 月上旬，土壤温度上升到 15℃ 以上即可育苗。苗床可深耕 30 cm，做成宽 1.2 m、高 15 cm 的畦床。按株、行距均 15～20 cm 排放种薯，然后覆土 3～5 cm，再盖上一层干草保持湿润，6 月份待苗长至 30 cm 时，即可剪苗扦插。

2. 整地

前作收获后即进行深耕，一般以 25～30 cm 为宜。黏土可耕得深一些，沙土浅些。垄作便于排灌，冬前深耕结合施足有机肥料，还要注意耙糖保墒。甘薯多起垄栽培，其优点是：便于排灌，改善土壤通气性；加厚土层，提高地温和加大昼夜温差，从而促进块根膨大。山岭坡地作垄应注意防水土流失，可按等高线作垄。有大风吹袭的地区，畦向应与风向垂直，减少风蚀以及薯叶被吹乱，光合作用受影响。一般垄高 25～35 cm，宽 70～80 cm。垄的高度应灵活掌握，如土壤多砂干旱的宜低，以减少水分蒸发；土壤黏重、排水不好的宜高，以利排水和提高地温；砂性过强的则以平作为好。另外，青刈甘薯藤蔓的也宜平作，便于密植，可增加茎叶产量。

3. 采苗和栽插

选壮苗，其特征是叶片肥厚，叶色较深，顶叶齐平，节间粗短，剪口多白浆，秧苗不老化又不过嫩，根原基粗大而多，不带病斑，苗长约 20 cm，一般

3~5 节，百株重约 500 g。要在下午和傍晚采苗，以防上午采苗流汁过多，不易成活。在基部 1~2 节处割下。不宜手摘，以免伤苗。

在气温超过 18℃，终霜过后即可栽插。攀西地区一般在 5—6 月扦插。栽插密度因品种、土质和水肥条件不同而异。长蔓品种和早栽、水肥条件较好的稀植；反之，则可密植。一般平畦密植的行距 33 cm，株距 16~30 cm，每公顷9 万~18 万株密植；将成熟薯条剪成含 5~6 个节的一段，将 2~3 个节埋在土里，2~3 节露出地面，盖土压实。栽插后要浇透水，以便成活。基肥重施有机肥，追肥重点施氮肥，每公顷施有机肥 30 t，追施尿素 75 kg，每次收刈后追施尿素10 kg，要经常灌溉，以促进藤蔓生长。

4. 田间管理

甘薯根系发达，吸肥力强，一生需钾肥最多，其次是氮肥，再次为磷肥。生产中要注意有机肥的施用，一般占总施肥量的 70%~80%，每公顷施堆肥 38~45 t。有机肥采用条施的集中施肥方式，垄面开沟施入。每公顷堆肥的制作方法：40 t 厩肥、0.3 t 过磷酸钙和 0.1 t 氯化钾混合堆沤 1 个月。甘薯的追肥以化学肥料为主，前期多施氮肥，用于茎叶生长；中期和后期多施钾肥，促进薯块膨大。移植后 15~20 d，不定根长出，新叶长出，早发和粗壮的不定根最可能形成块根。在栽后 12 d，发根还苗期之前，每公顷追施尿素 45 kg，有利于提苗快长，促使不定根早发、粗壮。移植后 20~30 d，在地力差、茎叶长势差的地块，施 1 次壮株结薯肥，每公顷施 110~150 kg 尿素。如果前期肥料较足，植株长势正常，叶色深绿的，可以不施壮株结薯肥。移栽后 40~50 d，每公顷施氯化钾80 kg，并结合灌水 1 次。春薯移栽后 90 d，夏秋薯移栽后 65~80 d 茎叶开始衰退，薯块迅速膨大，垄面出现裂缝，此时要追施 1 次长薯肥，可以延长叶片寿命，加速薯块膨大。每公顷用尿素 90 kg、氯化钾 150 kg，兑水浇泼。

甘薯黑斑病为甘薯的最大病害，发病部位为幼苗基部和薯块，传染途径为土壤与肥料。预防措施是消灭病原，即种薯贮藏前或育苗前将种薯放在 50% 代森铵 200~400 倍液浸 10 min。此外，轮作和采用堆沤消毒的有机肥，采用高剪法培育无病薯苗亦是控制甘薯黑斑病的主要手段。甘薯象鼻虫成虫蛀食薯块、幼苗、嫩茎，幼虫蛀食薯块和薯梗。被害薯块味苦，不能饲用。实行水旱轮作，薯块膨大时加强培土，早春用小薯块诱杀对防除象鼻虫有主要作用。

5. 收获及贮藏

甘薯的收获，要兼顾藤叶产量和薯块产量。藤蔓封垄以后开始第一次刈割。割时应从基部 30 cm 左右处割下，以利再生。春植一般可收割 4~5 次；夏植可收割 3~4 次。在 10—12 月收获薯块后，即可收获地上薯藤。从收获开始至入窖结束，应始终做到轻刨、轻装、轻运、轻放，尽量减少搬运次数，严防破皮受

伤，避免传染病害。

五、饲用价值与利用

甘薯营养丰富，具有很高的饲用价值。薯块粗蛋白 5.77％、粗纤维 4.17％、无氮浸出物 84.62％，薯藤分别为 12.17％、28.70％、71.43％。甘薯块根及茎蔓都是优良饲料，常作为畜禽精料，可以鲜喂，也可以切片晒干利用。用甘薯块根喂育肥猪和泌乳奶牛，有促进消化、累积体脂肪和增加乳量的效果。鲜喂营养价值约为玉米的 25％～30％，因富含淀粉，其热能总值接近于玉米。甘薯茎蔓中无氮浸出物含量虽较块根为低，但粗蛋白质含量显著为高，是高能量、高蛋白的优良青饲料。适口性好，猪、牛、羊、兔、鱼均喜食。鲜喂、打浆、青贮后喂饲，饲养效果均很好。甘薯加工后的淀粉渣，富含粗蛋白质和碳水化合物，是猪和奶牛的好饲料。生喂和熟喂的甘薯，其干物质和能量的消化率相同，但煮过的甘薯，其蛋白质的消化率几乎为生甘薯的一倍，所以熟喂效果最好，消化吸收更快。

六、品种

甘薯品种很多，饲用甘薯应具备块根高产、抗病性强、生长快等特点。目前我国推广的北京 533、华东 51-93、广薯 70-90、普薯 6 号、红皮早、济薯 5 号、辽薯 224、河北 872 等均属高产品种。以青刈为主，兼收薯块的应选茎叶繁茂的品种，如胜利 1 号、华北 116 等品种。

第二节　木薯

学名：*Manihot esculenta* Crantz.

别名：树薯、木番薯

一、起源与分布

木薯原产于巴西亚马孙河流域，散布在南美热带地区，19 世纪从越南传入我国。木薯在我国大致分布在北回归线以南各地，广东中南部、广西东南部和云南分布较多。台湾、福建和湖南的南部亦有分布。木薯不仅是杂粮作物，还是优良的饲料作物，块根富含淀粉，叶片可以养蚕。工业上利用木薯可造酒精、糊料和药用淀粉。

二、形态特征

木薯是大戟科木薯属多年生植物。根分为须根、粗根和块根。须根细长，块根呈圆筒形，两端稍尖，中间膨大；粗根为块根膨大过程中因条件恶劣，中途停止膨大而成。皮呈紫色、白色、灰白、淡黄色等。块根分表皮、皮层、肉质及薯心四个部分。块根上无潜伏芽，不能作为种薯繁殖。植株高 1.5～3 m，只有高位分枝。茎节上有芽点，是潜伏芽，可以作种苗用。茎粗 2～4 cm，表皮薄，光滑有蜡质；皮厚而质软，具有乳管，含白色乳汁，髓部白色。单叶互生，呈螺旋状排列，掌状深裂，全缘渐尖，叶基部有托叶两枚，呈三角状披针形，叶柄长 20～30 cm。圆锥花序单性花，雄花黄白色，雌花紫色。蒴果短圆形，种子扁长，似肾状，褐色；种皮坚硬，光滑，有黑色斑纹。千粒重 57～79 g。

三、适应性

木薯喜温热气候，在热带和南亚热带地区多年生，而在有霜害的地区则表现为一年生。一年中有 8 个月以上无霜期，年平均温度在 18℃以上的地区均可栽培。发芽最低温度为 16℃，24℃生长良好，高 40℃或低于 14℃时，生长发育受抑制。木薯根系发达，耐旱，但喜欢湿润，适宜的年降雨量为 1000～2000 mm，如长期干旱或雨量不足时，块根木质化较早，纤维含量多，淀粉减少，饲用价值降低。不耐积水，排水不良以及板结的田块对结薯不利。木薯生长发育需强光照，荫蔽条件下，叶细小，茎秆细长，薯块产量极低。短日照有利于块根形成，结薯早、增重快，日照长度在 10～12 h 的条件下，块根分化的数量多、产量高。长日照不利于块根形成，日照长度 16 h，块根形成受抑制，但长日照有利于茎叶生长。木薯对土壤的适应性很强，但以排水良好、土层深厚、土质疏松、有机质和钾质丰富、肥力中等以上的沙壤土最为适宜。木薯可在 pH 3.8～8.0 的土壤中生长，但以 pH 6～7 为宜。木薯对钾肥敏感，氮肥次之，磷肥最不敏感。钾对碳水化合物的运输很重要，有利于块根的膨大。

四、建植与田间管理

1. 整地

有机质丰富、耕层深厚、疏松的土壤有利于木薯根系生长、块根呼吸、营养运输和贮存。土地耕犁后，每公顷施用 22～30 t 腐熟的混合堆肥，然后再耙匀、起畦。畦宽 65 cm，宽 20 cm，深 15 cm。

2. 栽植

选择粗壮、充分老熟的种茎，最好基部茎、表皮无损，无病虫害，无干腐。

将种茎切成长 12~15 cm，有 3~5 个芽点的短段。切断时，使用锋利的砍刀，下垫木桩，务求刀口锋利，使茎切口平整，无割裂，切断的刀口见乳汁。下部茎作种苗，产量高。

1）种植期

据木薯发芽的温度要求，气温稳定在 16℃ 以上时可种植。我国木薯适植期为 2—4 月，在此期间越早越好。

2）种植密度

根据水肥条件，品种特性合理密植。土壤肥力中等以上，以 9000~15000 株/hm² 为宜，土壤条件较差的 15000~18000 株/hm²，条件恶劣的可植 21000~24000 株/hm²。裂叶品种可适当密植。

3）定植方法

木薯的种植有斜插法、直插法和平放法三种。斜插法即将种茎呈 15°~45° 斜插于植穴或植沟中，种茎的 2/3 埋在土中；平放法将种茎平放，浅埋于植沟中，省工快速，生产上用此法较多。三种方法产量无明显差异。

3. 田间管理

1）间苗及补苗

木薯植后通常有 2~4 个或更多幼芽出土，如任其生长则植株过密，造成严重相互遮阴减产。因此，在齐苗后，苗高 15~20 cm 时要进行间苗，每穴留 1~2 苗。另外，木薯植后常常由于种种原因造成缺株，会显著降低产量。因此植后 20 d 就要开始查补苗，30 d 内完成补苗。补植的种苗来源于种植时预先育在田间的幼苗。

2）中耕除草

植后 3 个月内，幼苗生长缓慢，地表易长杂草。中耕除草既可疏松土壤，又可防止杂草的危害。植后 30~40 d，苗高 15~20 cm 时进行第一次中耕除草；植后 60~70 d，可进行第二次松土除草；植后 90~100 d，应结合松土除草，追施壮薯肥。

3）施追肥

据研究，每生产 1000 kg 木薯块根，需氮 2.3 kg、磷 0.5 kg、钾 4.1 kg、钙 0.6 kg 和镁 0.3 kg。生产中多为有机肥和磷、钾混合堆沤施用，追肥以氮肥为主。在木薯生长期间，一般追肥 2~3 次，分为壮苗肥、结薯肥和壮薯肥。壮苗肥为 150 kg/hm² 尿素、150 kg/hm² 氯化钾，于植后 30~40 d 施用，以利壮苗发根，为块根形成提供物质基础。结薯肥以钾肥为主，每公顷施氯化钾 225 kg 并适施氮肥，在植后 60~90 施入，可促进块根形成，保证单株薯数。如果土壤贫瘠，最好施 1 次壮薯肥，于植后 90～120 d 内施用，利于块根膨大和淀粉积累，追施尿素 37.5 kg/hm²。

4）病虫害防治

木薯生长期间最普遍发生的病害有真菌性叶斑病、炭疽病、细菌性枯萎病、角斑病等，主要通过改善大田潮湿环境来防治。木薯的虫害主要是螨类和食根缘齿天牛。防治螨类可用 20％双甲脒水剂 1000～1500 倍液或 40％氧化禾果 1500～2000 倍液进行喷雾。

4. 收获

木薯无明显的成熟期，一般在块根产量和淀粉含量均达到最高值的时期收获。根据早熟、中熟、迟熟不同品种，在植后 7～10 个月收获。由于木薯不耐低温，在早霜来临之前，气温下降至 14℃时就应进行收获。我国热带地区，2 月份之前应收获完毕。收获时，可先砍去嫩茎和分枝，然后锄松茎基表土，随即拔起。根收获后，可切片晒干备用，或加工淀粉后，以薯渣作饲料。

五、饲用价值与利用

木薯块根主要的成分是淀粉，蛋白质和脂肪含量甚少，但维生素 C 的含量较为丰富。蛋白质中，赖氨酸含量较高，含有钙、磷、钾等多种矿物质。木薯叶片含有丰富的蛋白质、胡萝卜素和维生素等，蛋白质含量比一些主要牧草高得多，除蛋氨酸低于临界水平以外，其他必需氨基酸较丰富。

将干木薯块根作为奶牛、集约育肥牛和绵羔羊生长的主要能量来源，已取得了令人满意的结果。木薯几乎可取代日粮中所有谷物，而不会使生产性能下降。用木薯粉全部取代蛋鸡饲料中的谷物，可获得同样产蛋数，但蛋重大幅下降。补充蛋氨酸和含硫氨基酸能获得用谷物饲喂相似结果。木薯叶粉取代家禽日粮中的苜蓿粉（占日粮 5％），并添加蛋氨酸，饲养效果相似。木薯叶粉是奶牛的过瘤胃蛋白，对奶牛的营养价值与苜蓿相同。3～4 月龄的木薯植株可以切碎青贮喂牛；整株成熟木薯青贮后，对反刍动物是相当平衡的饲料。木薯块根提取淀粉后的残渣，可添加在牛的日粮中，也可用于喂鸡，在家禽日粮中占 10％。

六、毒性反应

绝大多数木薯的块根含有一定量的亚麻配糖体及亚麻配糖体酶，木薯在动物胃肠道经水解释放出氢氰酸，氢氰酸被肠道吸收后进入血液，氢氰酸能影响动物的呼吸机制，麻痹中枢神经。牛最容易中毒，每千克体重最低致死量为 0.88 mg，羊为 2.32 mg。木薯块根切片后在 60℃温水中浸 3～5 min，待分离出氢氰酸后干燥，90％的氢氰酸已挥发除去。或者把鲜木薯切片后在 40℃气温下

堆积 24 h，再晒干，也有相同效果。

七、品种

木薯品种很多，国际上主要根据块根氢氰酸含量的多少，普遍分为苦品种和甜品种两个类型。一般块根氢氰酸含量在 5 mg/100 g 以上者为苦品种。典型的苦品种有华南 205、华南 201。华南 201 为迟熟高产品种，产量 15～30 t/hm²，氢氰酸含量高达 9～14 mg/100 g；华南 205 是我国栽培面积最大的高产品种，年产量 30～45 t/hm²，集约栽培可达 75 t/hm²。典型的甜品种有面包木薯、糯米木薯（华南 102）以及蛋黄木薯，均表现为品质较好，一般产量为 15 t/hm²。20 世纪 60—90 年代以后育成的高产甜种，如华南 6068、华南 8002、华南 8013，产量有所提高，一般为 15～22.5 t/hm²，高产者达 22～30 t/hm²，是较理想的饲料用品种。

第三节　甜菜属

一、叶用甜菜

学名：*Beta vulgaris* var. *cicla* L.
别名：厚皮菜、莙达菜、牛皮菜

（一）起源与分布

原产于欧洲南部，欧洲各国及苏联、日本、美国、中国等均有栽培。我国栽培较多的是长江流域以南的四川、湖北、湖南、浙江、江苏、贵州、广东、广西、福建等省区，山东、河南也有栽培。

（二）形态特征

叶用甜菜为藜科甜菜属的一个变种，二年生草本。直根圆锥形，淡土黄色。茎短缩，粗大，长 30 cm 以上。叶卵形或阔卵形，长约 40 cm，宽约 20 cm，淡绿色，光滑，肉质；叶柄长约 22 cm，窄而肥厚，叶柄背面有较明显的棱。长穗状花序，排列呈圆锥形。花小，簇生，黄绿色。果实聚合成球状（种球），内含 1～4 粒种子，千粒重 14.6 g。

（三）适应性

叶用甜菜喜温暖凉爽气候，生长适温为 15～25℃，温度过低，生长缓慢或停止生长。耐低温，幼苗能忍耐−3～−5℃低温。不耐干旱，不耐热，温度超过30℃时停止生长。对土壤要求不严，较耐盐碱。对氮肥敏感，施氮肥叶生长快，叶片肥大多汁。叶用甜菜叶片大，产量高，生育期长，可多次利用，能长期均衡地提供青绿饲料。一般可产鲜叶 45～60 t/hm²，高者达 75～120 t/hm²，是一种经济价值较高的叶菜类青饲料。

（四）建植与田间管理

叶用甜菜忌连作，但对前作要求不严。长江流域及以南地区于 8—9 月间秋播，冬季生长停止，春季旺盛生长，初夏抽薹，开花结实后死亡。播前整地并施足有机肥。条播，行距 30～35 cm，播深 2～3 cm，播量为 22.5 kg/hm²。苗高 20 cm 进行间苗，株距 20～25 cm。亦可育苗移栽，苗高 5～6 cm、4～6 片真叶时，按行距 40 cm、株距 25 cm 移栽定植。留种田与其他甜菜田隔离，以免杂交。

苗期应注意中耕除草，并配合施肥灌水。需注意地老虎、金龟子等地下害虫的防治。直播后 60 d，或移栽后 30～40 d、11～12 片真叶时，可掰下部 6～7 片叶利用。全生育期可掰叶 10～15 次，最后 1 次连根头一起砍收。春末夏初抽薹开花。种球变成黄褐色、果壳坚硬时即可收获，种子产量 750～900 kg/hm²。

（五）饲用价值与利用

叶用甜菜水分含量高，鲜叶含水达 90％以上。其干物质中含粗蛋白质 20.21％、粗脂肪 3.8％、粗纤维 7.21％、无氮浸出物 44.96％、粗灰分 8.21％。其所含氨基酸也较全面，但量不高。叶用甜菜柔嫩多汁，营养丰富，适口性好，其叶片、直根和根头都是猪的优质青饲料。

（六）毒性反应

一般生喂，熟喂时煮熟后不宜放置太长时间，以免亚硝酸盐中毒。叶用甜菜含草酸较多，不宜饲喂妊娠母猪和仔猪，以免影响钙的吸收。

二、饲用甜菜

学名：*Beta vulgaris var. lutea* DC.
别名：饲料萝卜、甜萝卜、糖菜

（一）起源与分布

饲用甜菜原产于欧洲南部，适应性强，世界各地均有栽培。主要分布于欧洲、亚洲、美洲的中部和北部，主产国是苏联、美国、德国、波兰、法国、中国

和英国。我国东北、华北和西北等栽培较多，广东、湖北、湖南、四川、江苏等省市也有栽培。

（二）形态特征

饲用甜菜为藜科甜菜属二年生植物。第一年形成簇叶和肥大肉质根，第二年抽薹开花，高可达 1 m 左右。根肥大，多为长圆锥形、长纺锤形或长楔形，多为一半露出地面，少数为 2/3 在地下。单根重 2.0～4.5 kg，最大可达 5.5 kg。根出丛生叶，具长柄，呈长圆形或卵圆形，全缘波状；茎生叶菱形或卵形，较小，叶柄短。花茎从根颈抽出，高 80～110 cm，多分枝。复穗状花序，自下而上无限开花习性。花两性，由花瓣、雄蕊和雌蕊组成，通常 2 个或数个集合成腋生簇。胞果（种球），每个种球有 3～4 个果实，每果 1 粒种子。种子横生，双凸镜状，种皮革质，红褐色，光亮。种子千粒重 14～25 g。

（三）适应性

饲用甜菜喜冷凉半湿润气候，为喜光长日照作物。光照不足，影响产量和含糖量。光照时数不足 14 h，不能正常抽薹开花。种子发芽适温 6～8℃，幼苗在子叶期不耐冻，直到真叶出现后，抗寒力逐渐增强，可忍 -4～-6℃ 低温。生长最适温度为 15～25℃。昼暖夜凉、温差较大的地区有利于根的肥大生长和糖分的积累。甜菜对高温较敏感，苗期温度过高，可引起幼苗的下胚轴伸长，形成高脚苗，使根茎部分增加，降低饲用品质。饲用甜菜对水肥要求较高，水肥充足时，可获得高产，单株块根重可达 6～7.5 kg。栽植饲用甜菜应选地势平坦、土层深厚、多腐殖质的土壤，尤以黑土型的黑油沙土和黄土型的黄油沙土为最适。适宜的土壤 pH 值为 7.0～7.5，既抗酸又耐碱。我国北方寒冷地区，饲用甜菜产量高、品质好、耐贮藏，是牲畜越冬的好饲料。一般栽培条件下，产根叶 75～112.5 t/hm²，其中根量 45～75 t/hm²。高产水平下，可产根叶 180～300 t/hm²，其中根量 97.5～120 t/hm²。

（四）建植与田间管理

饲用甜菜最忌连作，通常以 3～5 年轮种 1 次为好，其最佳前作是麦类作物和豆类作物，后作可选择大豆、麦类及叶菜类作物。

饲用甜菜为深根性作物，深耕细耙可显著提高整地质量。提倡秋深耕，耕翻后及时耙地、压地或起垄。饲用甜菜生育期长，产量高，需肥多。一般生育前期需氮肥多，后期需磷、钾肥多。基肥是其施肥的重要环节，一般以有机肥为主。饲用甜菜在攀西地区春、夏、秋三季均可播种。可条播，也可穴播。条播行距40～60 cm，播种量 15～22.5 kg/hm²；穴播行距 50～60 cm，穴距 20～25 cm，播种量 7.5~15 kg/hm²，覆土 2~3 cm。

苗齐后应进行中耕除草，3 粗叶期间苗，每穴 2 株。另外，还可采用育苗移栽。苗期注意除草，生育期内应及时追肥和灌水。每次每公顷追施硫酸铵 150~225 kg（或尿素 105.0~127.5 kg）、过磷酸钙 300~450 kg，根旁深施，施后灌水。

饲用甜菜易感褐斑病、蛇眼病、花叶病毒病等病害，可选用多菌灵、百菌清等进行防治。虫害也多，如金龟子、潜叶蝇、甘蓝叶蛾等，可选用合适的杀虫剂进行防治。

饲用甜菜可单播，也可与玉米、棉花间套作。摘叶利用可大幅度丰产。

（五）饲用价值与利用

饲用甜菜有不断更换外层叶现象，定时摘外层叶作饲料，可增加饲料产量。在四川盆周山区一茬可摘叶 5 次。饲用甜菜叶柔嫩多汁，宜喂猪、牛等，可鲜饲，也可青贮。饲用甜菜收获一般在 10 月中下旬进行。留种母根应选择重 1~1.5 kg、没有破损、根冠完好的块根进行窖藏，温度应保持在 3~5℃。块根肉质含有较高的营养水平，可鲜藏，也可青贮。肉质块根是马、牛、猪、羊、兔等家畜冬季的优质多汁饲料，有利于增进家畜健康并提高产品率。可切碎或粉碎，拌入糠麸喂，或煮熟后搭配精料喂。饲用甜菜是秋、冬、春三季很有价值的多汁饲料，其粗纤维含量低，易消化，是猪、鸡、奶牛的优良多汁饲料。

（六）毒性反应

饲用甜菜中含有较多的硝酸钾，甜菜在生热发酵或腐烂时，硝酸钾会发生还原作用，变成亚硝酸盐，使家畜组织缺氧，呼吸中枢发生麻痹、窒息而死。在各种家畜中，猪对其较敏感，往往因吃了煮后经过较长时间（2~3 天）保存的甜菜而造成死亡。为了防止中毒，喂量不宜过多，如需煮后再喂，最好当天煮当天喂。

（七）品种

品种有西牧 755、西牧 756。

第四节　芜菁

学名：*Brassica napobrassica* Mill.
别名：洋蔓菁、瑞典芜菁、大蔓菁、凤尾萝卜、元根

一、起源与分布

芜菁起源于欧洲中部，栽培历史悠久，苏联、美国、加拿大、荷兰、瑞典、日本等国皆有栽培。18世纪传入亚洲，我国栽培面积较大，尤以湖南、湖北、山东、宁夏、青海、甘肃、内蒙古等省市为多。芜菁适应性强，我国南北各地都可种植，尤宜在高海拔和高寒地区栽培利用。

二、形态特征

芜菁为十字花科芸薹属二年生植物。播种当年形成肉质根和簇叶，第二年抽薹开花并产种。直根膨大成扁平形或扁圆形，单根重 1.0～3.0 kg，最大可达 6 kg。茎圆形，高 80～100 cm，上部分枝。根簇叶 13～15 枚，最多可达 70 枚，叶长 20～40 cm，倒披针形，下部羽状深裂；茎叶小，长披针形或半抱茎戟形，均无毛，稍厚质，常被白色蜡质物。总状花序，花枝腋出。花顶生，由 4 个花瓣、6 个雄蕊、1 个雌蕊组成。异花授粉。子房上位，二室。长角果，长 2～3 cm。种子暗褐色，不规则圆形，千粒重 1.5～2.1 g。

三、适应性

芜菁喜冷凉湿润气候，适宜高寒山区和高原地带栽培。种子在 2～3℃ 即可发芽，幼苗能忍受 −2～−3℃ 低温；营养生长适温为 15～18℃，能忍受短时间 −7～−8℃ 低温。一般前期温度高，簇叶生长旺盛；后期温度低，有利于肉质根肥大生长和糖分积累。开花结实期适温为 22～25℃。需水量较多，每形成 1 g 干物质，需消耗 600 g 水分。适宜的年降水量为 400～1000 mm。喜光，要求通风透光良好。土壤以微酸性至微碱性的壤土或砂质壤土为佳，适宜 pH 值 5.0～8.0。从出苗到肉质根成熟约需 120～140 d，从母根栽种到种子成熟约需 90～100 d。

四、建植与田间管理

芜菁需与其他十字花科植物分开种植。播前对进行深翻耕，施 37.5～45 t/hm² 有机肥做底肥，无机肥料用作种肥和追肥，追肥可每次每公顷施硫酸铵 150～225 kg、过磷酸钙 300～450 kg。芜菁的栽植有直播和育苗移栽两种方式。在攀西地区中高山，一般 8 月播种，可条播，行距 40～60 cm，播种量条播为 4.5～6.0 kg/hm²，覆土 2 cm 左右，播后镇压 1 次。育苗移栽可延长芜菁甘蓝的生育期，适宜无霜期较短的高寒地区和延期播种时。

芜菁出苗和苗期生长均较缓慢，应注意松土和除草。幼苗长到 3～4 叶期应按株距 20～30 cm 完成定苗。追肥和灌水是芜菁优质高产所需的重要措施。

芜菁一般在寒冬到来之前收获，此时虽叶的产量、质量不高，但肉质根产量、质量达最佳。收获后，从生产田中选出优良肉质根（无病、叶少、表面光滑、侧根少）作种根，可将种根埋于屋内或暖舍内。次年春天按 30 cm×4 cm 株、行距定植。适时中耕除草和灌水。当下部叶片干枯脱落，角果变黄时收割、脱粒。种子成熟时易炸果，需适时采收。

五、饲用价值与利用

芜菁为营养价值很高的多汁饲料，消化性能好。芜菁叶片宽厚，柔软多汁，是家畜的优质饲料，但有辛辣味，宜与其他饲料搭配饲喂。切碎或打浆可喂牛、猪、羊、兔、鱼等。叶可吊挂阴干，或切碎晒干，做冬春季猪饲料。肉质根饲喂母畜有利于配种、产仔和泌乳，饲喂肉牛、肥猪可提高其瘦肉率并改善肉色。既可切碎或粉碎生湿喂，也可煮熟，捣碎，与粗饲料搭配喂。喂牛一定要粉碎，以防整根吞服，堵塞食道。芜菁的叶和肉质根都可青贮，若与青刈玉米、秸秆等混贮效果更佳。

六、品种

凉山州畜科所从凉山野生芜菁资源中，选育出适应当地气候的品种"凉山"元根。

第五节　苦荬菜

学名：*Lactuca indica* L.
别名：苦麻菜、鹅菜、凉麻、山莴苣、八月老

一、起源与分布

苦荬菜原为我国野生植物，分布几遍全国。朝鲜、日本、印度等国也有分布。经过多年的驯化和选育，苦荬菜已成为深受饲养户欢迎的高产优质饲料作物，在南方和华北、东北地区大面积种植，是各种畜禽的优良多汁饲料。

二、形态特征

苦荬菜为菊科莴苣属一年生或越生草本植物。直根系，主根粗大，纺锤形，入土深达 2 m 以上，根群集中分布在 0~30 cm 的土层中。茎直立，上部多分枝，光滑，株高 1.5~3.0 m。叶变化较大，初为基生叶，丛生，15~25 片，无明显叶柄，叶形不一，披针形或卵形，长 30~50 cm，宽 2~8 cm，全缘或齿裂至羽

裂；茎生叶较小，长 10～25 cm，互生，无柄，基部抱茎。全株含白色乳汁，味苦。头状花序，舌状花，淡黄色，瘦果，长卵形，成熟时为紫黑色，顶端有白色冠毛，千粒重 1.0～1.5 g。

三、适应性

苦荬菜喜温耐寒又抗热。无霜期 150 d 以上，在≥10℃积温 2800℃以上的地区均可开花结实。土壤温度 5～6℃时种子即能发芽，15℃以上生长加快，25～30℃时生长最快。幼苗能耐−2～−3℃低温，成株能耐−4～−5℃低温，遇−10℃低温受冻死亡。较耐热，在 35～40℃的高温条件下也能良好生长。需水量大，适宜在年降水量 600～800 mm 的地区种植，低于 500 mm 生长不良。不耐涝，积水数天可使根部腐烂死亡。苦荬菜根系发达，能吸收土壤深层水分，因而又具有一定的抗旱能力。在株高 30～40 cm、40 d 无雨、其他植物出现萎蔫现象时，苦荬菜仍能维持一定的生长量。对土壤要求不严，各种土壤均可种植，但以排水良好、肥沃的壤土最为适宜。有一定的耐酸和耐盐碱能力，适合的土壤 pH 值为 5～8。较耐荫，可在林果行间种植。

苦荬菜苗期生长缓慢，到 8～10 枚莲座叶时开始抽茎，此时若环境条件适宜，生长速度加快，日生长高度可达 2.5 cm 以上。在华北地区，4 月播种，7 月抽薹，8 月开花，花期很长，可延续至 10 月，9—10 月种子陆续成熟，生育期 180 d 左右。经培育而成的早熟苦荬菜品种，生育期 120～130 d。

四、建植与田间管理

苦荬菜的播种在生育期允许的范围内越早越好。在攀西地区一般春秋播种。播前，土地要进行深翻耕，整平耙细，每公顷施腐熟的有机肥料 52～75 t 做底肥。撒播时播种量 15.0 kg/hm²；条播 7.5～15.0 kg/hm²，穴播播种量 0.5 kg/hm²，株行距约 20～25 cm。播深 2～3 cm，播后要及时镇压。苦荬菜也可育苗移栽，在 4～5 片真叶时进行移栽，行距 25～30 cm，株距 10～15 cm。

苦荬菜宜密植，通常不间苗，2～3 株为一丛，生长良好，且叶量多，茎秆细嫩。但过密应适当间苗，可按株距 4～5 cm 定苗；过稀茎秆易老化，产量和品质均会下降，宜补苗。苦荬菜出苗后要及时中耕除草，在封垄前要进行 3 次。苦荬菜抗病虫能力较强，华北常见虫害为蚜虫，可用吡虫啉、乐斯本等高效低毒农药喷杀。

苦荬菜在株高 40～50 cm 时进行刈割，此后每隔 20～40 d 刈割 1 次，刈割过晚，则抽薹老化，再生力减弱，产量和品质下降。苦荬菜再生性强，南方每年可刈 5～8 次，产草量一般在 75～105 t/hm²，高的可达 150 t/hm²。刈割时留茬 4～5 cm，最后一次刈割不要留茬，可齐地面刈割。

五、饲用价值与利用

苦荬菜叶量大，脆嫩多汁，营养丰富，特别是粗蛋白质含量较高，蛋白质中氨基酸种类齐全，维生素含量也很丰富。苦荬菜叶量丰富，略带苦味，适口性特别好，猪、禽最喜食，也可用于饲喂牛羊。苦荬菜还有促进食欲和消化、祛火去病的功能。饲喂苦荬菜，可节省精料，减少疾病，也不必补饲维生素。

苦荬菜对牲畜可青饲利用，也可调制成青贮饲料和干草。青饲时要生喂，每次刈割的数量应根据畜禽的需要量来确定，不能过多，以免堆积存放，发热变质。不要长期单一饲喂，以防引起偏食，最好和其他饲料混喂。青贮时在现蕾至开花期刈割，也可用最后一茬带有老茎的鲜草，可单独青贮，与禾本科牧草或作物混贮效果更佳。喂猪时每头母猪日喂 7～12 kg，精料不足时可占日粮比例的40%～60%。

第六节　串叶松香草

学名：*Silphium perfoliatum* L.
别名：松香草、菊花草、串叶菊花草

一、起源与分布

串叶松香草原产于北美中部的高原地带，主要分布在美国东部、中西部和南部山区。18 世纪末引入欧洲，20 世纪 50 年代苏联及一些欧美国家引入作为青贮作物进行栽培，60 年代开始大面积推广利用。1979 年我国从朝鲜引入，目前我国大部分省市均有栽培。串叶松香草花期长，花色艳丽，有清香气味，是良好的观赏植物和蜜源植物；其根还有药用价值，是印第安人的传统草药。

二、形态特征

串叶松香草为菊科松香草属多年生草本植物。根系发达粗壮，多集中在 5～40 cm 的土层中。具根茎，根茎节上着生有由紫红色鳞片包被的根茎芽。茎直立，四棱，高 2～3 m。叶分基生叶与茎生叶两种，长椭圆形，叶面粗糙，叶缘有缺刻；播种当年为基生叶，12～33 片，丛生呈莲座状，有短柄，或近无柄；茎生叶无柄，对生，相对两叶基部相连，茎从中间穿过，故此得名。头状花序，黄色花冠。瘦果心脏形，褐色，每个头状花有种子5～21 粒，千粒重 20～25 g。

143

三、适应性

串叶松香草喜温，耕层土壤温度在 5℃ 以上时开始返青，最适生长温度为 25～28℃ 时，能忍受长时间 35～37℃ 的高温，在长江流域夏季高温季节仍能生长良好。较耐寒，在东北南部、华北及西北地区能够安全越冬。串叶松香草由于根系发达，具有一定的抗旱能力，但需水较多，特别是现蕾开花期需水最多，能在年降水量 450～1000 mm 的地方种植。耐涝性较强，地表积水长达 4 个月，仍能缓慢生长。串叶松香草喜欢中性至微酸性的肥沃土壤，壤土及沙壤土都适宜种植，不宜种植在黏土上，适宜的土壤 pH 值为 6.5～7.5，抗盐性及耐瘠薄能力差。串叶松香草播种当年只长叶，第二年才抽茎开花。串叶松香草具有根茎，根茎上有根茎芽，可发展成独立植株。新的根和根茎不断产生，一株串叶松香草，几年就可扩展成一片。串叶松香草在南方生长期可达 300 d 以上。串叶松香草属长寿牧草，可生长 10～15 年。

四、建植与田间管理

1. 选地和整地

串叶松香草产量高，利用时间长，因而要选择肥水充足、便于管理的地块种植。耕地要做到深耕细耙，创造疏松的耕作层，最好秋翻地，耕深 20 cm 以上，来不及秋翻的要早春翻耕。串叶松香草需肥较多，播前要施足底肥，每公顷施厩肥 45～60 t、磷肥 250 kg、氮肥 225 kg。

2. 播种

串叶松香草播种时要尽可能选用前一年采收的种子，并用 30℃ 温水浸种 12 h，以利出苗。南方春播、秋播均可，春播在 2 月中旬至 3 月中旬为宜，秋播宜早不宜晚，以幼苗停止生长时能长出 5～7 片真叶为宜。播种量为每公顷 3.0～4.5 kg，种子田可少些，每公顷 1.5～2.25 kg。可条播，也可穴播。条播，收草用行距 40～50 cm，株距 20～30 cm。每穴播种子 3～4 粒，覆土深度 2～3 cm。另外，串叶松香草还可育苗移栽，或用根茎进行无性繁殖。

3. 田间管理

串叶松香草苗期生长缓慢，要及时中耕除草，在封垄之前除草 2～3 次。中耕时根部附近的土层不宜翻动过深，以不超过 5 cm 为宜，以防损伤根系和不定芽。如果头两年管理得好，串叶松香草本身灭草能力较强，可以减少除草次数，甚至不必除草。生长期间氮肥的效应极大，因而要及时追施氮肥，一般返青期及每次刈割后进行，每次追施硫酸铵 150～225 kg/hm² 或尿素 75～105 kg/hm²，施后及时浇水。但需注意刈后追肥应待 2～3 d 伤口愈合后进行。寒冷地区为安全越冬要进行培土或人工盖土防寒，也可灌冬水，促进早返青、早利用。

4. 收获

在现蕾至开花初期开始刈割，每隔 40~50 d 刈割 1 次，南方年刈割 4~5 次为宜。鲜草产量 150~300 t/hm²，刈割时留茬 10~15 cm。

五、饲用价值与利用

串叶松香草不仅产量高，而且品质好，粗蛋白质和氨基酸含量丰富，特别是富含碳水化合物，是牛、羊、猪、禽、兔、鱼等畜禽的优质饲料。串叶松香草利用以青饲或调制青贮饲料为主，也可晒制干草。青饲时随割随喂，切短、粉碎、打浆均可；青贮时含水量要控制在 60%，可单独青贮，也可与禾本科牧草或作物混贮。初喂家畜时有异味，家畜多不爱吃，但经过驯化，即可变得喜食。奶牛日喂量 15~25 kg，羊日喂量 3 kg 左右，在猪的日粮中可代替 5% 的精饲料。干草粉在家兔日粮中可占 30%，肉鸡日粮中以不超过 5% 为宜。

第七节　菊苣

学名：*Cichorium intybus* L.
别名：欧洲菊苣、咖啡草、咖啡萝卜

一、起源与分布

菊苣广泛分布于亚洲、欧洲、美洲和大洋洲等地，我国主要分布在西北、华北、东北地区，常见于山区、田边及荒地。现已在山西、陕西、宁夏、甘肃、河南、辽宁、浙江、江苏、安徽、云南、四川、广东等省区推广种植。菊苣花期长达 2~3 个月，是良好的蜜源植物。在欧洲菊苣广泛作为叶类蔬菜利用。菊苣根系中含有丰富的菊糖和芳香族物质，可提取作为咖啡代用品，提取的苦味物质可用于提高消化器官的活动能力。

二、形态特征

菊苣是菊科菊苣属多年生草本植物。主根长而粗壮，肉质，侧根粗壮发达，水平或斜向下分布。主茎直立，分枝偏斜且顶端粗厚，茎具条棱，中空，疏被粗毛，株高 170~200 cm。播种当年生长基生叶，倒向羽状分裂或不分裂，丛生呈莲座状，叶片长 10~40 cm，叶丛高 80 cm 左右；茎生叶较小，披针形，全缘。头状花序，单生于茎和分枝的顶端，或 2~3 个簇生于上部叶腋。总苞圆柱状，花冠蓝色，瘦果，楔形。种子千粒重 1.2~1.5 g。

三、适应性

菊苣喜温暖湿润气候，15~25℃生长迅速，夏季高温，只要雨水充足仍具有较强的再生能力。耐寒性较强，在−8~−10℃时仍保持青绿，−15~−20℃能安全越冬。根系发达，抗旱性能较好。喜肥喜水，但低洼易涝地区易发生烂根，对氮肥敏感，对土壤要求不严，旱地、水浇地均可种植。菊苣在春播当年基本不抽茎，第二年开始抽茎，并开花结实。生长两年以上的植株，根茎上不断产生新的萌芽，并逐渐取代老株。在西昌，菊苣四季青绿，且可保持较高的产量。

四、建植与田间管理

菊苣播前需精细整地，做到地平土碎，并施腐熟的有机肥 37.5~45.0 t/hm² 作底肥。宜春秋两季播种，播种时最好用细沙与种子混合，以便播种均匀。条播、撒播均可，条播行距 30~40 cm，播深 2~3 cm，每公顷播种量为 1.5~3.0 kg，播后要及时镇压。苗期生长缓慢，易受杂草危害，要及时中耕除草。株高 15 cm 时间苗，留苗株距 12~15 cm。在返青及每次刈割后结合浇水每公顷追施速效复合肥 225~300 kg。积水后要及时排除，以防菊苣烂根死亡。菊苣在株高 40 cm 时即可刈割利用。

菊苣在西昌 4 月播种，次年 5 月开花，7 月种子成熟。播种当年生长迅速，全年可刈割 6 次，鲜草产量达 230 t/hm²，次年可刈割 8 次。

五、饲用价值与利用

菊苣茎叶柔嫩，特别是处于莲座期的植株，叶量丰富、鲜嫩，富含蛋白质及动物必需氨基酸和其他各种营养成分。初花期粗纤维含量虽有所增加，但适口性仍较好，牛、羊、猪、兔、鸡、鹅均极喜食，其适口性明显优于串叶松香草和聚合草。菊苣以青饲为主，也可放牧利用，或与无芒雀麦、紫花苜蓿等混合青贮，亦可调制干草。在莲座叶丛期适宜青饲猪、兔、禽、鱼等，猪日喂 4 kg，兔 2 kg，鹅 1.5 kg。抽茎期则宜于牛、羊饲用。菊苣代替玉米青贮饲喂奶牛，每天每头多产奶 1.5 kg，并有效地减缓泌乳曲线的下降速度。用菊苣饲喂肉兔，在精料相同条件下，可获得与苜蓿相媲美的饲喂效果。

第八节　籽粒苋

学名：*Amaranthus hypochondriacus* L.
别名：千穗谷、蛋白草

一、起源与分布

籽粒苋原产于中美洲和东南亚热带及亚热带地区，为粮食、饲料、蔬菜兼用作物。籽粒苋栽培历史已有 7000 多年，世界大部分地区都有栽培。我国栽培历史悠久，全国各地均能种植。1982 年我国引入美国宾夕法尼亚州 Rodal 研究中心培育的美国籽粒苋，由于其抗逆性强，速生高产，迅速引种到全国各地。籽粒苋也可作为观赏花卉，还可作为面包、饼干、糕点、饴糖等食品工业的原料。

二、形态特征

籽粒苋属苋科苋属一年生草本植物。直根系，主根入土深达 1.5～3.0 m，侧根主要分布在 20～30 cm 的土层中。茎直立，高 2～4 m，最粗直径可达 3～5 cm，绿或紫红色，多分枝。叶互生，全缘，卵圆形，长 20～25 cm，宽 8～12 cm，绿或紫红色。穗状圆锥花序，顶生或腋生，直立，分枝多。花小单性，雌雄同株。胞果卵圆形。种子球形，紫黑、棕黄、淡黄色等，有光泽，千粒重 0.5～1.0 g。

三、适应性

籽粒苋属 C4 植物，喜光，荫蔽条件下生长不良。喜温暖湿润气候，生长的最适温度为 20～30℃，在 40.5℃环境中仍能正常生长发育。不耐寒，在日平均温 10℃以下停止生长，幼苗遇 0℃低温即受冻害，成株遇霜冻很快死亡。籽粒苋根系发达，入土深，耐干旱，能忍受 0～10 cm 土层含水量 4%～6% 的极度干旱。生长期内的需水量仅为小麦的 41.8%～46.8%、玉米的 51.4%～61.7%。水分条件好时，可促进生长，提高产量。籽粒苋不耐涝，积水地易烂根死亡。

籽粒苋对土壤要求不严，耐瘠薄，抗盐碱。旱薄沙荒地、黏土地、次生盐渍土壤、果林行间均可种植。在含盐量 0.23% 的盐碱地上能正常生长，pH 8.5～9.3 的草甸碱化土地也能正常生长，可作垦荒地的先锋植物。但以排水良好，疏松肥沃的壤土或沙壤土最为适宜。在四川 3 月播种，5 月开始抽花穗，7 月种子成熟，生育期 110～140 d。在呼和浩特地区 5 月中旬播种，7 月上旬进入分枝期，7 月下旬现蕾并开花，8 月底结实，9 月底收获，生育期 110～130 d 左右。

四、建植与田间管理

籽粒苋忌连作，应与麦类、豆类作物轮作、间种。播前需精细整地，深耕多耙，耕作层疏松。籽粒苋属高产作物，需肥量较多，在整地时要结合耕翻每公顷施有机肥 22.5～30.0 t 作基肥，以保证其高产需求。籽粒苋在南方 3 月下旬至 6 月播种，播种期越迟，生长期越短，产量也就越低。条播、撒播或穴播均可。

条播时，收草用的行距 25～35 cm，株距 15～20 cm；采种的行距 60 cm，株距 15～20 cm，播种量 375～750 g/hm²。为播种均匀，可按 1：4 的比例掺入沙土或粪土播种，覆土 1～2 cm，播后及时镇压。也可育苗移栽，可延长生长期，比直播增产 15％～25％，移栽一般在苗高 15～20 cm 时进行。籽粒苋在 2 叶期时要进行间苗，4 叶期定苗，在 4 叶期之前生长缓慢，结合间苗和定苗进行中耕除草，以消除杂草危害。8～10 叶期生长加快，宜追肥灌水 1～2 次，现蕾至盛花期生长速度最快，对养分需求也最大，亦及时追肥。每次刈割后，结合中耕除草，进行追肥和灌水。追肥以氮肥为主，每公顷施尿素 300 kg。留种田在现蕾开花期喷施或追施磷、钾肥，可提高种子产量和品质。

籽粒苋常受蓟马、象鼻虫、金龟子、地老虎等危害，可用甲虫金龟净、马拉硫磷、乐斯本等药物防治。籽粒苋叶中含有较多的粗蛋白质和较少的粗纤维，而茎中则相反，随生长阶段的延续，叶茎比下降，品质亦随之下降，因此刈割要适时。一般青饲喂猪、禽、鱼时在株高 45～60 cm 刈割，喂大家畜时于现蕾期收割，调制干草和青贮饲料时分别在盛花期和结实期刈割。刈割留茬 15～20 cm，并逐茬提高，以便从新留的茎节上长出新枝，但最后 1 次刈割不留茬。南方全年可刈割 5～7 次，每公顷产鲜草 75～150 t。

五、饲用价值与利用

籽粒苋茎叶柔嫩，清香可口，营养丰富，必需氨基酸含量高，特别是赖氨酸含量极为丰富，是牛、羊、马、兔、猪、禽、鱼的好饲料。其籽实可作为优质精饲料利用，茎叶的营养价值与苜蓿和玉米籽实相近，属于优质的蛋白质补充饲料。籽粒苋无论青饲或调制青贮、干草和干草粉均为各种畜禽所喜食。奶牛日喂 25 kg 籽粒苋青饲料，比喂玉米青贮料产奶量提高 5.19％。仔猪日喂 0.5 kg 鲜茎叶，增重比对照组提高 3.3％，青饲喂育肥猪，可代替 20％～30％的精饲料。在猪禽日粮中其干草粉比例可占到 10％～15％，家兔日粮中占 30％，饲喂效果良好。

六、毒性反应

籽粒苋株体内含有较多的硝酸盐，刈后堆放 1～2 d 转化为亚硝酸盐，喂后易造成亚硝酸盐中毒，因此青饲时应根据饲喂量确定刈割数量，刈后要当天喂完。

第九节　聚合草

学名：*Symphytum peregrinum* Ledeb.

别名：友谊草、爱国草、紫草根、俄罗斯紫草、饲用紫草

一、起源与分布

聚合草原产于北高加索地区，现已广泛分布于欧洲、亚洲、非洲、美洲、大洋洲等地。我国在 20 世纪 50 年代初开始引入，现已遍及全国各地。聚合草为优质的饲用植物，又可作药用植物和咖啡代用品，花期长，还可作为庭院观赏植物。

二、形态特征

聚合草为紫草科聚合草属多年生草本植物。直根系，根肉质，根茎粗大，着生大量幼芽和簇叶。花茎高 80～130 cm，叶卵形、长椭圆形或阔披针形，叶面粗糙肥厚。全株被白色短刚毛。基生叶簇生呈莲座状，具长柄；茎生叶有短柄或无柄。蝎尾状聚伞花序，结实率极低。

三、适应性

聚合草喜温耐寒，20～28℃生长最快，低于 5℃停止生长。喜光，喜湿，但不耐水淹，适宜在年降水量 600～800 mm 的地区种植。对土壤要求不严，以地下水位低、排灌良好、土层深厚、肥沃的土壤最为适宜。喜中性至微碱性土壤，抗碱性较强。聚合草寿命较长，种植 1 次可利用 20 年。

四、建植与田间管理

聚合草的栽植地块要精细整地，耕深要在 20 cm 以上，并施足底肥，以满足聚合草快速生长的需求。底肥以有机肥为主，特别是畜禽粪肥最好，每公顷施用量为 37.5～60.0 t。聚合草由于不结实或结实极少，因而多采用切根繁殖。方法是选取直径大于 0.5 cm 的健壮根切成 5 cm 左右的根段，直径大于 1 cm 的还可纵切成两瓣或四瓣。栽植时将根段顶端向上或横放浅沟中，覆土 2～3 cm。南方在秋冬两季栽植，栽植密度一般以行距 50～60 cm、株距 40～50 cm 为宜。栽植成活后要及时中耕除草，封垄后聚合草可有效地抑制杂草，无须除草。生长期间要注意追肥和灌水。追肥以氮肥为主，并适当添加磷肥、钾肥，也可施用充分腐熟的畜禽粪尿。在栽植当年幼苗期慎用化肥，以防蚀根死亡。雨后积水要及时排

除。聚合草第一次刈割在现蕾至开花初期，以后每隔 30～40 d 刈割 1 次，刈割留茬 4～5 cm。聚合草产量较高，在贵阳一年可刈割 4～6 次，每茬可产鲜草 45～60 t/hm^2。

五、饲用价值与利用

聚合草叶片肥厚，柔嫩多汁，富含碳水化合物、粗蛋白质、氨基酸、矿物质和维生素，在莲座期干物质中含粗蛋白质 24.2％、粗脂肪 2.9％、粗纤维 12.0％，是猪、牛、羊、鹿、禽、鱼的优质青绿多汁饲料，可切碎或打浆后饲喂，也可调制成青贮饲料或干草粉。

六、毒性反应

聚合草含有聚合草素，能损害中枢神经和肝脏。因此聚合草不宜大量长期单一饲喂，宜和其他饲料搭配饲喂。对刚断奶的幼畜和肥育家畜一般用量分别以日粮的 10％～25％、30％～40％为宜。青饲喂猪，以日喂 3.5～4.0 kg 为宜，青贮饲料喂奶牛，日喂量可达 30～40 kg，干草粉在鸡日粮中以不超过 10％为宜。

第八章　草地有毒有害植物及其防除

第一节　草地有毒植物

有毒植物指在自然状态下，以青饲或干草形式为家畜所采食，即使采食量不多，但所含的化学成分能引起生理上的异常现象，从而影响家畜的健康或使其发病死亡的植物。

南方许多植物含有对家畜有害的化合物。但是，只要家畜能吃到足够的优质牧草，一般不会采食有毒植物而发生中毒。当牧草低矮而家畜比较饥饿的时候，家畜往往就采食那些它们本来避而不吃的植物；另外，某些有毒物质对不同的家畜有不同的感受性，一种植物对某种家畜有毒，但对其他家畜则无毒。

一、有毒植物所含的有毒物质

（一）生物碱

生物碱是一种含氮的有机物，可与酸结合生成盐。在植物体内与柠檬酸、草酸、苹果酸等有机酸结合成盐存在。生物碱种类很多，都有很强的生理作用。生物碱主要存在于双子叶植物中，如毛茛科、罂粟科、茄科、夹竹桃科和豆科等。生物碱在不同植物中含量差别很大，在同一植物体内分布也不均匀，其含量受生育期的影响。生物碱中毒时，多引起神经系统疾病，也可引起消化系统疾病。生物碱在牧草加工调制过程中，如晒干、青贮等，并不会减少。

（二）糖苷类

糖苷也称配糖体或苷类，由糖和非糖两部分组成，具有强心、利尿、泻下、止咳、祛痰等功效，多数毒性不强，只有部分毒糖苷有剧毒，如十字花科的遏蓝菜和独行菜种子内所含的芥子苷。有些含氰化物的糖苷，可分解氢氰酸，对家畜有剧毒。在十字花科、蔷薇科、玄参科、百合科、夹竹桃科等一些植物中含有毒

糖苷。糖苷中毒时，有神经型、胃肠型和发疹型等不同症状。

（三）挥发油

某些挥发油和皂苷具有强心作用，对家畜中枢神经系统有强烈的刺激性。家畜采食含这两种毒物的植物后，常引起中枢神经、肾脏及消化系统疾病。含挥发油和皂苷的植物有益母草、薄荷、泽兰、土细辛、威灵仙、酸模等。含有挥发油的植物在干燥过程中因油性挥发而失去毒性。因此，这类植物晒制成干草，油分挥发会失去毒性；另外，家畜在晚秋或冬季采食这类植物，也比较安全。

（四）有机酸

对家畜有毒的有机酸主要有氰氢酸、酸模酸等。有些植物含有这些特种有机酸，如酸模茎叶中的酸模酸，茅膏菜的叶含有氰氢酸，栎树的花、叶含鞣酸，羊蹄的茎叶含草酸等，常使家畜发生窒息或引起各种疾病。

（五）植物毒蛋白和有毒氨基酸

植物毒蛋白是一种植物毒素，毒性剧烈，如蓖麻毒素，是一种溶血性毒蛋白，能引起各种家畜中毒。有毒氨基酸，如中非银合欢的叶和种子中有含羞草素，能引起甲状腺肿大。

（六）含光能效应物质的植物

光能效应物质亦称叶红质，主要存在于蓼科的一些植物中，如水蓼，家畜采食后，这种光能效应物质就会被吸收进入血液，能增加家畜对太阳光线作用的敏感性，特别是白色或有斑点毛色的动物更易中毒，白色皮肤积聚太阳光线的光能，从而破坏血管壁，皮肤上即出现皮疹，中枢神经系统和消化器官发生障碍。

（七）单宁

单宁能降低纤维素酶的活性，影响纤维素的消化，如壳斗科栎属和豆科胡枝子属的一些植物含有较多单宁。水牛采食过多，会造成蓄积性慢性中毒。

（八）硝酸盐和亚硝酸盐

有些植物，如苋属、茄属、猪毛菜和藜属的一些种，在阴天、干旱、寒冷条件下，喷洒除草剂和过多施用氮肥时，能积累硝酸盐。硝酸盐在反刍动物体内能转换成亚硝酸盐，硝酸盐加亚硝酸盐会引起动物急性和亚急性中毒，导致动物体温下降，严重发生阵发性惊厥或昏迷，甚至死亡。

（九）真菌毒素

真菌毒素是由生长在植物上的真菌所产生，如生长在苇状羊茅体内的寄生真菌，会导致母牛受胎率低，牛犊生长缓慢，奶牛产量下降。另外，黑麦草僵直病，可能是黑麦草上生长的真菌导致的。

二、有毒植物的种类

有毒植物品种繁多，通常分三大类，即终年性有毒植物、季节性有毒植物和可疑性有毒植物。

（一）终年性有毒植物

这类有毒植物对家畜损害大，在天然草地上散布广、品种多，合计 100 多种。它们绝大多数在体内含有各种生物碱，个别还含有光效能物质等，毒性极大，家畜采食后常引起中枢神经系统和消化系统疾病，甚至导致死亡。含有上述毒性的植物，经过晒干、青贮等加工调制进程，其毒性丝毫不减弱，因此对家畜形成终年的威胁，随时有发生中毒的可能。天然草地上这类有毒植物主要有乌头、北乌头、白屈菜、野罂粟、沙冬青、小花棘豆、狼毒、乳浆大戟、毒芹、醉马草、毛茛等 60 多种。

（二）季节性有毒植物

季节性有毒植物是在一定季节内对家畜起毒害作用，而其余季节其毒性消散或减弱的植物。这类植物即使在它含有毒性的季节内，如果采取恰当的加工调制办法，也可达到下降其毒性的目标。这类有毒植物在北方天然草地上散布较广，约有 70 多种，如杜鹃、白头翁、披针叶黄华、草麻黄、唐松草、苦马豆等。

（三）可疑性有毒植物

有些植物在其体内不曾发现有毒性物质的存在，但是不知是何起因，家畜避而不食，如串铃草、砂引草等。

三、家畜中毒及预防

有毒植物所含的有毒物质一般都有特殊味道或刺激性，长期生活在当地的家畜，对当地的有毒植物都具有辨别能力。只要家畜能吃到足够的优质牧草，一般不会发生中毒。只有在以下情况，才容易采食有毒植物发生中毒，应注意。

（1）早春放牧。经过漫长的冬季，牧草匮乏，家畜非常贪青，萌发早的有毒植物，易被家畜采食。加之，早春家畜体质弱，抵抗力差，最易发生中毒。

（2）由异地新购进的家畜，对本地有毒植物缺乏鉴别能力，容易误食毒草中毒。

（3）家畜处于特别饥饿状态时，放牧驱赶过快，家畜饥不择食，容易采食毒草，发生中毒。在家畜饥饿时，不要驱赶家畜在毒草蔓延的草地上放牧。

（4）在过分干旱、干燥、寒冷等不正常的气候条件下，一些耐旱、耐寒的有毒植物会积累毒物质，导致家畜采食中毒。

（5）喷洒除草剂后，某些植物能积累大量硝酸盐。所以，喷洒除草剂后的草地，必须经过 10～15 d 才能放牧。

对含糖苷的有毒植物经过加热或酸碱处理可消除毒性；含毒蛋白和挥发油的有毒植物经过干燥，毒素会逐渐消失、挥发。大多数有毒植物经调制成干草或青贮后，不但毒性消除，且成为家畜冬春季节的好饲料。

第二节　草地有害植物

所谓有害植物，其自身不含有毒成分，但它的植株或种子、果实有钩刺或芒，经常刺伤家畜造成机械损害或降低畜产品质量，甚至引起家畜死亡。常见的有害植物有针茅属、苍耳、龙牙草、鹤虱属等。有害植物还包括以排挤、缠绕、绞杀、覆盖、寄生、生化相克和传播病毒等方式严重危害其他生物生长生存，造成物种多样性、群落多样性或遗传多样性显著减少甚至丧失及基因污染的植物。

（1）使乳品变质变坏植物：艾属植物能使采食家畜的乳汁带有苦味，葱属植物能使乳汁带有臭味，酸模能使乳汁产生凝固块，茜草科猪殃殃属植物能使乳汁变红或变成粉红色。

（2）使羊毛品质降低植物：鬼针草、苍耳、龙牙草、蒺藜等植物的果实长有刚毛或钩刺，附着力强，容易混入羊毛内，刺伤畜体，降低羊毛品质。

（3）能刺伤家畜身体的植物：有些植物在夏秋季节植株老化时，茎叶或种子等的芒刺变硬，家畜采食时，会刺伤皮肤、口腔、眼睛、腹部及腿部，引起溃烂，影响家畜健康。如禾本科的黄茅属、三芒草属以及大蓟、飞廉、刺苋、杠板归、悬钩子、蔷薇等植物。

（4）排挤其他植物的外来入侵植物：在攀西地区危害最严重，造成生物多样性丧失、草地产量下降的外来入侵植物是紫茎泽兰和空心莲子草。

第三节　攀西地区常见的有毒有害植物及其防除

一、攀西地区常见的有毒有害植物

（一）紫茎泽兰

紫茎泽兰，系菊科泽兰属多年丛生型半灌木草本植物。株高 50～120 cm，最高达 2～3 m，根呈绳索状，十分发达；喜温，喜湿，耐干旱，耐瘠薄，且能耐－5℃低温，生态适应性很广，所到之处寸草不生、牛羊中毒，是植物界里的"杀手"，可进行有性繁殖和无性繁殖。紫茎泽兰在 2010 年中国西南大旱后疯长蔓延，是农、林、牧生产的大敌，所到之处，与作物、牧草争夺阳光、水分、养分，排挤伴生植物形成大片的单优群落，严重威胁农作物、牧草的生长。另外，紫茎泽兰严重影响人畜健康。紫茎泽兰植株内含有芳香和辛辣的化学物质和一些尚不清楚的有毒物质，其花粉能引起人畜过敏性疾病，会引起马患气喘病，常有家畜因误食引起中毒或死亡的事件发生；紫茎泽兰植株用来垫厩，会引起牛马烂蹄。紫茎泽兰是攀西地区目前危害最大的植物。

（二）空心莲子草

空心莲子草又名水花生及革命草，苋科多年生草本。20 世纪 50 年代后，南方一些地区将它作猪饲料引种栽培，而后逸出并扩散。由于繁衍速度极快，竞争力极强，现已广布于黄河流域以南各地，喜生于水田、河塘、池沼、沟渠、湿地，亦有较强的耐旱性和耐盐性；具两栖性，既可陆生，亦可挺水或浮水生长；适应性、繁殖力、萌蘖力、生命力均极强，拔断的茎节遇土即能生根，是目前极为常见且难以根除的危害农、林、渔业及水上交通的一大恶性杂草，通常形成稠密的单优群落。利用农达、水花生净或农民乐 747 除草剂进行防治有良好的效果。

（三）蓖麻

蓖麻为夏季一年生直立草本，叶子大，茎秆为浅红色或紫色，有时株高可达 3.7 m。逸生而成为旧场地、荒地及路边的自生植物。蓖麻含有蓖麻毒素，蓖麻毒素是一种致命的剧毒，能导致动物呕吐、腹泻、战栗、出汗、痉挛，甚至死亡。蓖麻茎和叶对所有家畜种类都有毒性，而马尤其敏感。最常见的中毒原因是谷粒或粉碎的饲料受到蓖麻种子的混杂污染。

（四）曼陀罗

曼陀罗为夏季一年生草本，株高 0.9～1.5 m，呈花白色或浅紫色。蒴果，长 2.5～5 cm。为荒地、场院、受扰动的地方以及耕地中的常见杂草。曼陀罗含天仙子胺、阿托品以及其他生物碱，能导致动物呕吐、瞳孔放大、呼吸缓慢、口渴、尿频、痉挛甚至死亡。曼陀罗全株均具毒，尤以种子为甚。混在干草中的株体同样有毒。所有家畜均可中毒，但以牛的中毒最为常见。

（五）马樱丹

马樱丹为多年生草质灌丛，株高可达 1.5 m，花的颜色变化很大。路边和荒地偶有逸生，或在破旧房屋周围出现。马樱丹含马樱丹素，能导致动物血病和水病、口鼻病变，体重下降，死亡。还引起光敏作用（组织坏死或病变），尤以浅色家畜为甚。马樱丹全株所有部分均有毒，但果实毒性更强。各种放牧家畜均可中毒，但通常不会致命。

（六）茄属植物

茄属植物为一年生或多年生草本，有些种的植株有刺，含茄碱及其他生物碱。中毒症状为唾液分泌过多、贪睡、战栗、呕吐、腹泻、瞳孔放大、瘫痪、死亡。本属有毒或有潜毒的种包括颠茄、卡罗来茄以及龙葵。其叶子，尤其是未成熟的浆果，对马、牛、羊均有毒。

（七）夹竹桃

夹竹桃为常绿灌木或小乔木，具革质叶子，株高可达 7.6 m。花朵为白色、黄色、粉红或红色，簇生于茎的顶端。夹竹桃含有不同糖苷及其他有毒化合物。动物中毒症状为呕吐、战栗、虚弱、血痢、死亡。夹竹桃叶子和嫩枝可引起各种家畜的中毒。家畜吃修剪下来的枝叶最容易中毒。叶子或植株其他部分无论干、鲜，都有很高的毒性。吸入其植株燃烧产生的烟气，也可引起中毒症状。

（八）毒参

毒参为暖季型二年生草本，类似野胡萝卜，茎秆除节部外中空，株高可达 1.8～2.4 m。生长于阴湿荒地、沟渠地带。毒参含有几种生物碱，毒芹碱及 N-甲基毒芹碱，会导致动物血便、呕吐、痉挛、瘫痪、死亡。毒参全株各部分都有毒。毒性随植株成熟而增加，但在刈割或霜杀干燥之后毒性降低。中毒通常发生在秋季。放牧家畜一般都避而不食这种植物，除非没有其他饲料或牧草可供取食。

（九）大托叶猪屎豆

大托叶猪屎豆为夏季一年生豆科草本，开艳丽的黄花，高度通常低于60～90 cm。大托叶猪屎豆含有野百合碱（一种生物碱）。会导致动物急性或慢性中毒，唾液分泌过多、流鼻涕、血便、萎靡不振、体重下降、无目标行走、低头、死亡。植株任何部分可使任何种类的家畜中毒，种子剧毒。如果植株或种子混在干草之中，压捆之后数月仍可引起中毒。中毒症状可迟至食入之后数周到数月才开始出现。该植物生产的种子非常坚硬，即使很多年地上见不到植物，一旦土壤受到扰动就可能出现自生群丛。已知其同属的其他几个种也有毒。

（十）披针叶黄华

披针叶黄华为多年生草本。茎直立，被棕色长伏毛。掌状三出复叶，小叶倒披针形或长椭圆形，先端钝圆或急尖，背面被棕色长伏毛；托叶大形、椭圆形或卵状披针形。总状花序顶生，花轮生，每轮2～3朵；蝶形花冠黄色。多生于山坡、草地、沟渠旁、荒地、田边。披针叶黄华全株有毒，为牧场常见有毒植物，其种子易混入谷物引起人和牲畜的中毒，产生神经系统的兴奋和气管刺激症状。

二、有毒有害植物的防除

在天然草场上，有毒有害杂草盘踞着草场，吸取泥土中的水分和养料，排斥有饲用价值的优质牧草，从而降低了草场的生产能力及品质，尤其是给畜牧业生产带来更大的损失。因此防除有毒有害植物的工作不能忽视，目前常采取的方法有如下几种。

（一）综合防除

天然草地上有毒有害植物生长与生态环境亲密相关，在不同的草地，因为环境条件不同，有毒有害植物散布和数量也不同。生产实践证实，有毒有害植物的生长，跟草地不合理利用情况也有关系，随着草地退化的严重，有毒有害植物也在增加。因此，许多草场合理利用与改良的方法都可抑制有毒有害植物的生长，使其从草群中消散。如采取分区轮牧、草地施肥、灌溉等措施，促使草地优良牧草增多，减少有毒害植物的滋生；对阴湿的草甸及沼泽化草地加强排水，使湿生或湿中生有毒植物自行死亡；以草治草，在有毒害草混生地段，补播侵袭性强的优良牧草，利用生物竞争，抑制有毒有害植物的生长发育；以畜治草，选择对家畜无毒害作用时期反复重牧，消耗有毒有害植物生机，使其逐渐衰退。

（二）人工和机械防除

利用人力和简易工具，把杂草及毒害草除去的方法，即机械除草法。这种方法比较费时，并要花费大批劳力，所以通常只能在小面积的草场上进行。

通常机械除草必须留意：①连根铲除，或损坏所有萌发的部位，免得再次生长；②选择雨后进行，容易铲除；③必须在杂草或毒害草巩固前进行；④若以全面刈割法来抑制杂草生长，则刈割高度以不损害优质牧草为原则。

在实践中，当草场放牧利用后，刈割残存的杂草及毒害草是机械除草最有效的时间。

（三）化学防除法

利用化学药剂杀死杂草的方法，即化学除草法。凡是能杀死杂草的化学药剂，统称为防莠剂或除草剂。

1. 化学除草剂的特点

比人工或机械铲除经济、省力，采取选择性除草剂可使有价值的牧草不受损害，这种方法不受地形条件制约，有利于水土保持。

2. 化学除草剂的种类

（1）灭生性除草剂：这一类药剂在一定剂量时能杀死各种植物。

（2）选择性除草剂：在一定剂量下，只对某一类植物有杀伤力，对另一类植物无害或损害小。在草地上消灭杂草及毒害草时，通常采取选择性有机除草剂，这种除草剂品种很多，以下介绍几种常用的选择性除草剂：

①2，4-D类除草剂：它是一种内吸型选择性除草剂，对多种一年生或多年生双子叶杂草杀伤作用强，而对单子叶植物效果差。用量：每公顷 1.5～3.75 kg，加水 600～700 kg，喷洒。

②2M-4X：这类除草剂对双子叶植物具备较强的杀伤力。用量：每公顷 3.75～15 kg，加水 450～750 kg，喷洒。

③除草醚：触杀型除草剂，有一定的选择性，能够灭杀如狗尾草、扁蓄蓼、藜等多种一年生和多年生杂草，除草醚可配成药或拌细土配成药土均匀撒播。用量：每公顷 11.25～15 kg，加水 750～1500 kg，喷洒。

④百草枯：一种内吸型选择性除草剂，对狭叶单子叶植物有强烈的杀伤作用，对双子叶植物效果较差。用量：每公顷 7.5～22.5 kg，加水 450～750 kg，喷洒。

3. 化学除草剂的使用方法

除草剂的使用方法分为叶面处理和土壤处理两种。在草地上多用叶面处理的方法，即将药剂稀释到规定浓度，喷洒到植物叶面，达到消灭杂草或有毒有害植物的目标。土壤处理就是将除草剂用喷雾、喷洒、泼浇、喷粉或毒土等方法施到土壤表层或土壤中，形成一定厚度的药土层，接触杂草种子、植株而杀死杂草、一般多用常规喷雾处理土壤。

4. 草地使用除草剂的注意事项

在大面积喷药前，必须进行小区实验，以判别用量及浓度等。喷药时选择温度较高（20℃左右）、阳光充分的天气进行，若喷药后 24 h 内下雨，则需重喷。应在植物生长最快时进行，通常认为幼苗期和盛花期喷药效果好。喷药 20～30 d 后才能放牧，免得造成家畜中毒。应严格遵守操作规程，保证工作人员安全，免得中毒。喷药时留意风向，避免下风处的作物和牧草受害。

三、紫茎泽兰的防除方法

（一）人工防除

此法是最简单的防治方法，适用于刚刚传入，还没有大面积扩散、蔓延的紫茎泽兰。根据紫茎泽兰的生长规律和已报道的防治经验，防除时间应选择在紫茎泽兰花期前进行，采取组建专业队伍与发动群众相结合的办法，利用每年 2—3 月份或者 10 月份的农闲期，对紫茎泽兰进行全面清除。紫茎泽兰繁殖能力强，除了能通过种子传播外，其根、茎都能进行无性繁殖。因此在清除时，应保证残枝、残根全部清除，并将清除后的紫茎泽兰尽快就地销毁，防止再次萌发。但此法劳动强度大、效率低，难以在大范围内推广应用。

（二）化学防除

化学防除是控制紫茎泽兰的主要方法之一，主要是利用高效、低毒、低残留、对人畜安全的化学除草剂，开展大规模灭治。主要除草剂配方有 0.6～0.8%的 2，4-D 溶液、0.3%～0.6%的 2，4-D-丁酯、0.3%～0.6%的 2，4，5-三氯苯氧基醋酸和 5.0%氯酸钠溶液等。利用除草剂防除紫茎泽兰要达到最佳效果，需要喷湿全株，特别是植株下部。虽然化学防治具有效果迅速、使用方便、易于大面积推广应用等优点，并在紫茎泽兰的防治过程中取得了一定的成效，但是这种方法会造成环境污染，药物飘散还会使临近作物产生药害，而且用量大、成本高，易使紫茎泽兰产生抗药性，效果还会受到季节的影响。

（三）生物防除

生物防除是指从外来有害生物的原产地引进食性专一的天敌（包括植物、动物和微生物），将有害生物的种群密度控制在生态和经济危害水平之下的防治方

法。生物防除方法的基本原理是有害生物与天敌的生态平衡理论，在有害生物的传入地通过引入原产地的天敌因子重新建立有害生物与天敌之间的相互调节、相互制约机制，恢复和保持这种生态平衡。因此，生物防除可以取得利用、保护生物多样性的结果。

1. 昆虫防除

泽兰实蝇对寄主具有极强的专一性，是许多国家最常用的防治紫茎泽兰的一种天敌。云南省就进行过用泽兰实蝇来防治紫茎泽兰的研究。它的防治机制是，泽兰实蝇产卵寄生于紫茎泽兰的茎顶端，继而形成虫瘿，严重抑制紫茎泽兰的生长，因为它虽然可形成侧枝，但开花结实数量显著减少，产生不孕的头状花序，直至植株最终死亡。旋皮天牛是紫茎泽兰的另一种天敌，它在紫茎泽兰的根颈部钻孔取食，造成紫茎泽兰机械损伤而致全株死亡。

天敌引进是一项国际性、牵涉面很广的工作，要求安全、快速，保证天敌成活率和科学严格的管理。

2. 真菌生物防除

真菌生物防除用于防除紫茎泽兰的真菌有泽兰尾孢菌和链格孢菌等。紫茎泽兰感染病菌后，可引起叶子被侵染组织的失绿，吸收水分和氮、磷的能力显著降低，使植株的生长受阻。强盛等的研究表明，链格孢菌的代谢毒素在 50 mg/kg 浓度以下就可以引起紫茎泽兰严重的病害。

3. 替代控制

替代控制指利用植物间的相互竞争现象，用一种或多种植物的生长优势来抑制害草。具体方法是在开花期前清除紫茎泽兰，然后立即种植速生树种和优质牧草，迅速恢复植被，以生命力强的植被来抑制紫茎泽兰的再生长。这主要是通过人工逐步造成紫茎泽兰生长空间的郁闭，紫茎泽兰群体因处于下层，光照不足，会逐渐衰亡、消退。可供选用的速生树种有直杆桉、蓝桉、台湾相思、新银合欢等。替代控制的牧草应选择生长迅速的，如白三叶、雀稗、杂交狼尾草、百喜草、黑麦草、紫花苜蓿、王草等。其中，某些牧草生长迅速、叶片茂盛、覆盖面广，可以成功地抑制紫茎泽兰的生长和种子的传播，且适应环境的能力也很强。

第九章　青贮饲料的生产

第一节　青贮的意义与原理

一、青贮的意义

饲料青贮技术是将青绿饲料切碎后，在密闭缺氧的条件下控制发酵使饲草保持多汁状态而长期贮存的一种饲草调制技术。青贮饲料从总体上看具有五方面的好处。

1. 营养损失较少

青饲料适时青贮，其营养成分一般仅损失 10％ 左右。而自然风干过程中，由于植物细胞并未立即死亡，仍在继续呼吸，需消耗和分解营养物质，当达到风干状态时，营养损失约 30％ 左右。如果在风干过程中，遇到雨雪淋洗或发霉变质，则损失更大。据测定，优质青贮玉米秸比风干玉米秸粗蛋白高 1 倍，粗脂肪高 4 倍，而粗纤维低 7.5％，尤其是对维生素的保存更为有利。

2. 适口性好

青饲料经过乳酸发酵后，质地柔软，具有酸甜清香味，牲畜大都喜食。尤其是将一些质地较硬、适口性差的青绿料青贮后，适口性改善明显。

3. 单位容积内贮量大

一般情况下，1 m³ 青贮饲料的重量为 450～700 kg，其中干物质 150 kg。而 1 m³ 干草仅为 70 kg，约含干物质 60 kg。单位容积内贮量大，有利于草料的贮存。

4. 可长期保存

青贮饲料不仅可以常年利用，受自然灾害的影响较小，而且保存期达 3～4 年，有报道可达 20 年。而干草即使在库房内堆放，也会受鼠虫或霉变的危害。

5. 可减少消化系统和寄生虫病的发生

青贮饲料由于营养丰富，乳酸和维生素含量丰富，饲喂牲畜消化疾病较少。同时，由于饲料经发酵后，寄生虫及其虫卵被杀死，可减少内寄生虫病的发生。一些杂草种子也因发酵而失去发芽能力，减少了牲畜粪便传播杂草的几率。

二、青贮原理

饲料青贮的基本原理就是在厌氧条件下，利用乳酸菌发酵产生乳酸，使青贮料中所有微生物作用都处于被酸抑制的稳定状态，从而达到保存青饲料的营养价值。青贮饲料发酵是一个复杂的微生物群消长演变和生物化学过程，其发酵过程大致分三个阶段。

1. 好气性活动阶段

新鲜的青贮原料装入青贮窖后，由于在青贮原料间还有少许空气，腐败菌、酵母菌、霉菌等各种好气性和兼性厌氧细菌迅速繁殖，由于存在活着的细胞连续呼吸以及各种酶的活动和微生物的发酵作用，使青贮原料中遗留少量的氧气很快耗尽，形成了厌氧环境；与此同时，微生物的活动产生了大量的二氧化碳和醋酸、琥珀酸、乳酸等有机酸，使饲料变成酸性环境，这一环境不利于腐败菌、酪酸菌、霉菌等生长，乳酸菌则大量繁殖占优势。当有机酸积累到 $0.65\%\sim1.3\%$，pH 下降到 5 以下时，绝大多数的微生物的活动都被抑制，霉菌也因厌氧而不再活动，这个阶段一般维持 2 d 左右。如果青贮时，青饲料压不实，盖得不严，有渗气、渗水现象，窖内氧气量过多，植物呼吸时间过长，好气性微生物活动旺盛，会使料温升高，因而削弱了乳酸菌与其他细菌微生物的竞争能力，使青贮营养成分遭到破坏，降低了饲料品质，严重的会造成烂窖，导致青贮失败。青贮的关键技术是尽量缩短第一阶段的时间，以减少由于呼吸作用而产生有害微生物的繁殖。

2. 乳酸发酵阶段

厌氧条件形成后，乳酸菌迅速繁殖形成优势，并产生大量乳酸，其他细菌不能再生长活动，当 pH 下降到 4.2 以下时，乳酸菌的活动也渐渐慢下来，还有少量的酵母菌存活下来，这时的青贮饲料发酵趋于成熟。一般情况下，发酵 $5\sim7$ d 时，微生物总数达高峰，其中以乳酸菌为主，正常青贮时，乳酸发酵阶段为 $2\sim3$ 周。

3. 青贮饲料保存阶段

当乳酸菌产生的乳酸积累到一定程度时，乳酸菌活动受到抑制，当乳酸积累量达 $1.5\%\sim2.0\%$，pH 为 $3.8\sim4.2$ 时，青贮料处于厌氧和酸性环境中，青贮得以长期保存。

三、青贮的分类

根据青贮料水分含量的高低，青贮分为高水分青贮、常规青贮和半干青贮三种。

1. 高水分青贮

青贮原料刈割后未经凋萎直接青贮，一般情况下含水量达 70% 以上。这种青贮方式的优点为牧草不经晾晒，减少了气候影响和田间损失。其特点是作业简单、效率高。但水分含量越高，越需要达到更低的 pH 值才能保证青贮饲料的质量。高水分对发酵过程有害，容易产生品质差和不稳定的青贮饲料。另外由于渗漏，还会造成营养物质的大量流失，以及增加运输工作量。为了克服高水分引起的不利因素，可以添加能促进乳酸菌或抑制不良发酵的一些有效添加剂，促使其发酵理想。

2. 凋萎青贮

青贮原料刈割后在良好干燥条件下，经过 4～6 h 的晾晒或风干，使原料含水量达到 60%～70% 之间，再捡拾、切碎、入窖青贮。将青贮原料晾晒，虽然干物质、胡萝卜素损失有所增加，但是，由于含水量适中，既可抑制不良微生物的繁殖而减少丁酸发酵引起的损失，又可在一定程度上减轻流出液损失。适当凋萎的青贮料无需任何添加剂。此外，凋萎青贮含水量低，减少了运输工作量。

3. 半干青贮

半干青贮也称低水分青贮，主要应用于青贮不易的牧草（特别是豆科牧草）。青贮原料收割后，经风干晾晒，含水量降至 45%～60% 之间，再厌氧贮存。半干青贮阻碍丁酸菌、腐败菌等有害微生物作用，能克服高水分青贮所造成的植物渗出液损失，从而较多地保存原料的养分。半干青贮苜蓿在制作中含水量低，发酵程度较弱，酸味很淡，在适口性和营养价值方面比干草和常规青贮更接近青草。

第二节　青贮设施与青贮机械

一、青贮设施

选择青贮建筑种类和建筑材料，主要取决于经济条件和牧场规模。

（一）青贮塔

青贮塔是在地面上修造的圆筒体，一般用砖和混凝土修建而成。青贮塔是永久性的建筑物，初期成本比较昂贵，但持久耐用，青贮效果好，青贮损失少，便于机械化装料与卸料，装卸自动化，取料方便。青贮塔对机械设备要求高，贮藏量大，适用于经济条件好的大型养殖场。

青贮塔的高度应不小于其直径的 2 倍，不大于直径的 3.5 倍，一般塔高 12～14 m，直径 3.5～6.0 m。在塔身一侧每隔 2 m 高开一个 0.6 m×0.6 m 的窗口，装时关闭，取料时敞开。

近年来，国外采用气密（限氧）的青贮塔，由镀锌钢板乃至钢筋混凝土构成，内边有玻璃层，防气性能好。提取青贮饲料可以从塔顶或塔底用旋转机械进行。可用于低水分青贮、凋萎青贮和湿玉米青贮。

（二）青贮窖

青贮窖呈圆形或方形，以圆形居多，可用混凝土建成。青贮窖建成地下式，也可建成半地下式。地下式青贮窖适于地下水位较低、土质较好的地区，半地下式青贮窖适于地下水位较高或土质较差的地区。有条件的可建成永久性窖。窖四周用砖石砌成，用三合土或水泥抹面，坚固耐用，内壁光滑，不透气，不漏水。圆形窖要求上大下小，便于压紧，长形青贮窖窖底应有一定坡度，以利于部分雨水流出。青贮窖容积，一般圆形窖直径 2 m，深 3 m，直径与窖深之比以1：1.5～1：2.0 为宜。长方形窖的宽深之比为 1：1.5～1：2.0，长度根据家畜头数和饲料多少而定。

青贮窖可大可小，能适应不同生产规模，比较适合我国农村现有生产水平。但是地下式青贮窖取用不方便，贮存损失较大。

（三）青贮壕

青贮壕是一种长条形的壕沟状建筑，沟的两端呈斜坡，沟底及两侧墙面一般用混凝土砌抹，底部和壁面必须光滑，以防渗漏。青贮壕一般为地上式。青贮壕的优点是造价低，并易于建造。缺点是密封面积大，贮存损失率高，在恶劣的天气取用不方便。但青贮壕有利于大规模机械化作业，通常拖拉机牵引着拖车从壕的一端驶入，边前进、边卸料，从另一端驶出。拖拉机和青贮拖车驶过青贮壕，既卸了料又能压实饲料，这是青贮壕的特点。装填结束后，物料表面用塑料布封顶，再用泥土、草料、沙包等重物压紧，以防空气进入。

国内大多牧场多用青贮壕，而且已从地下发展至地上，在平地建两垛平等的水泥墙，两墙之间便是青贮壕。青贮壕便于机械化作业，取用方便，而且避免了积水的危险。

（四）青贮袋

青贮窖、青贮壕贮存量太大，不适于农村小规模养殖场。特别是攀西地区冬季短，春季气温高，青贮饲料取用后没有压实，容易引起青贮料腐败。塑料袋青贮为农村小规模养殖场提供了极大的方便。另外，在压实过程中，可采用吸尘器进行排气，操作简单易行。选用无毒的聚乙烯塑料薄膜，双幅宽 1 m，无破损和沙眼，厚度均匀。厚为 0.8～1 mm，太薄容易破烂，太厚成本高。塑料袋的大小，可根据养殖场规模确定，2～3 d 喂完为宜。一个长约 2.5 m、宽 1.0 m 大小的青贮袋，用废锯片等金属条加热后压合塑料筒的一端，使之成为不漏气的袋子，每袋能装料约 200～250 kg。塑料袋青贮要注意防止老鼠破坏塑料袋，导致青贮料变质。

20 世纪 70 年代末，国外兴起了一种大塑料袋青贮法，每袋可贮存数十吨至上百吨青贮饲料。为此，设计制造了专用的大型袋装机，可以高效地进行装料和压实作业，取料也使用机械，劳动强度大为降低。大袋青贮的优点一是节省投资，二是贮存损失小，三是贮存地点灵活。

（五）拉伸膜裹包青贮

拉伸膜裹包青贮技术是当今世界最先进的饲料加工和青贮技术。其技术原理是将机械收割压扁的新鲜牧草和青绿秸秆稍加晾晒后，先经草粉机揉碎，再用打捆机将之高密度压实打捆，最后通过裹包机将草捆用拉伸膜裹包，拉伸膜有阻隔紫外线的性能，它能使青贮料在包内形成最佳发酵环境，在密封厌氧的条件下，经 2 至 3 周完成乳酸型自然发酵生物化学反应过程，制成营养价值高、适口性强的饲料，并可在各种气温条件下长期储存。

实施拉伸膜裹包青贮技术要特别注意三个环节：一是使用草粉机时务必将秸秆、牧草揉碎并掌握好原料水分，一般应将其含水量控制在 50％～60％，扎好草捆；二是使用圆捆机打捆务必将原料高密度压实；三是裹包时要使用优质拉伸膜，以防空气渗入导致饲料霉变。

（六）青贮堆

选一块干燥平坦的地面，铺上塑料布，然后将青贮料卸在塑料布上垛成堆。青贮堆的四边呈斜坡，以便拖拉机等搬运工具能开上去。青贮堆压实之后，用塑料布盖好，周围用沙土压严。塑料布顶上用旧轮胎或沙袋压严，以防塑料布被风掀开。青贮堆的优点是节省了建窖的投资，贮存地点也十分灵活，缺点是不易压严实。

二、青贮机械

青贮饲料调制的第一步是青饲料的生产、收获、装运，而原料青贮前一般都要切碎。切碎可使汁液渗出，有利于乳酸菌发酵，而且原料切碎后容易压实和排除空气，养分损失少。原料的切碎程度按饲喂家畜和原料的种类而定，一般切成 2~5 cm。这些操作的劳动量较大，仅靠手工作业不适应大规模生产的要求，必须使用机械操作。与青贮饲料调制有关的机械设备包括青饲料收割机械和切草机械。

（一）青饲料收获机械

青饲料和青绿作物都是在茎叶繁茂、生物量最大、单位面积营养物质产量最高时收获。当前比较适用的机械是青饲料联合收割机，在一次作业中可以完成收割、捡拾、切碎、装载等多项工作。由于机械化程度高、进度快、效率高，是较理想的收获机械。

青饲料联合收获机按动力来源分为牵引式、悬挂式和自走式三种。牵引式靠地轮或拖拉机动力输出轴驱动，悬挂式一般都由拖拉机动力输出轴驱动，自走式的动力靠发动机提供。按机械构造不同，青饲料收获机可分为以下几种。

1. 滚筒式青饲料收获机

收获物被捡拾器拾起后，由横向搅龙输送到喂入口，喂入口与上下喂入辊接触，通过中间导辊进入挤压辊之间，被滚筒上的切刀切碎。经过抛送装置，将青饲料输送到运输车上。这类收获机与普通谷物联合收获机类似。

2. 刀盘式青饲料收获机

这类收获机的割台、捡拾器、喂入、输送和挤压机构与滚筒式收获机相同，其主要区别在于切碎部分，切刀数减少时，对抛送没有太大影响。

3. 甩刀式青饲料收获机

此类机械又称连枷式青饲料收获机，当关闭抛送筒时，可使碎草撒在地面作绿肥，也可铺放草条。

4. 风机式青饲料收获机

此类收获机用装切刀的叶轮代替装切刀的刀盘。叶轮上的切刀专用于切碎，风叶产生抛送气流。

（二）青饲料铡草机

青饲料铡草机也称切碎机，主要用于切碎粗饲料，如稻草、麦秸、玉米秸等。按机型大小可分为小型、中型和大型。小型铡草机适用于广大农户和小规模饲养户，大型铡草机常用于规模较大的饲养场。铡草机是农牧场、农户饲养草食家畜必备的机具。秸秆、青贮料或青饲料的加工利用，切碎是第一道工序，也是提高粗饲料利用率的基本方法。铡草机按切割部分类型可分为滚筒式和圆盘式两种。

1．滚筒式铡草机

滚筒式铡草机型号很多，但其基本构造是由喂入、切碎、抛送、传动、离合和机架等部分组成。喂入装置主要由链板式输送器、压草辊和上下喂草辊等组成。上喂草辊的压紧机构采用弹簧式和结构紧凑的十字沟槽连轴节。

切碎和抛送装置联成一体，由主轴、刀盘、动刀片、抛送叶片和定刀片组成。可换齿轮的齿数分别为 13、22、56、65，选配不同的齿数，可改变传动速率，得到不同的铡草长度。

2．圆盘式铡草机

该机是由喂入链、上下喂草辊、固定底刀板以及由切刀、抛送叶板等构成的刀盘组成。例如 93ZP－1000 型铡草机生产率为 1000 kg/h，切碎长度为 15～35 mm，主轴转速为 800 r/min，配套动力 3 kW 电机，机重 110 kg。

大中型铡草机为了便于抛送青贮饲料，一般多为圆盘式，而小型铡草机以滚筒式为多。大中型铡草机，为了便于移动和作业，常装有行走轮，而小型铡草机多为固定式。

第三节   青贮技术

一、影响青贮品质的因素

（一）青贮原料的含糖量

为保证乳酸菌的大量繁殖，产生足量的乳酸，青贮原料中必须有足够数量的可溶性糖分。若原料中可溶性糖分很少，即使其他条件都具备，也不能制成优质青贮料。青贮原料中的蛋白质及碱性元素会中和一部分乳酸，只有当青贮原料中 pH 值为 4.2 时，才可抑制微生物活动。因此，乳酸菌形成乳酸，使 pH 值达 4.2 时所需要的原料含糖量是十分重要的条件，通常把它叫作最低需要含糖量。青贮原料中含糖量至少应为鲜重的 1％～1.5％。一般说来，禾本科饲料作物和牧草含糖量高，容易青贮；豆科饲料作物和牧草含糖量低，不易青贮。根据饲料的青贮糖差，可将青贮原料分为两类：

易青贮的原料：如玉米、高粱等禾本科牧草，甘薯藤、南瓜、菊芋、向日葵、芜菁、甘蓝等，这类饲料中含有适量或较多可溶性碳水化合物。

不易青贮的原料：如苜蓿、三叶草、草木樨、大豆、豌豆、紫云英、马铃薯茎叶等，含碳水化合物较少，宜与易青贮的牧草混贮，半干青贮或者加入青贮发酵抑制剂调制特种青贮。

（二）青贮原料的含水量

青贮原料中含有适量水分，是保证乳酸菌正常活动的重要条件。水分含量过高或过低，均会影响青贮发酵过程和青贮饲料的品质。如水分过低，青贮时难以踩紧压实，窖内留有较多空气，造成好气性细菌大量繁殖，使饲料发霉腐败。水分过多时易压实结块，利于酪酸菌的活动，同时植物细胞汁液被挤后流失，使养分损失。青贮原料中含水量为 84.5% 时，汁液中损失的干物质占青贮原料干物质的 6.7%，而含水量为 70% 的青贮原料，已无汁液排出，干物质不受损失。青贮原料中水分过多时，细胞液中糖分过于稀释，不能满足乳酸菌发酵所要求的一定糖分浓度，反利于酪酸菌发酵，使青贮料变臭、品质变坏。因此，乳酸菌繁殖活动，最适宜的含水量为 65%～75%，豆科牧草的含水量以 60%～70% 为好。但青贮原料适宜含水量因质地不同而有差别，质地粗硬的原料含水量可达 80%，而收割早、幼嫩多汁的原料则以 60% 较合适。判断青贮原料水分含量的简单办法：将切碎的原料紧握手中，然后手自然松开，若仍保持球状，手有湿印，其水分含量在 65%～75%；若草球慢慢膨胀，手上无湿印，其水分在 60%～65%；若手松开后，草球立即膨胀，其水分为在 60% 以下。

青贮原料含水量过高过低，青贮时应进行相应处理。对于水分过多的饲料，青贮前应稍晾干凋萎，使其水分含量达到要求后再青贮。如凋萎后还不能达到适宜含水量，应添加干料进行混合青贮。也可以将含水量高的原料和低水分原料按适当比例混合青贮，如玉米秸和甘薯藤、甘薯藤和花生秧、玉米秸和紫花苜蓿是比较好的组合，但青贮的混合比例以含水量高的原料占 1/3 为适合。

（三）厌氧环境

乳酸菌是厌气性细菌，而腐败菌等有害微生物大多是好气性菌，如果青贮原料内有较多空气时，就会影响乳酸菌的生长和繁殖，反而使腐败菌等有害微生物活跃起来，好气菌大量繁殖，氧化作用强烈，温度升高（可达 60℃），使青贮料糖分分解，维生素破坏，蛋白质消化率降低，青贮原料就要变质。拖延封窖对表层饲料有不良影响，密封后下层饲料还会变质，发生蛋白质腐败分解及糖氧化，导致温度上升、细菌群落发生改变。

为了给乳酸菌创造良好的厌氧生长繁殖条件，须做到原料切短、装实压紧、青贮窖密封良好。青贮原料切短的目的是便于装填紧实、取用方便，家畜便于采食，且减少浪费。同时原料切短或粉碎后，青贮时易使植物细胞渗出汁液，湿润表面，糖分流出附在原料表层，有利于乳酸菌的繁殖。切短程度应视原料性质和畜禽需要来定。对牛羊来说，细茎植物如禾本科牧草、豆科牧草、草地青草、甘薯藤、幼嫩玉米苗等，切成 3～4 cm 长即可；对粗茎植物或粗硬的植物如玉米、向日葵等，切成 2～3 cm 较为适宜。叶菜类和幼嫩植物，也可不切短青贮。对猪禽来说，各种青贮原料均应切得越短越好，细碎或打浆青贮更佳。原料切短后青贮，易装填紧实，使窖内空气排出。一般原料装填紧实适当的青贮，发酵温度在 30℃左右，最高不超过 38℃。

青贮的装料过程越快越好，这样可以缩短原料在空气中暴露的时间，减少由于植物细胞呼吸作用造成的损失，也可避免好气性细菌大量繁殖。窖装满压紧后立即覆盖，造成厌氧环境，促使乳酸菌的快速繁殖和乳酸的积累，保证青贮饲料的品质。

（四）适宜温度

青贮的适宜温度为 26.7～37.8℃，温度过高或过低，都不利于乳酸菌的生长和繁殖，并影响青贮料的品质。如果在青贮过程踩实压紧，顶部封严，就不会使温度超过上述范围。如窖内空气已被排出，青贮升温则不明显，底部附近为 26.7～29.4℃，顶部附近约 37.8℃或稍高。一般情况下，温度在青贮后的 1～15 d 上升，然后下降。如果青贮窖漏气，温度可急剧上升到 54.4℃，这样会使青贮料变坏。

二、青贮饲料的制作

（一）青贮原料适时收割

适时收割是保证青绿饲料营养价值的重要前提。一般禾本科牧草在孕穗期刈割，豆科牧草在初花期刈割。带果穗的玉米在蜡熟期收割，收穗的玉米秸在玉米穗收获后（玉米秸下部仅有 1～2 个黄叶）立即收割青贮。

（二）青贮原料切短

青贮原料切短的目的是便于压实以及有利于汁液渗出润湿其表面，加速乳酸菌的繁殖。青贮原料切短的长度因种类不同而异，茎秆比较粗硬的应切短些，便于牲畜采食和装窖踩实，茎秆柔软的可稍长一些。如玉米秸切短长度以 1 cm 左右为宜；麦秸、牧草等茎秆柔软的，切短长度为 3～4 cm。

（三）装填与压实

切短的原料应立即装填入窖，以防水分损失。如果是土窖，窖的四周应铺垫塑料薄膜，以免饲料接触泥土被污染和饲料吸收土壤水分而发霉。砖、石、水泥结构的永久窖则不需铺塑料薄膜。在装填原料时，要进行踩实或机械压实，以减少窖内残留空气量。无论机械或人工压实，都要特别注意四周及四个角落处机械压不到的地方，应由人工踩实。青贮原料装填过程应尽量缩短时间，小型窖应在 1 d 内完成，中型窖 2~3 d，大型窖 3~4 d。

（四）封窖与管理

装填原料要高出窖口 40~50 cm，长方形窖成鱼脊背式，圆形窖成馒头状，踩实后覆盖塑料薄膜，然后再盖细土。盖土时要由地面向上部盖土，使土层厚薄一致，并适当拍打踩实。覆土厚度 30~40 cm，表面拍打坚实光滑，以便雨水流出。窖四周要把多余泥土清理好，挖好排水沟，防止雨水流入窖内。封窖后 1 周内要经常检查，如有裂缝或塌陷，及时补好，防止通气或渗入雨水。青贮饲料开窖前，要防止牲畜在窖上踩踏。开窖后要将取料口用木棍、草捆覆盖，防止牲畜进入或掉入泥土，保持青贮饲料干净。

（五）青贮饲料的取用

青贮饲料封窖后经过 30~40 d 时间，就可完成发酵过程开窖喂用。圆形窖应将窖顶覆盖的泥土全部揭开堆于窖的四周。窖口周围 30 cm 内不能堆放泥土，以防风吹、雨淋或取料时泥土混入窖内污染饲料，必须将窖口打扫干净。长方形窖应从窖的一端挖开 1~1.2 m 长，清除泥土和表层发霉变质的饲料，从上到下，一层层取用，防止开窖后饲料暴露在空气中，酵母菌及霉菌等好气性细菌活动，引起二次发酵。

（六）青贮饲料品质评定

通常优良的青贮料颜色呈青绿或黄绿，有光泽，近于原色，有芳香酸味，质地柔软，易分离，湿润，紧密，茎叶花保持原状。中等品质的青贮料颜色呈黄褐或暗褐色，香味淡或有刺鼻酸味，质地柔软，水分多，茎叶花部分保持原状。劣等品质青贮料呈黑色、褐色或墨绿色，有霉味、刺鼻腐臭味，质地呈黏块，污泥状，无结构。

（七）青贮饲料饲喂

开始饲喂青贮料时，有的牲畜不爱吃，要先用少量青贮饲料混入干草中训练饲喂,量由少到多,逐渐增加,经过 7~10 d 不间断饲喂,多数牲畜喜食。饲喂青贮饲料要注意不能间断,以免窖内饲料腐烂变质和牲畜频繁变换饲料引起消化不良或生产不稳定。在高寒地区冬季饲喂青贮时,要随取随喂,防止青贮料挂霜或冰冻。不能把青贮料放在 0℃ 以下地方。如已经冰冻,应在暖和的屋内化冰霜后再喂,决不可喂结冻的青贮饲料。冬季寒冷且青贮饲料含水量大,牲畜不能单独大量喂用,应混拌一定数量的干草或铡碎的干玉米秸。通常饲喂量:肉牛每天 20~25 kg,乳牛 25~30 kg,猪和羊 1~2 kg。饲喂过程中,如发现牲畜有拉稀现象,应减量或停喂,待恢复正常后再继续喂用。

第四节   特种青贮

青贮原料因植物种类、生长阶段和化学成分等不同,青贮难易程度也有不同。难青贮植物采用普通青贮法一般不易制成优良青贮料,必须对它进行适当处理,或者添加某些添加剂,青贮才易成功,青贮品质才能保证,这种青贮叫特种青贮。特种青贮主要有三类:抑制不良发酵类、促进乳酸发酵类、改善青贮饲料的营养价值类。

一、抑制不良发酵类

抑制不良发酵类包括添加各种酸类、抑菌剂或半干青贮,可阻止腐败细菌和酪酸菌的生长,以达到保存青绿饲料的目的。

(一)加酸青贮

难青贮的原料,加一定量无机酸或缓冲液,可使 pH 迅速降至 3.0~3.5,腐败菌和霉菌活动受抑制,促进青贮料迅速下沉,正常发酵,从而达到长期保存的目的。加酸青贮常用无机酸和有机酸。

1. 加无机酸青贮

对难青贮的原料可以加盐酸、硫酸、磷酸等无机酸。盐酸和硫酸腐蚀性强,对窖壁和用具有腐蚀作用,使用时应小心。用法是 1 份硫酸(或盐酸)加 5 份水,配成稀酸,100 kg 青贮原料中加 5~6 kg 稀酸。青贮原料加酸后,很快下沉,遂停止呼吸作用,杀死细菌,降低 pH 值,使青贮料质地变软。

国外常用的无机酸混合液由 30% HCl 92 份和 40% H_2SO_4 8 份配制而成,使用时 4 倍稀释,青贮时每 100 kg 原料加稀释液 5~6 kg。或用 8%~10% 的 HCl 70 份和 8%~10% 的 H_2SO_4 30 份混合制成,青贮时按原料质量的 5%~6% 添加。

强酸易溶解钙盐，对家畜骨骼发育有影响，注意家畜日粮中钙的补充。使用磷酸价格高，腐蚀性强，能补充磷，但饲喂家畜时应补钙，使其钙磷平衡。

2. 加有机酸青贮

添加在青贮料中的有机酸通常有甲酸和丙酸等。

甲酸是常用的青贮添加剂，喷洒甲酸后，青贮料的 pH 迅速下降，蛋白质水解酶的活性受到抑制，使蛋白质的分解明显减少，抑制植物细胞呼吸，同时尚可抑制梭菌引起的腐败，增加可溶性碳水化合物与真蛋白含量。因此，不论是易青贮的禾本科牧草还是不易青贮的豆科牧草，以及含水量高达 80％～85％的青绿饲料，特别是多雨山地青贮，添加甲酸均可取得理想的效果。一般按每吨鲜草添加 2～4 kg 甲酸的比例，在装窖时均匀喷洒甲酸。甲酸易挥发，对皮肤、眼睛及青贮容器具有一定的腐蚀性，因此，操作时必须特别小心。

丙酸是防霉剂和抗真菌剂，能够抑制青贮中的好气性菌，作为好气性破坏抑制剂很有效，其用量为青贮原料的 0.5％～1.0％。添加丙酸可控制青贮的发酵，减少氨氮的形成，降低青贮原料的温度，促进乳酸菌生长。

低级脂肪酸（1～7 碳酸）都具有抑制孢子生成细菌的能力，但高级脂肪酸的抑菌能力较差。由于青贮时产生难闻的气味，丁酸、戊酸和己酸不能作为青贮添加剂。

俄罗斯饲料研究所筛选出两种青贮添加剂：一种是用于含糖量较高的青贮原料，组成为甲酸 27％、乙酸 27％、丙酸 26％、水 20％；另一种用于豆科作物的青贮，组成为甲酸 80％、丙酸 11％、乙酸 9％。据称使用这两种添加剂时，即使青贮原料的含水量很高，青贮时的汁液排出量仍很低。

加酸制成的青贮料，颜色鲜绿，具有香味，品质好，蛋白质分解损失仅 0.3％～0.5％，而在一般青贮中则达 1％～2％。苜蓿和红三叶加酸青贮结果，粗纤维减少 5.2％～6.4％，且减少的这部分纤维水解变成低级糖，可被动物吸收利用。而一般青贮的粗纤维仅减少 1％左右，胡萝卜素、维生素 C 及无机盐 Ca、P 等加酸青贮时损失少。

（二）半干青贮

半干青贮也称为低水分青贮，青贮原料中的微生物不仅受空气和酸的影响，也受植物细胞质的渗透压的影响。

低水分青贮料制作的基本原理：原料含水少，造成对微生物的生理干燥。青饲料刈割后，经风干水分含量达 45％～50％。这种情况下，腐败菌、酪酸菌以至乳酸菌的生命活动接近于生理干燥状态，生长繁殖受到限制。因此，在青贮过程中，青贮原料中糖分的多少，最终的 pH 值的高低已不起主要作用，微生物发酵微弱，有机酸形成数量少，碳水化合物保存良好，蛋白质不被分解。虽然霉菌在风干植物体上仍可大量繁殖，但在切短压实和青贮厌氧条件下，其活动也很快停止。

低水分青贮法近十几年来在国外盛行，我国也开始在生产上采用。它具有干草和青贮料两者的优点。调制干草常因脱叶、氧化、日晒等使养分损失 15%～30%，胡萝卜素损失 90%；而低水分青贮料只损失养分 10%～15%。低水分青贮料含水量低，干物质含量比一般青贮料多一倍，具有较多的营养物质；低水分青贮饲料味微酸性，有果香味，不含酪酸，适口性好，pH 值达 4.8～5.2，有机酸含量约 5.5%；优良低水分青贮料呈湿润状态，深绿色，结构完好。任何一种牧草或饲料作物，不论其含糖量多少，均可低水分青贮，难以青贮的豆科牧草如苜蓿、豌豆等尤其适合调制成低水分青贮料，从而为扩大豆科牧草或作物的加工调制范围开辟了新途径。

根据低水分青贮的基本原理和特点，制作时青贮原料应迅速风干，要求在刈割后 24～30 h 内，豆科牧草含水量应达 50%，禾本科达 45%。原料必须短于一般青贮，装填必须更紧实，才能造成厌氧环境以提高青贮品质。

（三）添加醛类青贮

甲醛能抑制青贮过程中各种微生物的活动。40% 的甲醛水溶液俗称福尔马林，常用于消毒和防腐。在青贮饲料中添加 0.15%～0.30% 的福尔马林，能有效抑制细菌，发酵过程中没有腐败菌活动，但甲醛异味大，影响适口性。

为了不降低采食量，并有效地抑制青贮时的发酵，在甲醛中必须加入甲酸。有研究表明，"甲酸＋甲醛"作为青贮添加剂，青贮效果和采食量都较理想，且价格比单独添加甲酸低，一般青贮时每吨原料加 1.65 L"甲酸＋甲醛"。

二、促进乳酸发酵类

添加各种接种乳酸菌、加酶制剂、可溶性碳水化合物，可迅速产生大量乳酸，使 pH 很快达到 3.8～4.2。

（一）接种乳酸菌青贮

加乳酸菌纯培养物制成的发酵剂或由乳酸菌和酵母培养制成的混合发酵剂青贮，可以促进青贮料中乳酸菌的繁殖，抑制其他有害微生物的作用，提高青贮品质。这是人工扩大青贮原料中乳酸菌群体的方法。

值得注意的是菌种应选择那些盛产乳酸而不产生乙酸和乙醇的同质型乳酸杆菌和球菌。一般每 1000 kg 青贮料中加乳酸菌培养物 0.5 L 或乳酸菌制剂 450 g，每克青贮原料中加乳酸杆菌 10 万个左右。

（二）加酶制剂青贮

酶制剂由多种曲霉浅层培养物浓缩而成，以含淀粉酶、糊精酶、纤维素酶、半纤维素酶为主。酶制剂可使饲料中部分多糖水解成单糖，有利于乳酸发酵。不仅能保持青饲料的特性，而且可以减少养分的损失，提高青贮料的营养价值。酶制剂由胜曲霉、黑曲霉、米曲霉等培养物浓缩而成，按青贮原料质量的 0.01%～0.25%添加，不仅能保持青饲料特性，而且可以减少养分的损失，提高青贮料的营养价值。豆科牧草苜蓿、红三叶添加 0.25%黑曲霉制剂青贮，与普通青贮料相比，纤维素减少 10.0%～14.4%，半纤维素减少 22.8%～44.0%，果胶减少 29.1%～36.4%。如酶制剂添加量增加到 0.5%，则含糖可高达 2.48%，蛋白质提高 26.68%～29.20%。

（三）加可溶性碳水化合物青贮

加入可溶性碳水化合物对豆科牧草这类负青贮糖差的原料有好处，青贮时加入糖蜜、谷物等，可提供乳酸菌发酵的基质，以保证青贮效果。

三、改善青贮饲料的营养价值类

（一）添加非蛋白态氮青贮

添加非蛋白态氮，即添加尿素和氨水，制备反刍动物用青贮料时，对蛋白质含量低的禾本科牧草常用，用量为 2～5 kg/t，如果加入的是氨水，容器必须密封。

青贮原料中添加尿素，通过青贮微生物的作用，形成菌体蛋白，以提高青贮饲料中的蛋白质含量。尿素的添加量为原料重量的 0.5%，青贮后每千克青贮饲料中增加消化蛋白质 8～11 g。

添加尿素后的青贮原料可使 pH 值、乳酸含量和乙酸含量以及粗蛋白质含量、真蛋白含量、游离氨基酸含量提高。氨的增多增加了青贮缓冲能力，导致 pH 值略为上升，但仍低于 4.2，尿素还可以抑制开窖后的二次发酵。饲喂尿素青贮料可以提高干物质的采食量。

（二）添加矿物质添加物青贮

针对原料含量不足，适当补加碳酸钙、石灰石、磷酸钙、碳酸镁等，也可以有机酸的钙盐的形式加入，这类物质除了补充钙、磷、镁外，还有使青贮发酵持续、酸生成量增加的效果。

第五节　常见饲草的青贮

一、玉米秸秆青贮

（一）收割前的准备

青贮前，要把青贮窖内的残留秸秆和杂质清除干净，并在适宜的位置放好铡草机械，准备好压实工具。同时，应防止泥水流入青贮窖，以及其他杂质误压入饲草内，特别是铁丝及塑料薄膜。对已用过的窖，要在使用前进行彻底清理、打扫，达到四壁无脏物、平滑，裂缝要用水泥堵严抹平，不透气。

（二）适时收割玉米秸秆

带穗青贮时，应在玉米全株也就是含穗期收割青贮，此时营养价值的最高峰期为乳熟期至蜡熟期。只用秸秆青贮时，应以籽粒充分成熟前 7～10 d 收获籽粒，并及时收割秸秆，籽粒产量和质量几乎不受影响，而且秸秆的营养价值不会大幅度降低。

（三）铡短

切碎要在原料含水量达到 65%～70%时进行。青贮玉米秸长度一般铡 1～2 cm左右为宜。过长过粗，会影响窖的压实密度及空气的排出，而造成青贮失败、饲料品质下降、饲料变质等。实际操作过程中，要求叶片和棒子皮铡的越短越好，特别是带穗青贮时，要把玉米棒尽量铡短，这样才能利于发酵和取喂，确保青贮质量。

（四）合适的含水量

青贮时，玉米秸的含水量必须达到 65%～70%，这样才能更好地使玉米秸进行乳酸发酵。检测的方法：将铡碎后的玉米秸用手握住，使劲挤压，以手缝中有水渗出但不下滴，这时就是适合水量。含水量少时，装填时不易压紧，窖内残留空气多，不利于乳酸菌的增殖，同时窖温升高，青贮料易腐烂。含水量过多时，不能够保证乳酸的适当浓度，原料中营养物质易随水分流失，所以过湿的青贮原料，应在稍干后或加入一定比例糠麸，使水分吸收后混合青贮。过干的原料可以加入含水量高的原料混合青贮，也可加入适当的水，达到适宜的含水量后混合青贮。

（五）装填压实

切碎的秸秆应边切边贮，在装填青贮料时做到装料快，一次完成贮制。装填前为保证厌氧环境，最好应在窖的底部和四壁衬一层或两层塑料薄膜。装填原料时应逐层进行，每装入 15～20 cm 为一层，应当用压实工具和人工踩实等方法，进行最大限度的压实，尽量减小空隙创造厌氧环境。小型青贮窖，可人工踩实或用夯夯实。大型青贮窖，可以用履带或轮式拖拉机压实。一层压实后，再装入下一层，直至装满为止。装填到顶层时，四周不整齐的地方要用手修平。压实不仅能最大限度地利用窖内空间，还能排除多余空气防止腐烂。

（六）封严

当青贮窖装满秸秆高出窖面 1 m 左右呈拱形时，要将高出的料踏实拍平，上面铺 10 cm 厚的干麦草，或用一层或两层大塑料薄膜从一头开始铺在上面。包裹的时候要尽量排出多余的空气，塑料薄膜上漏气的地方也要用胶带封好。同时，在窖顶覆盖干麦草，防止塑料薄膜损伤，造成青贮窖进气。四周窖沿处，要用土压住拉展，侧面压土厚度不少于 10 cm，顶部压土厚度不少于 20 cm，外观呈馒头状，以防止进气进水导致秸秆腐烂。封窖后的 4～5 d 进入乳酸发酵阶段，青贮料脱水，软化，当封口出现塌裂、塌陷时，应及时进行培补，以防漏水漏气。每天早上将裂开的口子踏严拍实。经过 10 d 后，窖顶停止下沉，可培土使窖顶高于地面 30～40 cm，重做成馒头形。此外，要防牲畜践踏、防鼠、防水等。

（七）管理及取用

玉米秸经过 40～50 d 的青贮就可以取用了。青贮窖开启后，由于青贮料与空气直接接触，易造成好气性微生物繁殖，即二次发酵，不仅消耗营养，甚至造成腐败。为此，应采取如下措施：

① 取用时要从窖的一头垂直挖取，取用完毕后马上盖严，快速密封，减少空气留存，防止有氧变质，造成剩余秸秆腐烂。

②每天要一次性取足够饲喂量的青贮饲草，准确计算用量，尽量减少取用次数；否则，过量开窖，会造成剩余青贮料腐败。

③取料时动作要快，避免青贮料大面积暴露。一般日取料量不应低于 15 cm，取完后应立即封闭窖口。

④保持取料面干净，减少饲草损失，防止剩余饲草污染。取出的青贮料应放置在干净的地方，不可误掺入铁丝和塑料薄膜，防止牛羊发生机械性疾病。

总之，玉米秸秆青贮是一项突击性工作，事先要把青贮窖、青贮切碎机或铡草机及运输车辆进行检修，并组织足够人力，以便在尽可能短的时间完成青贮。青贮的方法简便，成本低，只要在短时间内把青贮原料运回来，掌握适宜水分，铡碎踩实，压紧密封，不需要大量投资就能成功。因此，一般农户家庭也可以利用空闲环境进行小规模青贮，操作方法与规模青贮基本相同，以便灵活多样的利用秸秆资源。

二、苜蓿的青贮

苜蓿有"牧草之王"之称，营养丰富，草质优良，各种畜禽均喜食。苜蓿青饲是饲喂畜禽最为普通的一种方法，苜蓿青贮或半干青贮，养分损失小，具有青绿饲料的营养特点，适口性好，消化率高，能长期保存，目前畜牧业发达国家大都从以干草为重点的调制方式向青贮利用方式转变。

（一）半干青贮

国外普遍采用青贮塔进行半干青贮保存苜蓿。针对攀西地区的实际，可采用塑料袋青贮。无论采用哪种方式，关键是首先使苜蓿迅速风干使含水量降到40％～50％再进行青贮。这种青贮料兼有干草和青贮的优点。

1. 适时收割

当苜蓿在现蕾至开花期，即可刈割，刈割后的苜蓿以小型草垄的形式摊晒，每个草垄茎叶以 5 kg 左右为宜。摊晒的时间可根据天气情况来定，一般控制在 24 h 以内为好，使含水量尽快降到 40％～60％，此时的苜蓿叶片卷成筒状，叶柄易折断，压迫茎时能挤出水分。

2. 装填、压实、密封

预干后的苜蓿原料，即可铡碎制作半干青贮料。预干苜蓿可用铡草机铡成 1.5～3.5 cm 的小段填入青贮窖（袋），可分段或分层填装，并充分压实，尤其是青贮窖（袋）的边角处。一般每立方米容积可装入 400～450 kg 预干苜蓿。封窖方法与调制一般青贮饲料相同。若用青贮袋青贮，可采用吸尘器排气。

3. 开窖（袋）取用

调制半干苜蓿青贮料，必须密封 45 d 以上，才能开窖取用。一般宜在夏天调制保存，冬季使用。良好的半干苜蓿青贮料，为暗绿色，具有水果香味，味淡不酸，pH 为 5.2 左右，不含丁酸，是乳牛、肉牛、犊牛及羊日粮中的优质粗饲料，亦可作为猪饲料。

（二）加甲酸青贮

这是近年来国外推广的一种方法。方法是每吨青贮原料加 85％～90％甲酸

2.8～3 kg，分层喷洒。甲酸在青贮和家畜瘤胃消化过程中，能分解成对家畜无毒的 CO_2 和 CH_4，并且甲酸本身也可被家畜吸收利用，用这种青贮料饲喂乳用犊牛，平均日增重达 0.757～0.817 kg，比普通青贮料增重提高近 1 倍。

三、甘薯藤的青贮

甘薯藤含有丰富的粗蛋白质、粗脂肪和粗纤维，是牲畜的优质饲料。甘薯藤塑料袋青贮具有操作简便、成本低、防止污染、质量优良、以旺补淡的优点。其青贮技术须掌握以下几点：

①薯藤收割处理。在初霜前选晴天割取叶子未黄未落的薯藤，立即洗净泥沙，在干净水泥坪上晒至水分含量为70％左右，随即切成1～1.5 cm的碎段，再适当晾晒，即可装贮。

②青贮袋的制作。选用 0.8～1 mm 厚的聚乙烯袋形薄膜，每250～300 kg甘薯藤装 1 个青贮袋，规格为宽 1 m（双幅）、长 2 m，先将一头用结实塑料带扎牢，不可用针或缝纫机缝。检查袋子是否漏气，若有小沙眼，须贴两层透明胶带补好。

③青贮料含糖量。青贮料含糖量不得低于 1％～2％，应加入 4％～7％的麸皮，有条件的可加 4％制糖工业的糖蜜水。

④装填、压实，可用吸尘器排气。青贮袋就地装填存放，不要移动，以免损坏塑料袋。青贮袋存放于室内，防止塑料袋老化，并防鼠害。

⑤青贮经 40 d 发酵完成，可开袋用于喂猪、牛、羊。随喂随取，取料后立即扎紧袋口，防止霉烂变质。

第十章　干草的加工

干草是指青草或栽培青绿饲料的生长植株地上部分在未结籽实前刈割下来，经一定干燥方法制成的粗饲料。制备良好的干草仍保持青绿色，故也称为青干草。干草可以看成是青饲料的加工产品，是为了保存青饲料的营养价值而制成的贮藏产品，因此，它与作物秸秆是完全不同性质的粗饲料。

干草具有营养价值高、易消化、成本低、简便易行、便于大量贮存等特点。在草食家畜的日粮组成中，干草的作用越来越被畜牧业生产者所重视，它是秸秆、农副产品等粗饲料很难替代的草食家畜饲料。它不仅提供了牛羊等反刍动物生产所需的大部分能量，而且豆科牧草还作为这些动物的蛋白质来源。

除了干草相对精料的一定价格优势外，其资源丰富，单位重量比新鲜草料、青贮料等能提供更多的干物质，而更符合草食家畜的消化生理，同时还能减轻对草食家畜消化道的容积压力和负担，提高生产效益。新鲜饲草通过调制干草，可实现长时间保存和商品化流通，保证草料的异地异季利用，调制干草可以缓解草料在一年四季中供应的不均衡性，也是制作草粉、草颗粒和草块等其他草产品的原料。制作干草的方法和所需设备可因地制宜，既可利用太阳能自然晒制，也可采用大型的专用设备进行人工干燥调制，调制技术较易掌握，制作后取用方便，是目前常用的加工保存饲草的方法。

一、牧草的干燥技术

青干草是牧草一种很好的贮藏方式。优质青干草应具备如下条件：①收获期要适宜，即要兼顾牧草的产量和质量，在单位面积草地上能获得最多的可消化养分时收割。一般禾本科牧草在抽穗至开花期收割，豆科牧草在孕蕾至开花期收割，产量和质量均较高。②应保有大量叶、嫩枝和花序等营养价值较高的器官。③具有深绿的颜色和芳香的气味。从气味和颜色可以判断青干草的品质。④含水量保持在 15%～17% 之间。

（一）牧草的干燥方法

牧草的干燥方法可分为人工干燥和自然干燥两种。在自然情况下干燥牧草应

掌握以下原则：

①掌握天气情况，尽量减少雨淋；

②避免阳光长时间暴晒，减少维生素 A、维生素 C 和叶片的损失；

③晴天晒制干草时，青草水分降低到45％～55％一般只需5～8 h，因此，应勤翻动，以使植物各部位水分均匀散发，避免以后再翻动造成叶片、细枝的更多机械损失；

④搂草、集草、打捆、上架及堆垛等环节应注意避免断植株幼嫩部分。

1. 自然干燥

自然干燥主要是利用自然风力和阳光蒸发新鲜牧草的水分。自然干燥有以下几种方法。

1）地面干燥法

地面干燥法是干旱地区使用的较好方法，须在晴天进行，天气状况对牧草的调制质量影响很大。刈割的牧草先平铺在地面上，待表层凋萎时即可翻晒；水分含量降到40％～50％时可以搂草成堆；降到30％左右，叶片还不易脱落时运往堆草场或草棚堆垛，草堆经适当发酵，水分可继续散发。

2）草架干燥法

草架干燥法在多雨地区采用。牧草刈割后扎成小捆或直接运往草架干燥。草架用木杆、竹竿或金属管建造成单面梯形或幕形棚架。架上的青草根部向上，堆成圆锥形或屋脊形，厚度不超过70～80 cm。因地制宜，利用大树干、墙头等晒制干草也有类似效果。

3）发酵干燥法

发酵干燥法在遇多雨天气且无草架利用，无法进行正常干燥时采用。将已刈割凋萎的草分层压实，有条件时可分层撒上约为青草质量0.5％～1％的食盐，堆成3～5 m高的草堆，发酵30～60 d后待晴天打开草堆，使水分蒸发。此法调制的干草呈棕褐色，养分损失达50％以上，是天气恶劣条件下不得已采用的办法。

4）压裂牧草茎秆干燥法

国外多用机械方法将牧草压裂，加快牧草干燥速度。在国内可采用将多汁牧草与稻草等农作物秸秆分层混合后压扁，既加快了牧草干燥速度，又提高了稻草的饲用价值，且可降低机械方法成本。将稻草平铺在晒场上，厚约10 cm，中间铺10 cm厚的鲜牧草，上面再加一层秸秆，然后碾压，到牧草大部分汁液被稻草吸收时，再风干堆垛。常温通风干燥法牧草刈割后在田间自然干燥，当水分降至35％～50％时，运到没有通风道的草棚内，用鼓风机等吹风装置完成干燥。

2. 人工干燥

人工干燥是指利用机械对牧草进行高温快速烘干。南方地区多雨，遇到多雨时就很难应用自然干燥法调制干草，此时应用烘干机械就极其方便。同时利用烘干机制作干草也是草业公司应具备的基本条件。人工干燥的方法是，将切碎的牧草输入烘干机，利用高温空气，使牧草迅速干燥。干燥的时间取决于烘干机的型号，从几小时至数秒钟不等。该方法的另一优点是，集草粉生产和颗粒料生产于一体，提高了牧草的利用和商品价值。缺点是设备投资大，一般农户和集体无力采用。

（二）牧草干燥时的湿度鉴定

干草的湿度对草贮藏的时间和品质优劣有很大影响。水分含量在17％以上的草，极易腐烂，不宜贮藏。水分降低到14％以下，则草的叶子易脱落，易折断。因此，干草的含水量一般应在15％～17％为好。检验干草湿度的方法，在实验室一般是利用烘干法测定，而经验的方法是用手摸探。湿度在14％以下的干草，用手揉搓时会破裂发出咔嚓声，易于折断，手触干草不觉凉爽，而是有温暖的感觉，干草搓成辫条后一旦松手即迅速散开。湿度在15％～17％的干草，用手揉搓时有轻微凉爽的感觉，稍有沙沙声，有些柔软，用手搓辫条，一松手很快就散开，但散开得不彻底。这样的干草适宜于堆垛贮藏。湿度在17％以上的干草，在紧握和揉搓时产生明显的凉爽感觉，同时听不到沙沙声，干草极易搓成辫条，松手后辫条几乎不能散开或散开得很慢。这样的干草不宜于贮藏。

（三）青干草的品质鉴定

优质青干草颜色应基本保持绿色。绿色干草表示草是在良好天气下，适时收割调制而成的。干草如呈现暗色或黄白色，则表示受潮、雨淋发酵。优良的干草应有清新芳香的气味。禾本科牧草，在穗子上没有发现种子而只有花，说明干草是在抽穗开花季收割的。如果穗子上有种子存在，则表示干草收割过迟。豆科牧草如仅在植株下部有2～3个花序有种子，说明是开花时收割的。如果所有花序都有种子，则说明收割过迟。禾本科牧草若茎秆下部为黄色，或豆科牧草下部呈褐色，也说明干草收割过迟。

二、青干草的贮藏

青干草贮藏有两种方法，一是散干草堆垛，二是半干草贮藏。

（一）干草堆垛

既可在露天堆垛，也可搭棚堆藏。造成青干草在贮藏期腐烂的最危险因素是水。水对干草的危害是无孔不入，它以雨、雪、露、霜、潮等各种形式侵袭干草堆。干草本身还有吸湿性，能直接从空气中吸收水分。此外，干草在堆积贮藏过程中还发生着缓慢的分解，也会渗出一定的水分。因此要保持干草的品质，主要措施是不让水分侵入干草堆内，使干草在长时间的贮藏中，微生物作用和生物化学的过程降到最低限度。

控制干草本身的湿度使干草含水率保持在 15％～17％。避免干草与地面接触。

①在贮藏前，应建高度应不少于 25 cm 的堆积台。堆积台的形状和大小根据需要决定。如果是长方形的，应将窄面对着当地的主风向。在堆积台周围应挖排水沟，排水沟的深度、宽度应根据当地的降水情况决定。降水多、强度大，排水沟就要深一些、宽一些。

②堆积台要尽量夯实。为避免干草与地面接触，在堆积台上要铺衬垫，衬垫高度依当地可取材料而异。由枯枝铺成，一般 25 cm 蒿秆铺成需 35 cm 高；卵石与蒿秆混合则 25 cm（卵石 15 cm，稿秆 10 cm）高。此外也可用小圆木做衬垫，方法为将小圆木叠成两排，成十字交叉，下排圆木要较粗，以免压断。排列距离是下排圆木 80～100 cm，上排 30～40 cm。

草垛自基部至肩部应有一定斜度，即肩部应比基部稍宽，顶部要堆成 45°～60°的倾斜角度。这样在降水时可提高草垛的流水率，减少草垛的吸水率和漏水渗透。草垛堆成后，要用草耙从上部顺着倾斜面认真地梳理，使茎秆与叶片的方向从上而下，并轻轻地拍实。这样有利于降水从草垛上无阻碍地畅流下去，减少漏水。

在潮湿、多雨地区，为防干草吸湿与发热，草垛中可设置通风道。通风道可以是纵的，也可是横的。方法是在有衬垫的堆积台上设置三脚架，高度与草垛肩相齐或稍低，在三脚架上照普通方法将干草叠成草垛，并小心梳理。通风道的两头，在冬季应用蒿秆堵塞，到春季时再将通风道打开。草垛应经常检查，发现局部下沉或漏水，或排水沟不畅等，应及时修整。此外也要注意防火。

（二）半干草贮藏

在南方特别潮湿地区，由于空气湿度大，无论是在晒制干草时，还是贮藏期间，都难以将草的含水量降低到 17％以下，此时采用半干草贮藏法尤为有效。半干贮藏的原理是通过用氨或有机酸处理，使水分含量较高的牧草得到良好的贮藏。

牧草含水量为 35%～40% 时打成捆，按青干草质量 1%～3% 注入 25% 氨水，然后堆垛，并用塑料薄膜覆盖密封。处理时间长短随温度而异。25℃ 左右时应在 21 d 以上。

也可用有机酸代替氨水处理牧草，因为有机酸具有防腐作用，对牧草的保存时间更长。而且有机酸带来的芳香味也使家畜乐意采食，可增加家畜采食量。常用的有机酸有丙酸、丙酸铵、二丙酸铵等。

三、草捆、草粉、草饼的生产和贮藏

（一）草捆生产

草捆生产主要是利用打捆机将松散的牧草打成密实的捆，以利于机械操作堆垛装卸和运输。国外畜牧业发达国家的草捆生产历史长，技术上成熟。采用常规小型打捆机，草捆质量在 6～14 kg，密度约 160～300 kg/m³。采用大圆柱形打捆机，常见的草捆质量 600 kg 左右，密度约 110～250 kg/m³。青草和干草均可进行打捆。近年来我国草捆的生产量增长迅速，也研制出了多种型号的打捆机。

（二）草粉加工

草粉是将青干草粉碎而制成的饲料。国外优质草粉的生产，已成为一个新兴的青饲料脱水产业。许多发达国家都有多种草粉加工设备，并建立了专业生产线。我国农村地区饲料粉碎机的普及率很高，草粉生产量也很大，但草粉的质量有待进一步提高。保证加工草粉质量的主要措施是提高加工原料——青干草的质量。只有调制出优质的青干草，才能生产出高质量的草粉。养牛业中草粉主要用于饲养犊牛和成年牛短期育肥。一般喂牛，饲草不需要粉碎即可作为主要饲料使用。

（三）干草饼制作

以牧草为原料，不经粉碎直接压制成直径或横切面大于长度的干草饼，适宜饲喂反刍动物。制作干草饼是在田间条件下，鲜草收获后直接利用干草饼生产机制饼。如卷扭制饼机可将含水量 80% 的牧草制饼，但制饼的牧草以含水量 35%～40% 最为适宜，容重约 800 kg/m²。有些制饼机对纤维素含量高而蛋白质和糖分含量低的原料不易压成坚实草饼。

（四）草捆、草粉的贮藏

干草捆本身是青干草的一种贮藏方式，占地面积小，节约空间，适于贮藏。在草捆内，重点是防潮和防鼠害。利用鲜草打成的草捆，其贮藏原理和青贮饲料

相同。这种草捆一般用塑料膜密封，在管理上应严防塑料膜破裂造成饲草腐败变质。草粉安全贮藏的含水量和温度要求如下：含水量 12％时，要求温度在 15℃以下；含水量在 13％以上时，要求贮藏温度为 5～10℃。在密闭低温条件下贮藏，可减少草粉中胡萝卜素损失。在寒冷地区利用自然低温容易实行。草粉也可以利用添加抗氧化剂和防腐剂的方法贮藏。

第十一章　人工草地的建植

第一节　人工草地及其主要类型

一、概念和意义

人工草地建植是根据牧草的生物学、生态学和群落结构的特点，对天然草地（包括农田）进行翻耕，因地制宜地播种多年生或一年生牧草，形成相对稳定的植物群落的一种草地建设方式。建立人工草地，可以提高牧草产量，解决冬春饲草缺乏的问题，保持饲草的均衡供应。人工草地是实行舍饲、半舍饲必不可少的饲草料基地。

人工草地是现代畜牧业生产体系中关键的组成部分之一。畜牧业发达的国家，都是以一定面积的人工草地为基础的。如欧洲和新西兰的人工草地占全部草地面积的50%以上；加拿大人工草地面积540万 hm²，占草地面积的21.6%；美国永久人工草地3150万 hm²，占草地面积的10%。人工草地为畜牧业的发展提供了充足的优质牧草，弥补了天然草地草产量低的不足，缓解了放牧压力。

人工草地占草地总面积的比重是衡量一个国家草地畜牧业生产力水平高低的重要标志，2005年，我国人工草地面积达1300万 hm²，约占草地总面积的3.3%。目前已有江苏、山东、河北和天津等地在沿海滩涂建立人工草地。在南方，随着水土保持，农业产业结构的调整，草田轮作日益受到重视，出现了形式多样的短期人工草地。攀西地区资源丰富，水热条件优越，气候类型多样，草地潜在生产能力巨大。

二、人工草地的主要类型

（一）根据气候带划分

1. 热带人工草地

热带人工草地由喜热不耐寒的热带牧草建植而成。热带禾本科牧草大多为C4 植物，具有较高的光合速率，生长速度快，干物质产量高，但消化率不如温带禾本科牧草。生产上利用的热带禾本科牧草主要有雀稗属、臂形草属、狼尾草属、蜀黍、狗尾草属、蒺藜草属、虎尾草属、马唐属、须芒草属、双花草属、稗属等。生产上利用的热带豆科牧草主要有柱花草属、山蚂蟥属、威氏大豆、大翼豆属、银合欢、距瓣豆属、毛蔓豆、美洲田皂角、三裂叶葛藤、罗顿豆、黄豇豆等。热带人工草地可全年生长，植株高大，是人工草地中产量最高的类型。

2. 亚热带人工草地

亚热带是热带和温带的过渡地带，夏季气温可能比热带更高，冬季气温可低于 0℃，有霜冻。在靠近热带的地区，使用热带草种，而靠近温带地区，使用温带草种。建植亚热带人工草地所用草种既要耐夏季高温又要能抵抗冬季霜冻。热带牧草中抗寒性较强，适宜亚热带栽培的草种有杂色黍、毛花雀稗、隐花狼尾草、象草、罗顿豆、大翼豆、圭亚那柱花草、银合欢、山蚂蟥等。亚热带草地一般也可全年生长，但冬季生长速度明显变慢或停滞，部分植株甚至死亡。亚热带人工草地草层高，产草量最高可达热带人工草地水平。

3. 温带人工草地

温带的特点是有个漫长的冬季，一年生牧草在冬季死亡，多年生牧草则有长短不同的休眠期。建植温带人工草地的牧草应具一定的耐寒性和越冬性。温带豆科牧草的竞争性较强，禾本科牧草的适口性和消化率较高，可混播也可单播。建植温带人工草地的牧草很多。温带适宜栽培的禾本科牧草有早熟禾、苏丹草属、披碱草属、剪股颖属、雀麦属、猫尾草属、鸭茅属、羊茅属、黑麦草属、狗尾草属、看麦娘属、燕麦属、高粱属、蜀黍、画眉草属等的种和品种。主要的豆科栽培牧草有苜蓿属、三叶草属、百脉根属、胡枝子属、小冠花属、黄芪属、红豆草属、草木樨属、野豌豆属、羽扇豆属、豌豆属等的种和品种。

4. 寒温带人工草地

寒温带是温带和寒带的过渡地带，冬季长，十分寒冷，由于气温低，蒸发量小，气候湿润。建植人工草地的牧草主要是喜冷耐寒的牧草，如无芒雀麦、猫尾草、伏生冰草、草地早熟禾等。

（二）根据利用年限划分

短期人工草地。利用年限 2~3 年，一般是在实行草田轮作的土地上建立的人工草地。如种植紫花苜蓿 3 年，翻耕种植粮食，既能为草食家畜提供优质牧草，又能肥田。

中期人工草地。利用年限 4~7 年，主要作割草地。

长期人工草地。利用年限 8~10 年，甚至更长，一般在风蚀、水蚀、沙化严重的地区以建立初花期人工草地为主。

（三）根据建植方式划分

1. 单播人工草地

单播人工草地是指在同一块土地上由一个牧草种或品种建植而成的草地，分为豆科单播草地和禾本科单播草地。豆科单播草地，如光叶紫花苕草地、箭筈豌豆草地、紫花苜蓿草地、白三叶草地等。禾本科单播草地，如多花黑麦草草地、燕麦草地、多年生黑麦草草地等。

2. 混播人工草地

混播人工草地是指将两种或两种以上的草种播种在同一块土地上建植而成的草地。根据种的组成分为一年生禾本科和豆科混播草地、多年生禾本科和豆科混播草地、多年生禾本科混播草地、多年生豆科混播草地。

（四）根据复合生产结构划分

1. 农草型人工草地

农草型人工草地就是牧草与农作物间种、套作。草田轮作就是二者的结合形式，是农作物和牧草在生长时期上的结合，如水稻－紫云英/光叶紫花苕/多花黑麦草轮作、玉米－苏丹草/光叶紫花苕/箭筈豌豆轮作、烤烟－光叶紫花苕轮作、玉米－苏丹草/多花黑麦草/冬牧 70 黑麦轮作等。

2. 林草型人工草地

在林带、林网空地中间种植牧草，形成林网化的人工草地，是森林和草地在空间上的结合。林草型人工草地目前在北欧、日本、印度、南美等地有很大的发展。可在林草型人工草地上建立多种经营模式，如放养鸡、野兔等。

3. 灌草型人工草地

牧草和灌木隔带种植，形成草、灌木结合的人工草地。在安宁河谷和金沙江干热河谷区无灌溉条件的低、中山区适宜建立此种类型的人工草地。选择耐热、

耐旱的多年生牧草建植。

4. 果草型人工草地

果草型人工草地是在果园果树的空地中间种植优质牧草。果草型人工草地是现代复合农业的一种重要形式，是果树和牧草空间上的结合，能在多层次上利用光能。建植果草型人工草地以豆科牧草为宜，且以栽培耐荫的豆科牧草为主，也可有一定的禾本科牧草。这样既能通过养殖增加土地的产出，又能为果树的生长提供氮素，改良土壤结构，保持水土。攀西地区光温水热充足，适宜发展多种果树，如会理的石榴，盐源的苹果，西昌的桃子、樱桃，攀枝花的芒果等，具有丰富的果树空地，果草型人工草地有很大的发展空间。

第二节　草地播种准备

一、优良牧草品种的筛选

适合的优质牧草是人工草地建植的关键环节之一。针对具体的环节条件选择适应性强、草产量高、饲用价值大的草种。在自然条件严酷地区，最好选择当地野生驯化的牧草；引入的草种，应根据同纬度同类气候条件进行引种，经小面积试种后再大面积推广。攀西地区环境气候条件复杂，生态条件差别很大，草地类型多样，可按不同的区域选用草种。

1. 攀枝花市

本区适合种植耐旱的热带多年生牧草，如象草、杂交狼尾草、东非狼尾草、坚尼草、卡松古鲁狗尾草、棕叶狗尾草等，也可选择热带一年生牧草，如美洲狼尾草、高丹草、苏丹草、墨西哥玉米、甜高粱、饲用玉米、非洲狗尾草等。在有灌溉条件的地区，可以种植扁穗牛鞭草、薏苡、盖氏虎尾草、臂形草等。果树下种植热带一年生豆科牧草，或耐旱的多年生豆科牧草为宜，如拉巴豆、紫花苜蓿、柱花草、山蚂蝗、截叶胡枝子、多年生花生、大翼豆等，也可种植银合欢。本区也可以种植木薯、籽粒苋。

2. 会理—雷波金沙江干热河谷区

本区可选择耐旱的热带多年生牧草，如象草、杂交狼尾草、东非狼尾草、卡松古鲁狗尾草、棕叶狗尾草等，也可选择热带一年生牧草，如高丹草、苏丹草、墨西哥玉米、甜高粱、饲用玉米、非洲狗尾草等。果树下以种植热带一年生豆科牧草，或耐旱的多年生豆科牧草为宜，如紫花苜蓿、山蚂蝗、截叶胡枝子、多年生花生、拉巴豆、大翼豆等，也可种植银合欢。在有灌溉条件的地区，可与烤烟轮作，收获烤烟后，种植喜温暖的冷季型一年生豆科牧草，如光叶紫花苕、箭筈豌豆等，也可种植薏苡、盖氏虎尾草、臂形草。本区也可以种植木薯、籽粒苋等。

3. 西昌—冕宁安宁河谷区

本区要求多年生牧草具有一定的耐寒性和耐热性，能耐受−5℃左右的低温和36℃左右的高温。海拔2000 m以下地区可选择高丹草、苏丹草、墨西哥玉米、甜高粱、饲用玉米等暖季型一年生禾本科牧草，在河谷平坝和有灌溉条件的低山区还可选择扁穗牛鞭草、象草、盖氏虎尾草、多花黑麦草、大麦、多年生黑麦草、鸭茅、苇状羊茅、棕叶狗尾草等禾本科牧草，苜蓿、红三叶、白三叶、百脉根、草木樨、小冠花、截叶胡枝子、拉巴豆、紫云英、光叶紫花苕、毛苕子、箭筈豌豆、大翼豆等豆科牧草，以及菊苣、聚合草、籽粒苋等牧草。海拔2000 m以上地区，主要选择冷季型禾本科和豆科牧草，夏季也可选择高丹草、苏丹草、墨西哥玉米、甜高粱、饲用玉米等暖季型一年生禾本科牧草。在低山区可以种植甘薯、菊苣、籽粒苋、饲用甜菜、苦荬菜、串叶松香草、叶用甜菜、聚合草等。

4. 普格—甘洛二半山区

本区夏季可选择高丹草、苏丹草、墨西哥玉米、甜高粱、饲用玉米等暖季型一年生禾本科牧草，但以冷季型的禾本科和豆科牧草为主，如多年生黑麦草、多花黑麦草、黑麦、大麦、猫尾草、鸭茅、球茎鹅草、苇状羊茅、苜蓿、白三叶、百脉根、草木樨、小冠花、截叶胡枝子、拉巴豆、光叶紫花苕、毛苕子、扁穗雀麦等。在低山区可以种植甘薯、菊苣、籽粒苋、饲用甜菜、芜菁、苦荬菜、串叶松香草、叶用甜菜、聚合草等。

5. 木里—盐源高半山区

本区以耐寒的多年生牧草为主，如无芒雀麦、老芒麦、披碱草、猫尾草、球茎鹅草、草地羊茅、苜蓿、草木樨、小冠花、截叶胡枝子等，夏季也可种植一年生禾本科牧草，如燕麦、黑麦、大麦、多花黑麦草等。

二、土地准备

（一）选地

地段选择直接关系到能否建立高产、优质的人工草地。建立人工草地实质上是开垦天然草山草坡进行人工种植牧草。为了获得高产，要求播种地段土壤疏松，土层深厚，地面比较平坦，坡度小于25°；原生植物主要为草本植物，最好有灌溉条件；同时，为了减少运输、节省劳力和便于管理，人工草地应尽量建在

离畜舍较近的地方。

（二）清理地面

清理地面的目的是便于翻耕或免耕播种。首先挖除灌木和除去石块。草本植物比较高大繁茂时，翻耕前应割除或烧毁。烧荒应事先做好组织工作，特别要掌握风向、风力，留出防火道，严防发生事故。

（三）翻耕

适当的翻耕时期和深度，与垦地质量有很大的关系。翻耕春秋均可，但以刚入雨季最适宜，此时气温高，有利于有机质的分解，土壤中的有效养分多。夏天翻耕后，无论当年播种或第二年播种，都有比较充裕的时间。耕翻深度可根据土壤情况而定，一般深比浅好，以 20 cm 以上为宜。夏天翻耕可深些，春天翻耕因随耙地播种，则不可太深。

（四）施底肥

一般来说，初垦的天然草地比较肥沃，因为草地时期积累了大量的有机质，当土壤变松，通气条件改善后，有机物质得到分解，提高了土壤肥力。新垦草地一般不缺氮素，但可以施一定量的磷肥；如果新垦地是排水后的沼泽地，还应施一定量的钾肥。

如果被开垦土地的植被十分稀疏，土壤的有机质含量并不高，或者是耕地改建人工草地，则应施足底肥。每公顷可施厩肥 30~37.5 t。施用的厩肥必须经过腐熟发酵（发酵时间 10~15 d 即可）以杀死粪肥中的虫卵并使杂草种子丧失发芽能力。施完底肥后应及时将肥料翻入土层，再进行耙地。

（五）耙地

耙地是土表耕作的主要措施之一，它起着平整地面、耙碎土块、混拌土肥、疏松表土的作用。耙地在秋播或春播前进行，因为翻耕后的土壤，经过高温、高湿和冬季冻结，植物残体大部分已得到分解，促进了土壤熟化，土壤比较疏松，耙地效果较好。耕翻后尽管经过伏天和冬季，但往往还有部分植物的根或根茎没有死亡分解，仍可能萌生新的植株。为了保证播种质量，减少中耕除草难度，在经过圆盘耙耙地后，最好再用钉齿耙反复耙几遍，将植物活的根和根茎拔出地面销毁。也可普遍喷施除草剂，消除杂草。

（六）播前整地

新开垦的土地，一般要先经过数年播种准备作物（一年生作物）才播种多年生牧草。但为了加速建立人工草地，往往在开垦后的第二年，甚至当年就播种多年生牧草，因此要求整地特别精细。多年生牧草的种子十分小，储藏的营养物质不多，种子萌发的速度缓慢，萌生的幼苗特别细弱，容易遭杂草侵害。如果土块过大，播种后种子和土壤不易紧密接触，不利于种子萌发出苗，或出苗后幼苗易被土块压死。播种前应进行耱地，有的地方叫盖地或辗地。耱实土壤，耱碎土块，为播种提供良好的条件，促进种子发芽和幼苗成长。耱地的工具为柳条、荆条、树枝或长条木板做成，机具或畜力牵引，可单独进行，也可与耙地一次性完成。

为了减少新生杂草侵害幼苗，整地后不应立即播种，而应在经过一场透雨后，使土壤中的杂草种子普遍出苗，用除草剂将新出苗杂草消灭后再进行播种。

三、播前种子准备

（一）多年生牧草种子的基本特性

在长期的自然选择和生存竞争中，多年生牧草的种子形成了一系列有利于生命繁衍的特性。但这些特性有的给生产带来了一定的难度，必须设法予以克服。这些特性如下。

1. 种子细小

多年生牧草每个植株形成的种子数量多，但种子十分细小，储藏的营养物质很少，所以幼苗十分细弱。一般多年生牧草的种子，千粒重只有零点几克到几克，如多年生黑麦草为 1.5 g，这就要求播种前的整地和幼苗的管理十分精细；否则，幼苗受到杂草抑制，会导致人工草地的建植失败。

2. 种子吸水性差

许多多年生豆科牧草种子的种皮十分致密，几乎不透水；一些多年生禾本科牧草种子的颖具有蜡质，阻碍水分渗入。由于这种特性，种子在自然状态下，几个月甚至数年不能发芽，这就影响了播种地的齐苗。所以种子必须经过相应处理才能播种。

3. 种子的后熟期长

一些禾本科牧草（包括一年生牧草）种子新收获后，在适宜的萌发条件下不能立即发芽，而要求储藏一段时间以后才能正常发芽。这是由于这些种子胚虽已形成并达到种熟状态，但由于它们还未能完成生理上的成熟，而需要经过一段时间在储藏期内进行一系列生理生化变化才能萌发，这个过程称为种子的后熟期。后熟过程所需的时间自几天、几个月乃至一年以上。根据牧草种子后熟期的长短可分三类：第一类后熟期为 30～45 d，如猫尾草、多年生黑麦草和无芒雀麦的种

子；第二类后熟期为 60~70 d，如鸭茅的种子；第三类后熟期为 70~120 d 或以上，如草地早熟禾以及一些野生多年生牧草种子。

（二）种子纯净度

种子纯净度包括种子的纯度和净度。在播种前应测定种子纯净度，并采取相应的清选措施。

1. 种子的纯度

种子的纯度是指被检测的种子中是否都是所需品种的真正种子，有无混杂其他品种的种子及混杂的程度。所需品种的种子所占被检测种子的百分率，就是这一品种种子的纯度。如果种子不纯，就会逐渐丧失该品种原来的优良特性，从而导致产量逐年降低，品质变坏。

2. 种子净度

种子净度也叫清洁度，指种子除去混杂物后，本品种种子所占的比例。本品种种子所占的比例越高，则其净度越高，品质越好。种子的混杂物包括废种子、有生命杂质和无生命杂质等。种子中混有各种杂质，降低了种子的品质。混有杂草种子，会使田间杂草滋生；混有病核等，会导致病虫害传播。混杂物过多，还影响正确的播种量。

3. 测定种子发芽率及发芽势

在播种前，测定种子的发芽率，对确定适宜的播种量，保证全苗及牧草增产都有重要意义。种子发芽时，胚根鞘首先突破种子，长出种子根。接着胚芽鞘也突破种子。当种子根长到种子长度的一半时，表示萌发的开始；胚芽鞘长到种子长度的一半时，表示种子完全萌发。这便是测定种子发芽率的记载标准和时期。

种子发芽试验的方法：随机选择 100 粒种子，大粒种子 50 粒即可，整齐地排列在垫好纸（可用滤纸、餐巾纸或其他有吸水性的纸）的培养皿中。然后加适量的水，置于温暖的室内，室温最好维持在 20~30℃，并经常保持纸的湿润，供其发芽。为使发芽率准确，试验应有 4 个重复。测定发芽率时，要每天观察记载已萌发的种子，观察完后，随即用镊子将萌发的种子取出。测定天数为 7~8 d。萌发的种子总数占供试种子数的百分比即为发芽率。开始测定的 3~4 d 内种子萌发的总数，占供试种子总数的百分比叫发芽势。发芽率的大小说明种子的发芽能力，发芽势的大小说明种子萌发的快慢。发芽势大的种子播种后出苗迅速而整齐。

（三）处理硬实种子

很多豆科牧草种子，在适合的水热条件下并不发芽。这是因为种子种皮坚硬，不透水，阻碍了种子萌发，这类种子称为硬实种子，俗称铁豆子。含硬实种子的百分率称为硬实率。常见的豆科牧草种子的硬实率：红三叶 14%、绛三叶 18%、紫花苜蓿 10%、百脉根 42%。由于含有一定的硬实种子，所以用未加处理的豆科牧草种子播种，往往出苗不齐。为提高豆科牧草种子的田间出苗率，在播种之前应进行种子处理。其处理方法主要有以下几种。

1. 擦破种皮

将种子放在阳光下晒半天至一天，然后用碾子碾破种皮。如果种子量比较少，则可将种子放入一适宜的容器内，加入细沙，用木棒抖动至种皮发毛即可。

2. 变温浸种

将种子放入温水中浸泡，水温以烫手为宜，浸泡一昼夜后捞出，白天放于阳光下晒，夜晚移动至凉处，并经常浇水，使种子保持湿润，经 2~3 d 后，种皮开裂。大部分种子吸水后略有膨胀，即可播种。当水温较好时，浸泡时间可适当缩短，紫花苜蓿种子在 50~60℃ 热水中浸泡半小时即可。一些多年生禾本科牧草种子的颖覆有一层蜡质，阻碍水分渗入，影响发芽，采用上法处理，亦可提高其发芽率。

3. 化学处理

用 1% 的稀硫酸浸种 30 min，然后在清水中浸泡 1 h 或用流水冲洗 10~20 min，置于阴凉处，阴干后播种，效果良好。

（四）种子消毒

种子消毒是预防病虫害的一种生产措施。很多牧草的病虫害是由种子传播的，如禾本科牧草的各种黑粉病，豆科牧草的轮纹病、褐斑病以及细菌性的叶斑病等。为了减少和杜绝病虫害的发生和传播，在播种前应对牧草种子进行必要的消毒。种子消毒方法，可视情况采用如下方法。

1. 筛选或盐水选种

对混于豆科牧草种子中的菟丝子种子，可用筛子筛除。对混有菌核病的苜蓿种子，可用 10% 食盐水淘除；麦角病核用 20%~22% 的食盐水淘除。

2. 药液浸种

豆科牧草的叶斑病、禾本科牧草的赤霉病、秆黑穗病、散黑穗病等，可用 1% 的石灰水浸种；苜蓿轮纹病可用 50 倍福尔马林液浸种。浸种时间 1~2 h 即可。

3. 温汤浸种

豆科牧草的叶斑病，可用 50℃ 温水浸泡种 10 min；禾本科牧草的散黑穗病，

在播前用 44～46℃温水浸泡种 3 h。

（五）根瘤菌接种

在生产中，很多土壤由于缺乏根瘤菌，或者由于某一专门豆科牧草的根瘤菌太少，或者原来有根瘤菌已丧失固氮能力，豆科植物上不能形成根瘤，不能固定空气中的游离氮素供给植物。因此，在土壤中补充一定的某一豆科植物所需的专门根瘤菌，是防止豆科植物缺氮，提高产量和增进品质的必不可少的措施。为此，通常在豆科牧草播种之前，将该豆科牧草所需要的专门根瘤与其种子拌和，这种方法，就是根瘤菌接种。

1. 正确选择根瘤菌种类

已经查明，根瘤菌可分为 8 个互接种族。所谓互接种族，就是同一类豆科植物间可以相互接种，而在不同类豆科植物间则无效。例如，苜蓿和草木樨可以互相接种，而不能与三叶草或其他豆科植物接种。根瘤菌的 8 个互接种族有如下几种：

①苜蓿族：可接种于苜蓿属、草木樨属、葫芦巴属植物。

②三叶草族：各种三叶草属植物都可接种。

③豌豆族：可接种豌豆属、野豌豆属、兵豆属、山黧豆属植物。

④菜豆族：可接种菜豆属的一部分植物。

⑤羽扇豆属：可接种羽扇豆属、鸟足豆属植物。

⑥大豆族：大豆各品种。

⑦红豆族：包括豆科植物 3 个亚科（蝶形花亚科、含羞草亚科、云实亚科）中的许多属植物。如豇豆属、胡枝子属、猪屎豆属、花生属、金合欢属、木兰属等。

⑧其他：包括一些上述任何均不适合的小族，如百脉根属、槐属、田箐属、红豆草属、鹰嘴豆属等。

2. 注意选择有效的根瘤菌型

有效根瘤菌形成的根瘤主要集中于主根上，个体较大，表面光滑或有皱纹，中心粉红色或红色；无效根瘤菌通常分散在二级侧根上，数量较多，个体较小，表面光滑，中心白色带绿。只有有效根瘤才能很好地固氮，而无效根瘤菌的固氮能力低，或几乎没有固氮能力。

3. 接种方法

①干瘤接种：在豆科牧草开花盛期，选择其植株，将根部轻轻挖起，用水洗净，切除茎叶部分，放在避风、阴暗、凉爽、不易受日光照射的地方，任其慢慢阴干，到牧草播种之前，将干根捣碎，进行拌种，每公顷用 40～75 株干根粉。

也可按干根重量加清水 1.5～3.0 倍，在 20～35℃ 条件下，经常搅拌，使其繁殖，约经 10～15 d 后，即可用来拌种。

②鲜瘤接种：用 250 g 晒干的菜园土或河塘泥，加一酒杯草木灰，充分拌匀后盛入一大碗中盖好，然后放入锅中蒸半小时到一小时，冷却，将选好的根瘤 30 个或干根 30 株捣碎，用少量冷开水或米汤拌成菌液，与蒸过的土壤拌匀，如土壤太黏可加适量细沙拌匀，然后置于 20～25℃ 的室温中保持 3～5 d，每天略加冷水翻拌，菌剂即制成，按每亩播种量拌 50 g 菌剂即可。

③商品菌剂接种：用商品根瘤菌制剂接种，价格便宜，使用简便。播种前按说明规定用量制成菌液洒到种子上，并充分搅拌，使每粒种子都能均匀地黏上菌液。种子拌好后，立刻播种。

4. 接种注意事项

①根瘤菌不能与日光直接接触。用根瘤菌接种过的种子在阳光下暴露数小时，根瘤菌即可被杀死。因此，拌种时宜在阴暗、温度不高，且不过于干燥的地方进行，拌后立即播种和覆土。

②在播种前为了防除某些病害，常进行播前种子的消毒处理，以杀死附在种子上的病菌。但这些药物对根瘤同样是有害的。当根瘤菌剂与用化学药品拌过的种子接触时，应随拌随播。如根瘤菌与化学药剂接触超过 30～40 min，根瘤菌即可被杀死。

③已接种的种子不能与生石灰或大量浓肥料接触，如肥料的数量及浓度不至损害种子的萌发，那么也不损害根瘤菌。

④大多数的根瘤适宜生于中性或微碱性土壤，过酸的土壤对根瘤菌不利，应在播前施用石灰。

⑤根瘤菌不适宜干燥的土壤，在干燥土壤上，根瘤菌只要几小时就可被杀死。此外，土温过高，特别是干燥与高温相结合，对根瘤菌更为不利。排水、通气良好的土壤，是根瘤菌最大固氮量的重要条件。

第三节　草地建植

一、播种时期

牧草播种的时期，一般可分为春播和秋播。温度是确定播种期的主要因素。一般来说，当土壤温度上升到种子发芽的最低温度时开始播种比较合适。土壤墒情是播种的必要条件，在杂草和病虫危害严重的地方，应在杂草少、病虫害轻的时候播种。

攀西地区水分和温度条件比较好，春秋都可以播种，在无灌溉条件的地区也可夏播。一般情况下，种植热带型牧草应在春季播种，种植温带型牧草则应在秋季播种。牧草品种不同，播种期也有所不同。

二、播种量

牧草的播种量直接影响其产量和品质，播种量的大小主要由种子的大小和品质来决定。种子粒大的播种量大一些，反之则小些。种子品质好的播种量小，品质差者播种量则大。

一般栽培牧草都有规定的播种量。这个播种量是指种子纯净度和发芽率均为100％而言的，因此实际播种还要以其真实的纯净度和发芽率进行校正。如某牧草的规定播种量为每亩 1 kg，播种种子的纯净度为 90％，发芽率为 85％，则实际播种量应为 $1 \div (0.9 \times 0.85) = 1.31(kg)$。

三、播种深度

牧草播种要求有一定深度，过深过浅都不适宜。过深，幼芽无力顶出表土；过浅则因表层土壤水分不足，种子不易萌发，萌发后幼苗也扎不牢土。一般来说，牧草都要求浅播，豆科牧草播种深度为 2～3 cm，禾本科牧草为 3～4 cm。

四、播种方法及种植方式

（一）单播

单播是在一块地里播种同一种牧草的播种方式。单播技术简单，省工省力，但比混播产量低，苗期易受杂草抑制。单播因牧草种类、土壤肥力和气候条件的不同，可采用不同的播种方式。

1. 撒播

这种方法是用手直接把种子撒在土壤表面，然后轻耙覆土。但种子不易撒均匀，总会有稀有密，同时由于覆土不均匀，对出苗和幼苗的生长地有影响，且对以后的田间管理带来不便。

2. 条播

每隔一定的距离将种子播成行并随播随覆土的播种方法叫作条播。条播的行距随牧草种类和利用方式不同而异，一般行距为 15～30 cm，植株高大的牧草行距宜宽，低矮的宜窄。在有灌溉条件的干旱区，通常采用密条播，以充分利用土壤水分、养分和控制杂草。面积不大的草地可用小锄按行距要求开成浅沟，把种子均匀播在沟里，随即覆土。

多年生牧草的播种量一般都很小，为了很好地掌握播种量和实现匀播，播种时应在种子中加入过筛的细土或腐熟的厩肥。

3. 穴播

穴播主要适用于饲用玉米、墨西哥玉米、高丹草、高粱等种子较大的牧草。

（二）混播

两种或两种以上的牧草在同一块地的同行或隔行播种称为混播。

五、镇压

多年生牧草种子轻而细小，播种后不易与土壤紧密接触，影响吸收水分发芽。除湿度过大的黏土外，播后都需要进行镇压，镇压工具一般为石滚。

由于多年牧草的幼苗细弱，与杂草的竞争能力差，新开垦的荒地尽管采用一系列耕作措施，但难免杂草仍然很多。因此，最好先播种 1~2 年中耕作物，如多花黑麦草、青贮玉米、饲用甜高粱、高丹草等，或其他一年生作物，这样既减少了杂草的危害，又使土壤得到进一步熟化，为多年生牧草的生长发育创造了有利条件。如为无性繁殖，则可当年建植。

六、多年生牧草的无性繁殖

植物用种子繁殖的方式称为有性繁殖，以根、茎、叶等营养体繁殖称为无性繁殖。在亚热带地区，许多热带型禾本科牧草多不抽穗，即使抽穗，结实率和发芽率都很低，而采用茎节扦插的方法进行繁殖效果却很好，且一般不易出现品种退化。

第四节　草田轮作和牧草混播技术

一、草田轮作

草田轮作指根据各类草种和作物的茬口特性，将计划种植的不同草种和作物按种植时间的先后排成一定顺序，在同一地块上轮换种植的种植制度。

（一）草田轮作的意义

草田轮作地能充分利用光热水和土地资源，提高农田系统的生产力，促进土壤团粒结构形成和土壤肥力的恢复和提高，有利于退化土壤的改良，有利于提高种植系统的经济效益，可减轻杂草、病虫害的危害。

（二）轮作牧草和作物的茬口特性

1. 多年生豆科牧草

多年生豆科牧草生长年限长，通常 3～5 年，土壤中积累残根数量大；根系入土深，深层土壤可达到一定程度的熟化，同时表层土壤养分较为丰富；根系分泌出许多酸性物质，可溶解难溶的磷酸盐，活化土壤中的钾、钙，土壤中养分较高；共生根瘤菌数量多，固氮能力强，土壤中含氮量丰富。总之，多年生豆科牧草的茬口特性为：有机质含量高，养分及速效养分含量较高，尤其富含氮素，土壤熟化层高。多年生豆科牧草是禾谷类作物和一些经济作物的优良前作，如小麦、玉米、棉花等。

2. 多年生禾本科牧草

多年生禾本科牧草生长年限长，通常 3～5 年，土壤中积累残根数量大，须根密集，切碎土壤并使其形成团粒结构的作用强，土壤结构好。多年生禾本科牧草的茬口特性为：有机质含量高，土壤结构好。多年生禾本科牧草是大多数作物的良好前作，如玉米、高粱、甜菜和土豆等。

3. 杂类牧草

杂类草生长速度快，生物产量高，地力消耗剧烈。生长期间，中耕除草次数较多，田间较为清洁，接茬作物以豆科牧草、禾本科牧草、绿肥作物和豆类作物为佳。杂类牧草包括聚合草、串叶松香草、苋菜和苦荬菜等。

4. 绿肥作物

绝大多数绿肥作物为一二年生豆科牧草及豆类作物，包括紫云英、毛苕子、草木樨和箭筈豌豆等。全株翻压埋入土壤，土壤中有机质含量丰富；共生固氮能力强，植株富含氮素，可为土壤提供大量氮素；根系分泌许多酸性物质，可溶解难溶的磷酸盐，活化土壤中的钙、钾，土壤中速效养分含量高；茎叶分解速度较快，为后作提供可利用养分迅速。茬口特性与多年生豆科牧草相似，后作应种植需氮素较多的作物，不宜安排忌高氮作物作接茬作物。

5. 豆类作物

豆类作物能通过共生根瘤菌固氮，且落叶数量较大，落叶中富含氮素，因此土壤中氮素含量较为丰富；直根系，入土较禾谷类作物深，可利用较深层次的土壤养分；根系分泌许多酸性物质，可溶解难溶的磷酸盐，活化土壤中的钙、钾，土壤中速效养分含量较高；落叶分解快，为后作提供可利用养分迅速。豆类作物是许多禾谷类作物和经济作物的良好前作，如水稻、玉米等。忌高氮作物不宜作为接茬作物。

6. 旱作禾谷类作物

旱作禾谷类作物产量高，对氮、磷、钾吸收较多，地力消耗剧烈。适宜接茬的草种和作物类型较为广泛，如豆科牧草、绿肥作物、豆类作物、油料作物、棉麻类作物和块根块茎类作物等。由于种稻过程中土壤淹水时间长达几个月，形成了水稻茬地块的一系列特殊形状：土壤水分含量高，地温较低，土壤明显缺氧，有机物分解缓慢，土壤有机质积累多，地力消耗剧烈，尤其是钾的消耗多。适宜接茬的草种和作物有一二年生牧草、绿肥作物、豆类作物、麦类和油菜类等。

7. 油料作物

油料作物大多为直根系作物，根系入土较深，可利用较深层次的养分和水分。油菜根系分泌多种有机酸，能利用土壤中难溶性磷，因此含磷较高，被誉为"养地作物"。油料作物与禾谷类作物、禾本科牧草轮作有利于土壤养分的均衡利用和病虫害防治。

8. 块根块茎类作物

块根块茎类作物包括甜菜、马铃薯、萝卜、甘薯和胡萝卜等。块根块茎类作物耗水量较低，土壤水分含量较高；对钾的需求量较大；病虫害较多，不宜连作。侵染作物种类很多，但大多数不危害禾谷类作物。该类作物是禾谷类作物、禾本科牧草的良好前作，与禾谷类作物、禾本科牧草轮作效果良好。

（三）攀西地区常见的草田轮作类型

1. 玉米－苕子/箭筈豌豆/紫云英

常见的轮作品种包括各种饲用玉米品种、毛苕子、光叶紫花苕、箭筈豌豆、紫云英。

收获玉米后，整地施厩肥，一般每公顷施厩肥 15～22.5 t，同时施入少量磷肥和钾肥。毛苕子、光叶紫花苕、紫云英苗期生长缓慢，与杂草竞争能力弱，需要注意中耕除草。在土壤干燥时，需灌水 1～2 次。多雨地区则应注意排水，以免茎叶腐烂。毛苕子、光叶紫花苕、箭筈豌豆、紫云英在草层高 40～50 cm 时即可刈割青饲，若调制青草，宜在盛花期刈割。再生性差，可齐地一次刈割。

2. 烤烟－光叶紫花苕

收获烤烟后，精细整地，施足底肥，一般每公顷施厩肥 15～22.5 t，同时施入少量磷肥和钾肥。可初花期一次性刈割，也可翻入土壤作绿肥。

3. 苏丹草/高丹草/墨西哥玉米/饲用玉米－多花黑麦草/黑麦

秋季收获苏丹草、高丹草、墨西哥玉米、饲用玉米后，整地施入有机肥。在9 月下旬至 10 月下旬播种多花黑麦草或黑麦，每公顷播量为 15～30 kg，条播或

撒播，条播行距 15~30 cm。多花黑麦草或黑麦生长迅速，需肥量大，每次刈割后追施氮肥，以利再生。

4. 水稻－苕子/箭筈豌豆/紫云英

水稻收获前 20 d 播种苕子、箭筈豌豆、紫云英，待草苗基本长满田后，及时施磷钾肥。注意要保持田里湿润而不积水。苕子、箭筈豌豆、紫云英在草层高40~50 cm 时即可刈割青饲，若调制青草，宜在盛花期刈割。毛苕子、光叶紫花苕、箭筈豌豆、紫云英再生性差，可齐地一次刈割。

二、牧草混播

（一）牧草混播的优越性

一是产量高且稳定。混播牧草具有较单播牧草高而稳定的产量，通常产草量提高 14% 左右。不同类型牧草地上及地下部分，在空间上具有较合理的配置比例，能够充分地利用阳光、CO_2 及土壤养分、水分等，制造更多的有机物质。同时，由于不同类型牧草的寿命不同，生长速度也不一样，当其中一种牧草衰退时，另一种牧草可以弥补上，因此，各年产量比较稳定。据原西北农业科学研究所试验结果，苜蓿与无芒雀麦混播，较苜蓿单播提高产量 16.1%；苜蓿与高羊茅混播，较苜蓿单播提高产量 23.1%。

二是品质好。由于混播牧草中含有一定比例的豆科牧草，所以牧草的蛋白质含量高，适口性好。由于豆科牧草含有较高的蛋白质、钙和磷等，禾本科牧草含有较多的碳水化合物等，二者混播比之单播牧草营养成分全面，品质优秀。而且，牧草混播还可防止一些疾病的发生。如多数豆科牧草放牧地，易引起反刍家畜的鼓胀病，混播牧草由于禾草比例增加，皂素含量下降，可避免此病发生；红三叶含植物雌激素，在单纯红三叶草地放牧常引起家畜假发情，混播亦可避免发病。

三是能改良土壤。禾本科牧草与豆科牧草混播，可增加土壤有机质，形成稳定的团粒结构，提高土壤肥力。土壤的肥沃程度决定于土壤的结构性和稳定性，而土壤的结构性和稳定性又取决于土壤中植物根系的数量及豆科牧草吸收土壤中钙质的能力。实践证明，豆科和禾本科牧草混播能在土壤中积累大量的根系残留物。禾本科牧草根系浅，具有大量纤细的须根，主要分布在表层 30 cm 以内，而豆科牧草根系深，入土深度达 1~2 m，甚至更深。混播增加了单位体积内根系的重量，这些根系死亡之后即成为土壤腐殖质的来源。

四是可减轻杂草危害。混播的牧草各有不同的株高和株型，形成的草丛稠密，覆盖度大，可较好地抑制杂草种子的萌发和生长。

（二）牧草混播原理

不同牧草的生物学、生态学特性和植物营养代谢特点相差很大。混播能充分发挥不同牧草的优点，避开其缺点，达到优势互补的目的。

1. 形态学互补原理

由于豆科和禾本科牧草在形态学方面有着显著的差别，如豆科牧草叶片分布较高，禾本科牧草则较低；豆科牧草叶片平展，禾本科牧草的叶片斜生，这种叶片和枝条的成层分布及叶片的不同空间排列对于光线的截拦是很重要的。优良的混播组合中，常根据牧草形态的差异（上繁与下繁、宽叶与窄叶等）来进行合理搭配，充分利用光照。另外，混播时由于不同草种的根系多少、深浅和幅度大小各异，地下根系的分布也存在着互补现象。豆科牧草属直根系，入土可达200 cm以上；禾本科牧草属须根系，主要分布在土壤表层30 cm以内。两者在土壤中分层分布，从不同深度的土壤吸收水分和养分，互不干扰。如红豆草根深约200～300 cm，紫花苜蓿约160～250 cm，无芒雀麦为40～100 cm，冰草为20～50 cm，这四种牧草混播，地上空间利用合理，根系发育良好。

2. 生长发育特性

通常牧草种类不同，其生长年限、生长发育速度和达到最高产量的年份都有差异。短寿命牧草第一、二年产量最高，第三、四年开始衰退；中寿命牧草第二、三年产量最高，第五、六年逐步衰退；长寿命牧草第三、四年产量最高，寿命10年以上。混播后能较快地形成草层，每年都有高而稳定的产量，还能防止杂草侵入，延长草地利用年限。一年内不同牧草适宜的生长季节也各不相同，耐寒性强的牧草早春及秋季生长良好，夏季生长缓慢或停止生长，耐热牧草则夏季生长良好。两者混播，可发挥各自优势而获得高产稳产。

3. 营养互补原理

豆科牧草和禾本科牧草的营养生理特点不同。豆科牧草从土壤中吸收的钙、磷和镁较多，而禾本科牧草吸收的硅和氮较多，混播会减轻对土壤中矿物质营养元素的竞争，使土壤中各种养分得以充分利用。同时，豆科牧草能固氮，除供本身生长发育需要外，还可满足禾本科牧草的部分氮素需要，而且禾草对固氮产物的利用可促使豆科牧草的固氮作用增强。

（三）牧草混播组合

1. 混播草种的选择原则

牧草对自然环境条件具有适应性，因此首先要选择适合当地气候与土壤等条件的牧草草种，如抗逆性强，产量高。另外草种还要适应混播后形成的小气候

条件。

以调制干草和青贮饲料为主要目的的割草地，其重点是高产优质。通常用中寿命的上繁型疏丛禾草和直根型豆科牧草混播，配以一定比例的一、二年生牧草和上繁型根茎禾草，并要求各种牧草成熟期基本一致，以利刈割调制干草。如无芒雀麦和紫花苜蓿成熟期相同，是很好的组合。在放牧利用情况下，由于家畜频繁采食适口性好的幼嫩牧草，所以采用的牧草草种应具备再生力旺盛、多叶分蘖强，耐践踏等特性。主要选择生长低矮的下繁豆科牧草和下繁型禾草，配以上繁豆科和上繁型疏丛、根茎禾草。各种牧草对家畜的适口性应一致，但不要求成熟期一致。对于割草放牧兼用草地，从刈草及放牧两方面的需要出发，除了采用中等寿命和二年生上繁草外，还要选择长寿命放牧型牧草，包括上繁及下繁豆科草、上繁疏丛型及上繁根茎禾草以及下繁禾草。

在大田轮作中混播牧草草种采用在第一、二年内能形成高产的多年生牧草，主要是上繁的疏丛禾草和上繁的豆科牧草。在饲料轮作中，栽培混播牧草的目的在于收获牧草。混播牧草的利用年限较长，一般在 3~4 年或更长。要选择寿命中等或寿命较长的豆科和禾本科牧草混播，同时加入寿命短、发育速度快的一二年生牧草，以便在前两年有较高的产量，并抑制杂草滋生。一般情况下，由于豆科牧草的寿命较短，早期发育快，3~5 年后即从混播草地中迅速衰退或减少，在混播牧草中所占比重也随种植年限的增加而递减。

一种牧草不宜生长过强，生长过强往往排挤其他牧草。一般根茎型和丛生型的禾草难以相容，而丛生型禾草能与匍匐型豆科牧草一起生长，如鸭茅和白三叶。疏丛型禾草能和直立型豆科牧草相容，如无芒雀麦和紫花苜蓿。斜生型的豆科牧草最适合和丛生型禾草混播，直立型、斜生型豆科牧草适宜和丛生型禾草混播。

2. 混播牧草组合比例

混播牧草种类与比例的确定，取决于利用目的和利用年限。目前西南地区主要是建立长期利用的割草地或放牧地，利用年限应在 4~7 年或 7 年以上。

在确定混播牧草组成时，在各个生物学类群中可以选用一种，也可以选用两种以上的牧草，究竟混播牧草组成中应该包括多少种较好，各个国家的观点和做法都不尽相同。过去多数认为混播牧草种类愈多，混播牧草的组成成分愈复杂，包括的生物学类群愈多，则愈能充分发挥各种牧草的优点，在任何情况下都可获得高产稳产。但目前许多国家已逐渐向简单混播组合的方向发展，集约化草地只有 4~5 种牧草，并还在向更单纯化的方向发展。虽然选择的牧草种减少，但在同一种中却包括早熟及晚熟的品种，以延长草地利用时间。通常，利用 2~3 年的草地，混播成员以 2~3 种为宜；利用 4~6 年的，以 3~4 种为宜；长期利用的，混播牧草组合不超过 5~6 种。

　　确定混播组合的牧草种类以后，要进一步确定它们在总播种量中所占的比例。在混播牧草中，各混播牧草之间，除了表现在生物学特性上，也表现在种的个体数量上。为了确定混播牧草各成员最适宜的比例，一般首先把禾本科和豆科各自归为一类，研究其比例，简称豆禾比例。确定混播牧草成员组合比例很复杂，必须进行试验研究。豆科牧草寿命一般较短，若草地利用年限长，豆科牧草衰退后地面裸露，杂草滋生。故长期利用的草地，特别是放牧利用的草地，豆科牧草的比例宜低。豆科牧草与禾本科牧草在混合牧草中的比例因地制宜，一般为1∶2。在较湿润的条件下，豆科牧草的比例可大一些，反之则应小一些，或二者比例相当。利用年限短的草地中，豆科牧草的比例可大一些；长期利用的草地，特别是放牧利用的草地中，豆科牧草的比例应小一些。在长期利用的草地中，作为刈草利用的，豆科牧草应以上繁丛生类为主；禾本科牧草以上繁丛生草类为主，同时，还应有一定比例的根茎型禾草，上繁丛生类与根茎型禾草二者的比例一般约为2∶1。

　　混播草地利用方式不同，各类牧草组成比例也不同。刈割型的草地以上繁草为主，放牧型的草地以下繁草为主。

　　牧草对光照强度的敏感性不一样，耐荫性也有差异。光照强度和产草量之间具有直接的相关关系，在一定范围内牧草产量随着光照增强而增加。选择混播草种要考虑遮阴对牧草产量带来的影响。

　　各种牧草对土壤干湿度的适应性不同。一般在较湿润的条件下，豆科牧草的比例可大一些，而在干旱的条件下，则应少一些，或者两者所占比例相当。

（四）混播牧草的播种期和播种方式

1. 播种期

　　组成混播牧草的种类，如果都是春性或冬性，应同时播种，否则应分期播种。同时还应考虑各种草类的发育情况。发育缓慢的应先播。

2. 播种方式

　　混播牧草的播种方式常用的有以下几种：

　　①同行播种行距通常为15 cm，各种牧草种子均匀混合，播于同一行内。

　　②交叉播种一种或几种牧草播于同一行内，而另一种或几种与前者垂直方向播种。

　　③间条播种分为窄行间条播及宽行间条播，前者行距为15 cm，后者为30 cm。当播种三种牧草时，一种播于一行，另两种播于相邻的另一行，或者三种牧草各播一行。

　　④宽窄行间播15 cm，窄行30 cm，宽行相间条横，在窄行内播种耐阴的牧

草，宽行内播种喜光牧草。

⑤撒条播行距 15 cm，一行采用条播，另一行采用较宽幅的撒播。

几种播种方式中以同行播种最简单，省工省力，适用于各种牧草生长发育速度基本一致的情况。而其他几种方式可以减少不同牧草间的竞争。一般认为交叉播种的效果最好，但田间管理的难度较大。

（五）攀西地区适宜的混播组合

多年生黑麦草＋鸭茅＋白三叶：每公顷播种量为鸭茅 10.5 kg、多年生黑麦草 7.5 kg、白三叶 4.5 kg，湿润地区播量可适当减少，干旱地区适当增加。于 9—10 月播种，采用同行混播或间行条播。

紫花苜蓿＋无芒雀麦：每公顷无芒雀麦 18.75 kg、紫花苜蓿 7.5 kg，于 9 月同行条播，行距 15 cm，播种深度 2 cm。

多花黑麦草＋紫云英/苕子：多花黑麦草播量为单播时的 75%，豆科牧草播量为单播的 60%，豆科牧草条播，行距 40~50 cm，行间撒播多花黑麦草，多花黑麦草晚于豆科牧草 1 周播种。

苇状羊茅＋多年生黑麦草＋鸭茅＋白三叶：豆科牧草与禾本科牧草的比例为 1∶4，于 9—10 月播种，可混合条播，也可撒播，每公顷播量 30 kg。

多花黑麦草＋鸭茅＋白三叶：禾本科草与豆科草比例为 7∶3，禾本科草播量 225.5 kg/hm²，白三叶 1.5~3.75 kg/hm²，于 5—6 月播种。

扁穗牛鞭草＋白三叶：扁穗牛鞭草于 5—9 月扦插，株从间距 30 cm，然后撒播白三叶，扁穗牛鞭草与白三叶混播比例接近 1∶1 为宜。

燕麦＋箭筈豌豆：每公顷播量 225 kg，燕麦与箭筈豌豆的比例为 7∶3。5 月初撒播，然后覆土。

（六）保护播种

在种植多年生牧草时，不论是单播还是混播。往往把牧草种在一年生作物之下，这样的播种形式叫作保护播种。保护播种的优点：多年生牧草在一年生物的保护下，能够减少杂草对牧草幼苗的危害，防止暴雨对幼苗的冲击，减少烈日的暴晒，有利于幼苗的生长，使播种当年在单位面积内即能获得较高产量。但是，采用保护播种，保护作物在生长中期、后期与牧草争光、争水、争肥，如果处理不当，会影响牧草当年的生长，甚至影响牧草以后的生长发育和产量。因此，实行保护播种时必须严格掌握播种技术。

1.　保护作物的种类

多年生牧草混播时，一般常用的保护作物有小麦、大麦和燕麦。豌豆是一种很好的保护作物，它的成熟期早，与牧草后期生长的矛盾不大。也有用苏丹草、高丹草等作物保护作物的，但收获较迟，与牧草后期生长矛盾较大。

2. 播种时期

保护作物与多年生牧草通常同时播种，这样省工，也能保证播种质量。但是为了减少作物对牧草的抑制作用，一般以提前 10～15 d 播种保护作物为好。

3. 播种方法

牧草与保护作物播种，通常采用三种方法，即同行条播、交叉播和间行条播。

1）同行条播

多年生牧草与保护作物种子播于同一行内。这种方法的优点是省工，能起到行内覆盖作用，缺点是保护作物易抑制牧草生长。

2）交叉播种

先按要求将单播或混播牧草进行条播，然后与牧草条播方向垂直条播保护作物。这种方法的优点是保护作物对牧草的抑制作用较小，各自的播种深度适当，播种较均匀；缺点是要进行两次播种，用工多，以后田间管理工作较难。

3）间行条播

间行条播即播种一行牧草，又相邻播种一行保护作物，牧草与保护作物相间条播。如牧草的行距为 30 cm，则在牧草行间播种一行保护作物，牧草与保护作物之间距离为 15 cm；如果牧草的行距为 15 cm，则宜每隔 2 行播种一行保护作物。保护作物收获之后，牧草仍保持原来的行距。间行条播，既具有保护作物的作用，对牧草的抑制又较小，还能保证各自的播种深度，播种均匀，田间管理较方便。目前多采用这种播种方法。

4. 及时收获保护作物

为了防止保护作物对牧草的抑制，应及时收获保护作物。一般情况下，保护作物应在生长季结束前一个月收获完毕，这样能供牧草储藏更多的营养物质，有利于越冬和春季萌发。如果发生保护作物生长过于茂盛的情况，为防止保护作物的严重遮阴和影响，可以采取部分或全部割掉保护作物的方法来消除这种不良影响。保护作物收获后，应除去草地上的秸秆残茬，以保证牧草的良好生长。

第五节　草地管理

对人工草地进行田间管理，是为了消除影响牧草生长的各种不利因素，为牧草的生长发育创造良好的条件。

一、破除土表板结

在牧草播种以后，出苗之前，土壤表层往往形成板结，影响出苗，甚至造成严重缺苗。这种土壤板结对于豆科牧草以及小粒种子的禾本科牧草影响尤为严重。当土壤表面形成板结层时，萌发了的种子无力顶开板结的土层，在土中形成了长而弯曲的芽，加上种子小，储藏营养物质有限，当储藏的营养物质耗尽后，幼苗即在土壤中死亡。所以，在种子未出苗之前，必须及时破除土表板结。

土表板结形成的原因，常常是由于播种后下雨，特别是下大雨。另外，在牧草未出苗之前进行灌溉，或人工草地建在低洼的地段上而表层土壤水分丧失时，也容易形成土壤板结。

牧草在出苗前出现土壤板结时，可用短齿耙锄地或有短齿的圆形镇压器破除。圆形镇压器能刺激板结层而不翻动表土层和损伤幼苗，应用效果好。如有条件，也可以采取轻度灌溉的办法破除板结，促使幼苗出土。

二、防除田间杂草

防除田间杂草的方法有人工除草和除草剂除草。

1. 人工除草

在人工草地面积小的情况下，可采用人工除草，在牧草生长早期，即分蘖或分枝以前，因杂草苗小，实行浅锄；在牧草分蘖或分枝盛期，杂草根系入土较深，应当深锄。

2. 草地常用除草剂种类及使用方法

目前除草剂的种类很多，其分类方法也很多。根据人工草地除草的实际情况，按其用途将除草剂分为下列几类。

1）灭生性除草剂

灭生性除草剂又称非选择性除草剂，如克无踪、草甘膦等。该类除草剂没有选择性，能杀死所有的绿色植物，主要在生荒地开垦后，牧草播种、栽植前，或草地更新时使用。

2）禾本科牧草选择性除草剂

此类除草剂专门用于禾本科草地防除一年生及多年生阔叶杂草。由于它除草时具有选择性，因此，在杀死阔叶杂草的同时，不会伤害禾本科植物。此类除草剂包括2，4-D、2，4-D丁酯、2甲4氯、百草敌、苯达松、使它隆等，它们的优点是对禾本科牧草有选择性，缺点是不能杀死禾本科杂草。

3）豆科牧草选择性除草剂

此类除草剂用于豆科等双子叶牧草地防除部分一年生及多年生禾本科杂草，

包括高效盖草能、精禾草克、精稳杀得、拿捕净等。

4）牧草常用土壤处理剂

此类除草剂，主要用于牧草（包括禾本科和豆科牧草）播前、栽前或多年生牧草苗前和收割后，防除尚未出苗的一年生禾本科杂草及一年生阔叶杂草，它们对已出苗的一年生杂草及尚未出苗的多年生杂草无效。这类除草剂包括乙苯胺、大惠利、氟乐灵、杜耳、塞克津、西玛津等。

3. 草地化学除草技术

1）荒地开垦前除草技术

生荒地由于杂草种类多，特别是以多年生杂草为主，包括部分藤木及木本植物。要彻底清除这类杂草，目前虽有长效除草剂（如用于森林的威尔柏、森磺隆等），但施药后药剂残效期长，很长时间内不能播种牧草，目前较为安全可行的办法是，使用草甘膦或克无踪等除草剂。

2）荒地开垦后除草技术

荒地开垦后，土壤中仍残留有杂草种子及杂草的地下部分，仍将生长新的杂草，必须继续采取除草措施。如果多年生草类发生量大，每亩用 10％草甘膦 0.75～1.50 kg，兑水 35～50 L 喷雾（加 0.2％洗衣粉效果更好）；施药后 20～25 d，每亩用 50％乙苯胺乳油 75～100 mL，兑水 50～60 L 喷雾，一星期后可播种。如果为一年生杂草发生量大，则每亩用 20％克无踪 200～300 mL，加 50％乙苯胺 100 mL，兑水 50～70 L 喷雾，施药后 4～5 d 即可播种。

3）人工草地除草技术

① 禾本科人工草地除草：防除阔叶杂草可用百草敌、2.4－D 丁酯，2 甲 4 氯等，对于一年生禾本科杂草的防除可在牧草苗前或收割后施土壤处理剂。

② 豆科人工草地除草：防除禾本科杂草可用高效盖草能、精禾草克、精稳杀得等。

③ 牧草纯化：对于杂草发生特别严重的人工草地，可每公顷用克无踪 3～3.75 L，兑水 600～900 L 喷雾。由于克无踪只杀死地上部分，对多年生牧草根部无伤害，因此在杀死杂草后，创造了一个良好的生长环境，使牧草重新长出新苗，既防除了杂草，又提高了牧草纯度。这种除草方法特别适用于一年生杂草发生严重的人工草地。

三、施肥

（一）肥料的种类及用量

1. 有机肥料

有机肥料包括厩肥、堆肥、绿肥以及人粪尿等。有机肥料含有植物所必需的一切养分，因此又称完全肥料。草场施肥主要是厩肥。肥料的施用量没有严格限制，在表面撒施情况下，每公顷 15.0～30.0 t。施肥的后效作用长，不必连年施用，一般每隔三四年施用一次。厩肥和化肥、石灰等配合施用，能提高肥效。如每公顷施用 3.75～4.5 t 腐熟厩肥，加 275～300 kg 磷矿粉和 275～300 kg 石灰粉，其肥效更好。

2. 无机肥料（化学肥料）

①氮肥：易溶于水，土表施用时，也能为植物迅速吸收。氮肥的种类很多，主要有硫酸铵、硝酸铵、尿素等。

硫酸铵易溶于水，含氮量 20％，应和磷肥、钾肥配合施用。硫酸铵是酸性肥料，单独施用容易使土壤变酸、变硬。在酸性土壤的草场，应当适当施用石灰和有机肥料。在石灰性土壤的草地，应和有机肥料配合施用，但硫酸铵、有机肥料、石灰三者不要同时施用。

硝酸铵易溶于水，吸湿性强，很容易结块，其含氮量为 35％左右，易为植物吸收。硝酸铵属生理中性肥料，施用后对土壤性状的改变不大，是一种比较完善的氮肥。

尿素是一种中性化肥，含氮量为 45％～46％。尿素施入土壤后经 2～3 d 变成碳酸铵供植物吸收。经植物吸收后无残留物，不改变土壤性状，因此可以在任何土壤的草场施用。

氮肥的施用量折成有效成分，每公顷应施 600～900 kg。根据这一标准计算，硫酸铵（含氮 20％）每公顷用量为 200～300 kg，硝酸钠或硝酸钾（含氮 15％）应施 300～400 kg，硝酸铵（含氮 30％～35％）应施 130～180 kg，尿素（含氮量 45％～46％）应施 90～130 kg。一次施入或分几次施入。

②磷肥：磷肥中常施用的有骨粉、磷矿粉和过磷酸钙等。

骨粉：常用的有蒸骨粉和脱胶骨粉两种，前者含磷酸 21％～22％，后者含磷酸 23％～24％，一般施用量每公顷 150～300 kg。

磷矿粉：磷酸含量 15％～20％，应掺在厩肥堆里堆积一段时间后施用。每公顷施用量为 300～525 kg。

过磷酸钙：磷酸含量 16％～20％，施用时应与有机肥料混合，并与耙地相结合，不宜施在地表。过磷酸钙也可作叶面施肥，先将过磷酸钙 1 份加水 10 份搅拌后放置过夜，取澄清液加水稀释成 1％或 5％的溶液，用喷雾器喷洒叶面，在晴朗的清晨或傍晚施用，每公顷用量 195～525 kg。

③钾肥：常用的是氯化钾（含氧化钾 50％左右），每公顷用量 105～210 kg。草木灰也可作为钾肥施用，其氧化钾含量 10％以上，每公顷用量 525～1050 kg。

④石灰：酸性草地施用石灰可以中和酸性，从而提高土壤肥力，并能使饲用价值低的植物从草群中衰退。石灰的施用量取决于土壤的酸度，一般为每公顷 3750～6000 kg，采用表施法。石灰的效用可维持 8～10 年。

⑤复合肥：复合肥是指含两种以上主要营养元素的肥料，如磷酸铵、硝酸钾、混合液肥等肥料。复合肥料所含成分均为植物所需要的，不含副成分或无杂质成分，对土壤的副作用小，肥分含量高，施用时节省劳力，物理性质好，便于储存。常用的复合肥料有钾铵磷、氮磷钾、尿磷钾、磷铵钾肥等。其施用根据土壤和牧草情况确定。

（二）草地施肥技术

1. 基肥

在栽培草地播种前结合耕翻施用的肥料称基肥。施用基肥是供给牧草整个生长期对养分的需要。基肥一般以有机肥为主，辅以无机肥中的硫酸铵、过磷酸钙和钾肥等。

2. 种肥

在播种的同时施入播种沟或处理种子的肥料称种肥。种肥主要是满足牧草幼苗时期对养分的需要。种肥用量少，一般以无机磷、氮肥为主。如用有机肥作种肥，必须充分腐熟，以免有机肥发酵时产生高热影响种子发芽。施用种肥的方法有拌种、浸种和播种时施用。

3. 追肥

在牧草生长期内施用的肥料称为追肥。施用追肥是为了满足牧草生长期内对养分的需要。追肥一般以速效性无机肥料为主，但也可施用腐熟的有机肥。施追肥的方法有表面撒施、条施、带状施和根外喷施等。天然草地采用表面撒施法，栽培草地一般采用条施。

人工草地追肥方法：第一次追肥应在开始生长到分蘖前进行，以氮肥为主，磷肥次之，以增加牧草的分蘖。第二次追肥应在牧草收获前，可施钾、氮肥，不必施磷肥。夏季施肥在第一次利用后进行，施入氮、磷、钾全肥，以促株丛再生和新草群的形成；秋季施肥可施足量的钾、磷肥，而不必施用氮肥，以促使牧草地下部分积累储藏营养物质，供冬季休眠和历年再生的需要。西南地区栽培牧草

一年收获 3~4 次，除最后一次应施入钾、磷肥外，每次收获都应施入氮、磷、钾全肥。夏季追肥的施肥为每公顷氮肥 105~120 kg、磷肥 75~80 kg、钾肥 75~80 kg。秋季最后一次追肥磷肥可适当减少，氮肥不必施用。

四、灌溉

灌溉是提高牧草产量的重要措施。在灌溉条件下，人工草地牧草产量可提高 3~10 倍，甚至更高。攀西地区尽管降水较多，但由于降水的季节不均，有时数十天滴水不降，加上持续高温，往往给牧草带来毁灭性的灾害。另外草地坡度较大，降水得不到有效利用。所以人工草地必须具备灌溉条件，确保及时灌溉。

灌溉时间因牧草种类、生育期和利用目的不同而不同。一般放牧或刈割用的多年生牧草，灌溉的时期是全部牧草返青后，可灌溉 1 次。禾本科牧草从拔节至开花结实期，豆科牧草分枝后期至现蕾期，可以灌溉 1~2 次。每次刈割后，也应灌溉 1 次。

牧草的灌溉次数和灌溉量受牧草种类、利用方式和灌溉条件的不同而异。不耐旱的牧草，如黑麦草和三叶草，每次刈割后，应结合施肥进行灌溉；耐干旱的牧草可少灌溉。灌溉条件差的地区，豆科牧草可在现蕾前期、禾本科牧草可在孕穗期灌溉 1 次即可。灌溉量的多少，根据牧草生育期所需水分而定。一般每年灌溉量约 3750 m^3/hm^2，每次灌水 120~750 m^3/hm^2。

第十二章　天然草地的培育与改良

由于长期的毁草开荒和不合理利用，攀西地区的草地自新中国成立以来，受到了严重的破坏，草地退化已成为攀西地区草原面临的一个严峻问题。据凉山州畜牧局调查数据，截至 1984 年，凉山州退化草地有 36.56 万 hm²，占全州草地总面积的 15.16％，全部属轻度退化；1998 年退化草地有 54.84 万 hm²，占全州草地总面积的 22.7％，其中中度退化草地 18.27 万 hm²，退化特征：草地稀疏，可食性牧草产量低；立地条件恶化，土壤坚硬、裸斑化；草群中有毒有害及牲畜不喜食的植物增多。退化原因主要有：超载过牧现象严重；重农轻牧，以农替牧，毁草开荒。据统计，从 20 世纪 80 年代到 1996 年，凉山州毁草开荒共计 19.67 万 hm²；草场权属不明，只用不建，使用无偿，破坏无度；草场利用不合理，近山过牧，远山剩余；鼠虫危害严重。据不完全统计，攀西地区草地鼠害面积达 16.57 万 hm²，年损失鲜草 7000 多万 kg；有毒有害草以及小灌木替代草地。

天然草地是一种可更新的自然资源，能为畜牧业持续不断地提供各种牧草。但是天然草地在自然条件和人类生产活动的影响下，不断发生变化。由于自然环境的恶化和人类不合理地开发利用、不科学地管理，造成草地退化。草地退化的现象在世界各国普遍存在，世界退化草地面积已达数亿 hm²，美国 27％的草地面积呈现退化，苏联中亚荒漠区天然草地有 20％左右的面积退化，我国沙化、退化的草地面积约占可利用草地面积的 1/3，产草量由原来的 3000 kg/hm² 鲜草，减少到现在的 750～1500 kg/hm²。

草地在外因和内因作用下发生自然演替或利用演替，这些演替有的是对生产有利的进展演替，有的则是对生产不利的逆性演替，也称草地退化。在草地退化过程中，草地表现的特征是草地植被的草层结构发生变化，原有的一些优势种逐渐衰退或消亡，大量一年生或多年生杂草相继侵入；草层中优良牧草的生长发育受阻，可食性牧草的产量降低，有毒有害植物增多；草地生境条件恶化，土壤裸露、干旱、贫瘠、风蚀、水蚀和沙化较以前严重；在重牧的地方，土壤变得紧实，表土出现粉碎现象，草地鼠虫害更趋严重。结果牧草产量降低，牧草品质变劣，加剧了草畜供求矛盾。

为协调植物生产和动物生产的关系，维持草地生态平衡，提高生态效益，必须对天然草地进行培育与改良。其目的在于调节和改善草地植物的生存环境，创造有利的生活条件，促进优良牧草的生长发育，通过农业科学技术，不断提高草地产量和质量。草地的培育与改良方法有两种，即治标改良与治本改良。所谓治标改良，是在不改变原有土壤和植被的情况下，采取一些农业技术措施，如地面整理、施肥、灌溉、清除毒害草、草地封育、补播等，以提高草地的生产力。所谓治本改良是对严重退化的天然草地植被全部耕翻，播种混合牧草，建立高产优质的人工草地。

一、草地封育

草地由于长期不合理利用，特别是在过牧的情况下，加之管理不当，牧草的生长发育受阻，繁殖能力衰退，优良牧草逐渐从草层中衰退，适口性差的杂类草或毒害植物侵入，结果导致草地植被退化。这是由于草地植物被长期反复采食，贮藏营养物质耗竭，而又不能及时得到补充所造成的。在一般情况下，草地生产力没有受到根本破坏时，采用草地封育的方法，可收到明显的效果，达到培育退化草地和提高生产力的目的。

草地封育，就是把草地暂时封闭一般时期，在此期间不进行放牧或割草，使牧草有一个休养生息的机会，积累足够的贮藏营养物质，逐渐恢复草地生产力，并使牧草有进行结籽或营养繁殖的机会，促进草群自然更新。

草地封育为培育天然草地的一种行之有效的措施，普遍为国内外采用。原因是它比较简单易行而又经济，不需要很多投资，并在短期内可以收到明显效果。各地草地封育的实践已证明，退化草地经过封育一段时期后，草地植物的生长发育、植被的种类成分和草地的生境条件都得到了改善，草地生产力有很大提高。如内蒙古鄂尔多斯市，封育一块退化草地后，草群种类成分发生显著变化。封育的草地禾本科和豆科草成分都有增加，毒草数量大大减少。而未封育的草地中禾草数量少，豆科牧草几乎没有，且毒草丛生。草地封育之所以能取得这样明显的效果，其原因在于：草地封育后防止了随意抢牧、滥牧的无计划放牧，牧草得到了休养生息的机会，植物生长茂盛，覆盖度增大，草地环境条件发生了很大变化。一方面，植被盖度和土壤表面有机物的增加，可以减少水分的蒸发，使土壤免遭风蚀和水蚀。另一方面，植物根系得到较好的生长，增加了土壤有机质含量，改善了土壤结构和渗水性能。草地封育后，牧草能贮藏足够的营养物质，进行正常的生长发育和繁殖，特别是优良牧草，在有利的环境条件下，迅速恢复生长，加强了与杂草竞争的能力，草地的产草量提高了，草地的质量也达到改善。

草地封育时间，一般根据当地草地面积及草地退化的程度进行逐年逐块轮流封育。如全年封育；夏秋季封育，冬季利用；每年春季和秋季两段封育，留作夏季利用。为防止家畜进入封育的草地，应设置保护围栏，围栏应因地制宜，以简便易行、牢固耐用为原则。

此外，为全面地恢复草地的生产力，最好在草地封育期内结合采用综合培育改良措施，如松耙、补播、施肥和灌溉等，以改善土壤的通气状况、水分状况。

二、延迟放牧

延迟放牧就是让家畜在晚于正常开始放牧时期进入放牧地。在干旱地区，经常是在牧草开花结实后才让家畜进入放牧地，使牧草有一个进行有性繁殖的机会，使草地得到天然复壮。有时为了提供一块调制干草的保留地，在牧草生长季节不放牧，当割制干草后，利用再生草进行放牧。延迟放牧应与减少放牧家畜的数量相结合，若只进行一段时间延迟放牧，而不是全部生期，效果也不会明显。

三、草地松土

草地经过长期的自然演变和动物的践踏，土壤变得紧实、通透性减弱、微生物的活动和生物化学过程降低，直接影响牧草水分和营养物质的供给，因而使优良牧草从草层中衰退，降低了草地的生产力。草地松土的目的，是为了改进土壤的空气状况，加强土壤微生物的活动，促进土壤中有机物质的分解。

（一）划破草皮

划破草皮是在不破坏天然草地植被的情况下，对草皮进行划缝的一种草地培育措施。其目的就是改善草地土壤的通气条件，提高土壤的透水性，改进土壤肥力，提高草地的生产能力。划破草皮能使根茎型、根茎疏丛型优良牧草大量繁殖，生长旺盛；还有助于牧草的天然播种，有利于草地的自然复壮。划破草皮应根据草地的具体条件来决定。一般寒冷潮湿的高山草地，地面往往形成坚实的生草土，可以采用划破草皮的方法。但有些地方，虽然寒冷潮湿，因放牧不重，还未形成絮结紧密的生草土层，就不必划破。选择适当的机具，是划破草皮的关键。小面积的草地，用拖拉机牵引的机具（如无壁犁、燕尾犁及松土补播机）进行划破。划破草皮的深度，应根据草皮的厚度来决定，一般以 10～20 cm 为宜。划破的行距为 30～60 cm。划破的适宜时间，应视当地的自然条件而定，有的宜在早春或晚秋进行。早春土壤开始解冻，水分较多，易于划破。秋季划破后，可以把牧草种子掩埋起来，有利于来年牧草的生长。划破草皮应选择地势平坦的草地进行。在缓坡草地上，为防止水土流失，应沿等高线进行划破。

（二）草地松耙

松耙即对草地进行耙地，是改善草地表层土壤空气状况的常用措施之一。松

耙可以清除草地上的枯枝残株，促进嫩枝和某些根茎型草类的生长；耙松表层土壤，有利于水分和空气的进入；减少土壤水分蒸发，起到保墒作用；有利于草地植物的天然下种和人工补播。

松耙虽对草地有良好作用，但也有一定的不良影响，如耙地能拔出一些植物，切断或拉断植物的根系；耙除株丛间的枯枝落叶后，使这些牧草的分蘖节和根系暴露出来，使其失去保护覆盖层而在夏季旱死或冬季冻死。

试验表明，以根茎型禾草或根茎疏丛型草类为主的草地，耙地能得到较好的改良效果。因为这些草类的分蘖节和根茎在土中位置较深，耙地能切断但不易拉出根茎，松土后使土壤空气状况得到改善，可促进其营养更新，形成大量新枝。以丛生禾草和豆科草类为主的草地，不宜松耙，这些植物的分蘖节和根茎大部分位于土壤表层，松耙时会使它们暴露出来，当气候干燥或寒冷时，会使植物受害或死亡，降低草地生产力。

松耙最好在早春土壤解冻 2～3 cm 时进行，此时耙地一方面可以起保墒作用，另一方面春季草类分蘖需要大量氧气，松耙后土壤中氧气增加，可以促进植物分蘖。松耙机具可采用钉齿耙、圆盘耙和松土补播机等。钉齿耙可耙松生草土及土壤表层，耙掉枯死残株。圆盘耙耙松的土层较深（6～8 cm），能切碎生草土块及草类的地下部分，因此在生草土紧实而厚的草地上，使用圆盘耙耙地效果更好。耙地最好与其他改良措施如施肥、补播配合进行，可获得更好的效果。

四、草地补播

草地补播是在不破坏或少破坏原有植被的情况下，在草群中播种一些适应当地自然条件的、有价值的优良牧草，以增加草层的植物种类成分和草地的覆盖度，达到提高草地生产力和改善牧草品质的目的。由于草地补播可显著提高产量和品质，引起了国内外的重视，已成为各国更新草场、复种草群的有效手段。

（一）补播地段的选择

补播成功与否与补播地段的选择有一定的关系，选择补播地段应考虑当地降水量、地形、植被类型和草地的退化程度。在没有灌溉条件的地段，补播地区至少应有 300 mm 以上的年降水量。地形应平坦些，但考虑到土壤水分状况和土层厚度，一般可选择地势稍低的地方，如盆地、谷地、缓坡和河漫滩。此外，可选择撂荒地，以便加速植被的恢复。在有植被的地段，补播前进行一次地面处理是保证补播有成效的措施之一。地面处理的作用是破坏一定数量的原有植被，削弱原有植被对补播牧草的竞争力。地面处理的方法可采用机械进行部分耕翻和松土，破坏一部分植被，也可以在补播前进行重牧或采用化学除莠剂杀灭一部分植物，减少原有草群的竞争，有利于播入牧草的生长。

（二）草种的选择

因为补播是在不破坏草地原有植被的情况下进行的，补播的牧草，要具有与原有植物进行竞争的能力，才能生存下去。因此，要补播成功，除了要为补播的牧草创造一个良好的生长发育条件外，还应选择生长发育能力强的牧草品种，以便克服原有植物对它们的抑制作用。选择补播牧草种类首先应考虑牧草的适应性。最好选择适应当地自然条件且生命力强的野生牧草或经驯化栽培的优良牧草进行补播。一般来说，在攀西地区中、低山区应该选择喜温、耐旱、较耐寒的牧草，高山区选择耐旱、耐寒的牧草。其次考虑利用方式。割草利用种植上繁草，放牧利用选择耐践踏的下繁草。另外，还需要考虑牧草的饲用价值和产草量。

（三）牧草补播的技术

1. 补播时期

适宜的补播时期是补播成功的关键，需要根据草地原有植被的发育状况和土壤水分条件确定播期。原则上应选择原有植被生长发育最弱的时期进行补播，这样可以减少原有植被对补播牧草幼苗的抑制作用，由于在春、秋季牧草生长较弱，所以一般在春、秋季补播。如果春季风大干旱，可以考虑初夏，此时雨季又将来临，土壤水分充足，补播成功希望较大。

2. 补播方法

采用撒播和条播两种方法。撒播可用飞机、骑马、人工撒播。若面积不大，最简单的方法是人工撒播。若草地面积很大，或在土壤基质疏松的草地上，可采用飞机播种。飞机播种速度快，面积大，作业范围广，适合于地势开阔的沙化、退化严重的草地和黄土丘陵，利用飞机补播牧草是建立半人工草地的好方法。条播主要是用机具播种，目前国内外使用的草地补播机种类很多，如美国约翰·迪尔生产的条播机，可直接在草地上播种牧草；青海生产的 9CSB−5 型草原松土补播机，具有一次同时完成松土、补种、覆土、镇压等优点；还有其他省区已生产的 9MB−7 型牧草补播机、9BC−2.1 牧草耕播机等。

3. 补播牧草的播种量及播种深度

播种量的多少取决于牧草种子的大小、轻重、发芽率和纯净度，以及牧草的生物学特性和草地利用的目的。一般禾本科牧草（种子用价为 100％时）常用播量为 $15\sim22.5$ kg/hm^2，豆科牧草 $7.5\sim15$ kg/hm^2。草地补播由于种种原因，出苗率低，所以可适当加大播量 50％左右，但播量不宜过大，否则对幼苗本身发育不利。播种深度应根据草种大小和土壤质地决定。在质地疏松的较好的土壤上可播深些，黏重的土壤上可浅些；大粒种子可深些，小粒种子可浅些。一般牧草

的播种深度不应超过 3~4 cm，各种牧草种子的播种深度见前述有关章节。牧草种子播后最好进行镇压，使种子与土壤紧密接触，便于种子吸水萌发。但对于水分较多的黏土和盐分含量大的土壤不宜镇压，以免引起返盐和土壤板结。补播的草地应加强管理，保护幼苗，补播当年必须禁牧，第二年以后可以进行秋季割草或冬季放牧。

参 考 文 献

[1] 鲍健寅，李维俊，冯蕊华，等．抗旱耐热白三叶新品种选育初报［J］．草地学报，1997，5（1）：15−19.

[2] 蔡敦江，周兴民，朱廉．苜蓿添加剂青贮、半干青贮与麦秸混贮的研究［J］．草地学报，1997，5（2）.

[3] 陈刚，周潇．生长在昭觉县、布拖县、西昌市逸生扁穗雀麦品种比较试验［J］．畜禽业，2013（286）：59−60.

[4] 陈刚，周潇．扁穗雀麦在凉山州的适应性研究初探［J］．畜禽业，2012（284）：36，27.

[5] 陈谷，邰建辉．牧草质量及质量标准［G］//首届中国奶业大会论文集，2010：93−96.

[6] 陈明华，文建国，黄秀君，等．优质高产牧草引种试验［J］．黑龙江畜牧兽医（科技版），2013（6）：96−97.

[7] 陈艳，柳茜．紫花苜蓿扦插成活苗性状相关测定分析［J］．草业与畜牧，2009（10）：4−6.

[8] 陈永霞．紫茎泽兰侵占性机理研究概况［J］．草业与畜牧，2009，158（1）：5−7.

[9] 陈永霞．紫茎泽兰的危害与开发利用［J］．草业与畜牧，2009，160（3）：44−46.

[10] 陈永霞．紫茎泽兰不同组织水提液对牧草种子萌发的影响［J］．安徽农业科学，2012，40（19）：10142−10146.

[11] 陈永霞，张新全，谢文刚，等．利用EST−SSR标记分析西南扁穗牛鞭草种质的遗传多样性［J］．草业学报，2011（6）：245−253.

[12] 陈永霞，张新全，杨春华，等．扁穗牛鞭草新品种选育及栽培技术［J］．中国草地学报，2012，34（2）：109−112.

[13] 陈永霞，张新全，杨春华，等．西南区野生扁穗牛鞭草种质资源形态多样性研究［J］．中国草地学报，2005，27（1）：77−79.

[14] 陈志彤，罗旭辉．闽引2号圆叶决明的适应性研究［J］．草地学报，2012，

20 (3)：484－488.

[15] 董宽虎，沈益新. 饲草生产学 [M]. 北京：中国农业出版社，2003.

[16] 杜天理. 攀枝花森林生态产业化发展战略初探 [J]. 攀枝花科技与信息，2011，36 (2)：55－59.

[17] 段日汤，马开华. 4种木薯品种在云南不同干热河谷的区域试验 [J]. 热带农业科学，2011，31 (7)：4－6.

[18] 高胜. 攀西地区生态重建与农业可持续发展研究 [D]. 雅安：四川农业大学，2001.

[19] 韩建国. 草地学 [M]. 北京：中国农业出版社，2007.

[20] 何华玄，白昌军，韦家少，等. 海南省西南半干旱地区臂形草引种试验 [J]. 热带农业科学，2005，25 (3)：4－6.

[21] 侯扶江，李广. 放牧草地健康管理的生理指标 [J]. 应用生态学报，2002，13 (8)：1049－1053.

[22] 胡师明，何庆华. 放牧草地的科学利用 [J]. 现代化农业，2002，(9)：22－23

[23] 华劲松，夏明忠. 攀枝花市野生荞麦种质资源考察研究 [J]. 现代农业科技，2007 (9)：136－138.

[24] 黄静. 宏观环境与攀枝花资源开发研究 [J]. 自然资源学报，1995，10 (1)：59－66.

[25] 黄旭，李跃清. 攀枝花市旅游气候资源分析及开发建议 [J]. 四川气象，2002，22 (2)：42－45.

[26] 贾慎修. 中国饲用植物志：第一卷 [M]. 北京：中国农业出版社，1987.

[27] 蒋召雪，王世全，邓其明，等. 一份新型水稻极度分蘖突变体的遗传分析及分子标记定位 [J]. 遗传学报，2006 (4)：339－344.

[28] 蒋召雪. 微波消解——火焰原子吸收法测定木通中6种微量元素 [J]. 安徽农业科学，2009 (29)：14181－14182.

[29] 匡崇义. 热带亚热带优良牧草——伏生臂形草 [J]. 中国草地学报，1991 (3)：79－80.

[30] 李阜樯，陈永琼. 攀枝花气候条件对芒果生长的影响 [J]. 高原山地气象研究，2010，30 (4)：54－58.

[31] 李槿年. 优质青贮饲料发酵的调控 [J]. 饲料研究，1997 (9).

[32] 李延安，贾黎明，杨丽，等. 胡枝子应用价值及丰产栽培技术研究进展 [J]. 河北果林研究，2004，19 (2)：185－191.

[33] 李向林，万里强. 南方草地研究 [M]. 北京：科学出版社，2010.

[34] 李树云，范眸天. 干热河谷一种优良覆盖植物——大翼豆 [J]. 云南农业

大学学报，1996，11（2）：77−78.

[35] 李勇，田从学. 攀枝花生物资源概述 [J]. 攀枝花学院学报，2005，22
（1）：89−92.

[36] 李月仙，刘倩. 木薯新品种（系）在云南的适应性比较研究 [J]. 热带作
物学报，2012，33（7）：1153−1159.

[37] 凌新康. 光叶紫花苕种植技术及经济价值 [J]. 草业科技，2004，31
（4）：12.

[38] 刘斌，陈涛. 阿坝老芒麦在不同区域的适应性与对比试验研究 [J]. 牧草
科学，2011（11）：26−28，37.

[39] 刘金海，王鹤桦. 臂形草14品种在滇南的适应性及其评价 [J]. 草业学
报，2013，22（3）：60−69.

[40] 刘华荣，王应芬. 不同海拔区域威宁球茎草芦生长适应性研究 [J]. 贵州
畜牧兽医，2012，35（3）：62−64.

[41] 刘金祥. 中国南方牧草 [M]. 北京：化学工业出版社，2004.

[42] 柳茜，沙马阿依，安拉各，等. 西昌市白三叶春季产种量与结实性状的测
定分析 [J]. 四川畜牧兽医，2006（10）：27−28.

[43] 刘兴亮，苏春江，等. 攀西地区农业自然资源评价及农业发展潜力分析
[J]. 中国生态农业学报，2007，15（5）：184−187.

[44] 刘沙. 浅析攀枝花市旅游气候资源 [J]. 大众科技，2009（9）：199−
200，114.

[45] 龙会英，朱红业，金杰，等. 优良热带牧草在云南元谋干热河谷区域试验
研究 [J]. 热带农业科学，2008，28（4）：41−46.

[46] 龙文兴，杨小波. 中国牧草研究进展 [J]. 热带农业科学，2006，26（2）：
70−76.

[47] 卢成，曾昭海，张涛，等. 紫花苜蓿生物活性成分研究进展 [J]. 草业科
学，2005，22（9）：28−32；

[48] 罗天琼，莫本田，龙忠富，等. 威宁球茎草芦饲喂黑山羊效果试验 [J].
草业科学，2012，29（7）：1158−1162.

[49] 罗天琼，莫本田. 黔草2号苇状羊茅生产试验报告 [J]. 草业与畜牧，
2009，（6）：29−32.

[50] 卯升华，董恩省，胡建华，等. 高海拔地区光叶紫花苕鲜草高产栽培技术
研究 [J]. 现代农业科技，2007（12）：8−9.

[51] 梅艳，赵明勇. 毕节地区优质牧草品种（系）的引种筛选 [J]. 贵州农业
科学，2011，39（1）：31−33.

[52] 欧阳延生，戴征煌，吴志勇，等. 美国截叶胡枝子在红壤丘陵岗地的适应

性及其应用研究 [J]. 江西农业科技, 1996 (2): 44−45.

[53] 瞿文林, 何璐. 云南干热河谷能源木薯育苗移栽试验研究 [J]. 热带农业科学, 2011, 31 (10): 34−36.

[54] 邵辰光, 王荟. 不同施磷量对柱花草侧芽发生的影响 [J]. 云南农业大学学报, 2013, 28 (1): 113−117.

[55] 苏从成. 抗膨胀病的豆科牧草的育种 [J]. 国外畜牧学: 草原与牧草, 1994 (4): 35.

[56] 唐勇智. 新阶段攀西地区农业生产结构调整研究 [D]. 雅安: 四川农业大学, 2003.

[57] 陶明, 蒋召雪, 刘洪, 等. 微波消解——火焰原子吸收法测定岩白菜素中铁锌 [J]. 西南民族大学学报: 自然科学版, 2008 (2): 323−325.

[58] 万里强, 李向林. 南方草地放牧系统 [M]. 北京: 中国农业科学技术出版社, 2012.

[59] 王洪君, 高蓝阳, 栾博宇, 等. 东部山区水土保持及饲用灌木——胡枝子 [J]. 草业与畜牧, 2009 (10): 20−22.

[60] 王琴. 喷施微肥对紫花苜蓿生长及产量和品质的影响 [D]. 杨凌: 西北农林科技大学, 2008.

[61] 文建国, 杨应东. 攀枝花干热河谷地带多花黑麦草引种试验 [J]. 草业与畜牧, 2013 (2): 4−7.

[62] 西南师范学院地理系. 四川地理 [M]. 重庆: 西南师范学院学报编辑部, 1982.

[63] 熊先勤, 李富详, 韩永芬, 等. 贵州高寒山区优良牧草引种与评价 [J]. 种子, 2010, 29 (4): 90−94.

[64] 徐泽荣. 多年生豆科牧草——截叶胡枝子 [J]. 草原与草坪, 1987 (3): 46−54.

[65] 仰协, 张旭. 凉山经济地理 [M]. 成都: 四川科学技术出版社, 1998.

[66] 杨玉霞, 蒋召雪, 胡平, 等. 栽培荞麦种子醇溶蛋白遗传多样性分析 [J]. 中国农学通报, 2011 (15): 67−71.

[67] 杨玉霞, 蒋召雪, 王安虎, 等. 荞麦茎叶中总黄酮的提取工艺研究 [J]. 安徽农业科学, 2011 (16): 9587, 9589.

[68] 叶花兰, 李春燕. 豆科牧草园叶决明的研究进展 [J]. 中国农学通报, 2009, 24 (1): 467−469.

[69] 易克贤, 向述荣. 截叶胡枝子在江南红壤地丘岗地的生长观察 [J]. 江西农业大学学报, 1991, 13 (6): 62−65.

[70] 易显凤, 赖志强. 高产优质豆科牧草拉巴豆 [J]. 上海畜牧兽医通讯,

2011 (4)：65.

[71] 余雪梅. 攀西地区干热河谷优质牧草种植模式及效益分析 [D]. 雅安：四川农业大学，2005.

[72] 袁庆华，李向林. 放牧草地的产量和质量管理 [J]. 草业科学，1996，13 (3)：4—7.

[73] 赵庭辉，涂蓉，王国学，等. 高海拔地区光叶紫花苕的生产性能及适应性研究 [J]. 当代畜牧，2010 (2)：40—42.

[74] 詹秋文. 高粱与苏丹草的遗传及其杂种优势利用的研究 [D]. 南京：南京农业大学，2009.

[75] 张鸭关，匡崇义，陈功，等. 云南引进帝国百脉根的研究 [J]. 四川草原，2004 (10)：9—11.

[76] 张英俊，杨春华，常书娟. 草地建植与管理利用 [M]. 北京：中国农业出版社，2010.

[77] 张咏梅. 苜蓿总黄酮的提取方法、药效以及多种豆科牧草次生代谢产物的研究 [D]. 兰州：甘肃农业大学，2009.

[78] 郑凯，顾洪如，沈益新，等. 牧草品质评价体系及品质育种的研究进展 [J]. 草业科学，2006，23 (5)：57—60.

[79] 周荣，任吉君，王艳，等. 菊苣引种栽培试验 [J]. 广东农业科学，2010 (6)：80—81.

[80] 周玉雷，李征，王艳，等. 几种加拿大多年生牧草在甘肃景泰的引种试验 [J]. 甘肃农业大学学报，2004，39 (3)：336—340.

[81] 周潇，王同军，卢寰宗，等. 凉山圆根在昭觉地区的品比试验研究 [J]. 草业与畜牧，2009 (10)：13—14，31.

[82] 周自玮，钟声. 臂形草属牧草的分类及种质资源 [J]. 云南农业大学学报，2005，20 (2)：247—251.

[83] 周自玮，匡崇义. 草地麦库大百脉根在云南的生长表现 [J]. 饲草科学，2003 (5)：36—37.

[84] Razmjoo K，Henderlong P R. Effect of potassium，sulfur，boron and molybdenum fertilization on alfalfa production and herbage macronutrient contents [J]. Journal of Plant Nutrition，1997，20 (12)：1681—1696.

[85] W K Berg，S M Cunningham，S M Brouder，et. Influence of phosphorus and potassium on alfalfa yield and yield components [J]. Crop science，2005，45 (1)：297—304.